U0227890

自然资源碳汇技术方法体系

张连凯 徐 灿 等 编著

科学出版社

北京

内 容 简 介

本书是中国地质调查局资助项目所获部分成果的总结，在全面总结现有研究成果的基础上，利用严密的方法、全新的模式，阐述了针对自然资源各要素开展野外调查、监测，进行自然资源碳汇成果评估的系统性工作，特别是在以流域为单元的工作尺度上提出了新思路新方法，为全面翔实评估区域自然资源碳汇强度提供了参考。

本书可供生态、环境、地质等领域的相关工作人员参考使用。

图书在版编目（CIP）数据

自然资源碳汇技术方法体系 / 张连凯等编著. —北京：科学出版社，2024.6

ISBN 978-7-03-076957-2

Ⅰ.①自… Ⅱ.①张… Ⅲ.①二氧化碳—排气—研究—中国 Ⅳ.①X511

中国国家版本馆 CIP 数据核字（2023）第 213268 号

责任编辑：郭勇斌 彭婧煜 杨路诗 / 责任校对：任云峰
责任印制：赵 博 / 封面设计：义和文创

科学出版社出版
北京东黄城根北街 16 号
邮政编码：100717
http://www.sciencep.com

北京凌奇印刷有限责任公司印刷
科学出版社发行 各地新华书店经销

*

2024 年 6 月第 一 版 开本：720 × 1000 1/16
2025 年 1 月第二次印刷 印张：15 3/4
字数：312 000
定价：128.00 元
（如有印装质量问题，我社负责调换）

前　言

2020 年 9 月 22 日，习近平主席在第七十五届联合国大会一般性辩论上宣布：中国将提高国家自主贡献力度，采取更加有力的政策和措施，二氧化碳排放力争于 2030 年前达到峰值，努力争取 2060 年前实现碳中和。自然界中的海洋、森林、草原、生物体、土壤、岩石等都可作为碳汇实体，均具备一定的碳消除能力和碳储存能力。统计数据显示，林木每生长 1 m³ 平均约吸收 1.83 t 二氧化碳，其成本仅是技术减排的 20%；我国草原总碳储量大约 300 亿到 400 亿 t，每年固碳量约 6 亿 t；湿地同样具有较强的储碳功能，海洋生态系统中的红树林、海草床和盐沼也能够捕获和储存大量的碳；岩石、河流系统、土壤等在减少/抵消温室气体排放方面也发挥了巨大的作用。

自然资源碳汇是一条高效、低成本的碳中和之路，但我国当前陆地碳汇评估差异巨大、不确定性强、格局不明，不利于支撑碳中和战略的决策施策。为进一步明确我国包括森林、灌丛、草原、湖泊湿地、河流、岩石的自然资源全口径碳储量与碳汇速率，统一技术方法，系统指导自然资源碳汇综合调查监测评价工作，我们编制了《自然资源碳汇技术方法体系》。

本书基于可测量、可报告和可核查的"三可"原则，充分借鉴国家林业和草原局及中国地质调查局自然资源综合调查指挥中心实施的森林和草地资源调查、中国地质调查局岩溶地质研究所开展的岩溶碳循环调查研究、中国科学院实施战略性先导科技专项"应对气候变化的碳收支认证及相关问题"的技术要求，参照政府间气候变化专门委员会的优良做法指南，科学统筹调查监测评估技术方法及要求，规定了自然资源碳汇调查的基本要求、调查方法、样点布设、核算评价等内容，为自然资源碳汇综合调查监测评价工作的规范化开展提供指导。希望本书的出版对于读者有所帮助，为激发更多的新认识、新发现抛砖引玉。

编　者

2023 年 7 月

目　　录

第1章 全球变暖及其对策

1.1 全球变暖与社会发展

自工业革命以来，尤其是近几十年大量的温室气体被排放到大气中，导致气候变暖、冰川融化、海平面上升等问题不断出现。这严重威胁着人类的生存和发展，全球气候变化问题已成为当前人类可持续发展面临的最严峻的问题之一，受到国际社会的广泛关注。为应对气候变化，1988 年联合国大会批准，由联合国环境规划署行动委员会和世界气象组织共同发起成立政府间气候变化专门委员会（Intergovernmental Panel on Climate Change，IPCC）。该组织的主要任务是评估全球气候变化及其影响以及提出应对措施，为政策制定者提供科学依据（Jones，2013a，2013b；Revesz et al.，2014；Stocker et al.，2014）。截至目前共有 195 个国家成为 IPCC 的成员国。

目前 IPCC 核心工作团队分为三个工作组和一个专题组。工作组和专题组由技术支持小组予以协助。第一工作组的主题是气候变化的自然科学基础，第二工作组是气候变化的影响、适应和脆弱性，第三工作组是减缓气候变化。工作组在政府代表层面举行全会。国家温室气体清单专题组的主要目标是制订和细化国家温室气体排放和清除的计算和报告方法。除了工作组和专题组之外，为审议某个特定主题或问题，还可进一步建立有限或更长时限的专题组和指导组，例如气候变化评估数据支持任务组。

IPCC 共发布了六次综合评估报告和其他专题报告，这些报告是全球气候变化领域最权威的科学评估。综合评估报告由上千名来自不同国家的科学家共同完成，经过多轮审议和修改后得出最终版本。报告中提出了大量关于全球气候变化的科学事实、趋势和预测以及应对气候变化的政策建议（Stocker et al.，2014）。

1.1.1 IPCC 第一次评估报告

于 1990 年完成的 IPCC 第一次评估报告具有里程碑式的意义，标志着国际社会首次整合全球气候变化的证据。通过多种模型对全球气候变化的影响和风险进行全面评估，推动了《联合国气候变化框架公约》（简称《公约》）的制定与通过。

《公约》于1994年3月21日起正式生效，旨在推动全球将大气中的温室气体浓度控制在一定水平，使生态系统能够自然地适应气候变化、确保粮食生产免受威胁并使经济可持续发展，为此后二十多年的国际气候谈判提供了方向性的指引。自1995年首次缔约方大会于德国柏林召开以来，各缔约方每年都召开一次缔约方会议。此外《公约》还确立了"共同但有区别的责任"原则、公平原则、基于各自能力原则等国际气候治理的基本原则（IPCC，1990）。

第一次评估报告较为全面地给出几个主要古气候期的气候特点，并且用大量的篇幅较为详细地给出自现代有仪器观测记录以来，全球表面温度、降水、蒸发、冰雪，对流层温度与湿度，次表层海温，大气环流和云等的变化，同时还分析了一些极端事件如热带气旋、干旱和洪涝等的特点。报告指出，过去100年全球平均地表温度已经上升0.3～0.6℃，海平面上升10～20 cm，温室气体中二氧化碳浓度由280 ppm（1750年）上升到353 ppm（1 ppm = 10^{-6}）。如果不对温室气体的排放加以控制，到2025～2050年间，大气温室气体浓度将增加一倍左右，全球平均温度到2025年将比1990年之前升高1℃左右，到21世纪末，将升高3℃左右（比工业化前高4℃左右）。海平面高度到2030年将升高20 cm，到21世纪末升高65 cm。IPCC对上述气候变化情景的多方面影响进行了评估，并初步提出了应对方案，其中包括全球应立即减少60%的人类活动所产生的长寿命温室气体排放，以将大气温室气体浓度稳定在当前的水平（IPCC，1990，1992）。

报告同时指出，预测中有很多不确定性，特别是气温变幅、时间，以及区域分布等。根据上述气候变化情景，评估了未来气候变化对农业、林业、地球自然生态系统、水文和水资源、海洋与海岸带、人类居住环境、能源、运输和工业各部门、人类健康和大气质量以及季节性雪盖、冰和多年冻土层的影响，并初步提出了针对上述气候变化的响应对策。这个报告较为权威地给出近百年由于人类活动造成大气中温室气体明显增加的事实，还注意到全球表面气候变暖（0.45±0.15）℃，由此引起各国政策制定者、科学家与公众的极大注意。其后的许多研究工作集中在分析观测事实等方面。

1.1.2　IPCC 第二次评估报告

IPCC第二次评估报告发布于1996年，有力地促进了具有法律约束力的定量减排目标——《京都议定书》的通过。该报告主要讨论了气候变化和全球变暖对生态系统，及其对人类健康和经济的影响。报告指出全球变暖对生态系统造成的影响包括冰川消融、海平面上升、降雨模式改变、干旱和洪水等。为了减轻气候变化对地球的影响，报告提出了一系列技术和政策手段，包括减少温室气体排放、改善能源效率等措施（IPCC，1996）。

　　该报告的一个重要目的，是为解释《公约》第二条"将大气中温室气体浓度稳定在防止气候系统受到危险的人为干扰的水平"提供科学技术信息，并提出制定气候变化政策，及落实可持续发展过程中应重点兼顾公平原则。报告的主要新成果表现在四个方面：①模式预测除考虑了二氧化碳浓度增加外，还考虑了今后气溶胶浓度增长的作用（冷却作用）。结果表明，相对于 1990 年，2100 年的全球平均温度预计将上升 2℃，其可能变化范围在 1~3.5℃之间；海平面从 1990 年到 2100 年预计将上升 50 cm，其范围在 15~95 cm 之间。温度升高会加速水循环，使一些地区出现更加严重的洪涝干旱灾害，而另一些地区的灾害可能会有所减轻。②人类健康、陆地和水生生态系统及社会经济系统对气候变化的程度和速度是敏感的，社会中各个不同的部分会遇到不同的变化，其适应气候变化的需求也不一样。③提出了使大气温室气体浓度稳定的方法和可能措施。④提出了公平问题是制定气候变化政策、公约及实现可持续性发展的一个重要方面（IPCC，1996；丁一汇，1997）。

　　报告还汇总了全球范围内气候变化对水文和水资源管理的影响，指出：①降水总量、频率、强度的变化能够直接影响径流量的大小、时间和洪涝与干旱的强度，但具体区域的影响程度尚不确定。②由于气候条件对蒸散和土壤湿度的非线性影响，尽管温度和降水只出现较小的变化，但也可能导致径流发生较大的变化，特别是在一些干旱和半干旱地区。③在高纬度地区，降水增加会导致径流增多，低纬度地区由于蒸散增加、降水减少的综合效应，径流会出现减少。较强降水不仅增加径流，而且会增大洪涝灾害的风险。气候增温通过减少降雪的比例，从而减少春季径流。气候变化情景下，由于未来淡水供需不确定性的增加，将对社会经济等诸方面产生一定的影响。

　　在 IPCC 第二次评估报告中，使用了更为广泛的全球气候模式，CO_2 以每年 1%的量值增加直到达到工业化之前的两倍，其中两个模式还包括了硫化物气溶胶的直接影响。结果表明人类活动产生的气溶胶所造成的直接和间接作用对预测有重要的影响。在 CO_2 的增温作用和硫化物气溶胶的冷却作用情况下的历史模拟结果与 20 世纪气候变化特征的观测结果更为吻合。相对于 20 世纪 90 年代，21 世纪中期增温约 1.5℃。为了更全面地分析强迫情景的范围和气候敏感性的不确定性，使用了一个简单气候模式分析了低排放、高排放等多种情景下的气候变化情况，结果表明 21 世纪末全球变暖的极值范围为 1~4.5℃。当加入 IS92 排放情景中给定的人为气溶胶的可能影响后，增温范围为 1~3.5℃（丁一汇，1997）。

1.1.3　IPCC 第三次评估报告

　　IPCC 第三次评估报告发布于 2001 年，其明确了观测到的地表温度上升主要归因于人类活动，由人类活动引起气候变化的可能性为 66%，并预测未来全球平均气温将继续上升，几乎所有地区都可能面临更多热浪天气的侵袭。IPCC 认为随着气候变化加剧全球各地将遭到更多不利影响，而发展中国家及贫困人口更易遭受气候变化的不利影响。报告还讨论了全球变暖对地球系统的影响，提出了适应和减缓气候变化的政策方案并强调了全球共同努力的重要性。同时对 20 世纪的气候变化结果进行了全新的概括并对 21 世纪的气候变化趋势进行了预测，分析了全球变化对自然和人类社会系统的影响，最后提出了减缓气候变化的战略措施和建议（IPCC WGI，2001；IPCC WGII，2001；IPCC WGIII，2001）。

该报告提出，近百年温度上升的范围是 0.4～0.8℃，比第二次评估报告中的值提高 0.1～0.2℃，卫星和探空资料也证实了这种变暖的一致性。这种变暖值是近千年甚至近万年中最显著的。20 世纪海平面上升了 10～20 cm，极端气候事件（暴雨、干旱等）有一定增加的趋势，可能与全球变暖有关。21 世纪全球平均气温将继续上升，预测达到 2.5℃，可能范围为 1.4～5.8℃。这个结果与第一次和第二次评估报告的结果没有太大差别。

IPCC 第三次报告综合了气候变化对自然和人类系统的影响及其脆弱性。气候变化对河川径流的影响主要取决于未来的气候情景，特别是降水的预测结果。对多数气候情景，较为一致的结论是：在高纬度地区和东南亚地区，年平均径流量将增加，而在中亚、地中海近邻区、非洲南部和大洋洲将减少，然而，不同模型所预测的变化程度不同。在其他地区，由于对降水和蒸发预测结果存在差异，而且蒸发可以抵消降水的增加，因此，预测的河川径流的变化尚无一致的结论。另外，在流域范围内，气候变化的影响随流域的自然特性和植被的不同而变化。报告提出了减缓措施和对策建议，特别是限制或减少温室气体排放和增加"汇"的对策；减缓行动的内容、规模和时间依赖于社会、经济与技术发展水平，温室气体排放水平和大气温室气体浓度稳定的可能水平等。IPCC 的第三次评估报告中采用了新的排放情景（SRESA1, A2, B1, B2），利用改进的更复杂的海气耦合模式和简化的海气耦合模式重新对未来 100 年气候变化进行预测。结果表明：21 世纪温度变化范围为 1.4～5.8℃。在这次评估中 IPCC 使用了约 20 个 AOGCM 模式，由于减少了模式预测的不确定性，使 IPCC 对 21 世纪可能的气候变化预测置信水平得到提高（IPCC WGI，2001；IPCC WGII，2001；IPCC WGIII，2001；孙成权等，2002）。

1.1.4　IPCC 第四次评估报告

IPCC 第四次评估报告发布于 2007 年，主要对气候变化预估和不确定性问题进行深入研究。报告称观测到的全球平均地面温度升高非常可能是由于人为排放的温室气体浓度增加(可能性达到 90%);而太阳辐射变化和城市热岛效应并非导致气候变化的主要原因。根据 IPCC 的预测,到 21 世纪中叶全球干旱影响地区范围将进一步扩大,与此同时暴雨、洪涝等极端天气的风险也将增加,极地冰川和雪盖的储水量则将减少(IPCC,2007a,2007b)。

第四次评估报告与以往评估报告相比更突出了气候系统的变化,阐述了当前气候变化主要原因、气候系统多圈层观测事实和这些变化的多种过程及归因。报告将温室气体排放、大气温室气体浓度与地球表面温度直接联系起来,综合评估了气候变化科学、气候变化的影响和应对措施的最新研究进展。综合报告指出:控制温室气体排放量的行动刻不容缓;能否减小全球变暖所带来的负面影响,将在很大程度上取决于人类在今后二三十年中在削减温室气体排放方面所作的努力和投资。这对国际社会和各国政府制定经济社会发展政策,适应和减缓气候变化有一定的指导和促进作用。

IPCC 在发布的《气候变化 2007:自然科学基础》的决策者摘要中指出:①1750 年以来,由于人类活动的影响,全球大气中 CO_2、CH_4 和 N_2O 浓度显著增加,其中,CO_2 浓度已从工业化前约 280 $ml \cdot m^{-3}$ 增加到了 2005 年的 379 $ml \cdot m^{-3}$;②最近 100 年(1906~2005 年)全球平均地表温度上升了 0.56~0.92℃,比 2001 年第三次评估报告给出的上升 0.4~0.8℃有所提高;③1961 年以来的观测结果表明,全球海洋温度的增加已延伸到至少 3000 m 深度,20 世纪全球海平面上升约 0.17 m。基于观测事实,通过综合分析,得到了一些新的重要结论:①太阳辐射变化对全球变暖的影响不是最重要的因素。②观测到的全球变暖与城市热岛效应关系不大。③人类活动是全球变暖的主要原因。IPCC 在《气候变化 2007:影响、适应性、脆弱性》的决策者摘要中指出:①21 世纪中叶,在高纬度地区和湿热地区年径流量将增加 10%~40%;在中纬度地区的干旱区年径流量将减少 10%~30%,这些干热区将面临着严重的用水压力。②干旱影响区的范围将进一步扩大,暴雨发生频率增加,洪涝风险增大。③冰川和雪盖储水量减少(IPCC,2001,2007a,2007b;秦大河等,2007)。

第四次评估报告中的模拟结果表明:即使所有辐射强迫因子都保持在 2000 年水平,由于海洋的缓慢响应,未来 20 年将进一步增暖,约每 10 年升高 0.1℃。如果排放处于 SRES 各情景范围之内,则增暖幅度预计将是其两倍,即每 10 年升高 0.2℃,这些模拟结果均不考虑气候政策的干预。由于在 1990 年 IPCC 第一次评估报告中对 1990~2005 年全球平均温度变化的预估结果为每 10 年升高 0.15~0.3℃,与实际观测结果每 10 年约升高 0.2℃比较接近,因此有理由相信这次报告对近期预估结果的可靠度。以等于或高于当前的速率持续排放温室气体,会导致全球进一步增暖,并引发 21 世纪全球气候系统的许多变化,这些变化将很可能大于 20 世纪的观测结果。预测结果表明:①21 世纪末全球地表平均气温可能升高

1.1～6.4℃（6 种 SRES 情景，与 1980～1999 年相比）；②相对于 1980～1999 年的平均水平，6 种 SRES 排放情景下 21 世纪末全球平均海平面上升幅度预估范围是 0.18～0.59 m（IPCC，2001；秦大河等，2007）。

1.1.5 IPCC 第五次评估报告

2013 年 IPCC 第五次评估第一工作组发布了报告《气候变化 2013：自然科学基础》，指出人类活动"极有可能"导致了 20 世纪 50 年代以来的大部分（50%以上）全球地表平均气温升高。1880～2012 年全球海陆表面平均温度呈线性上升趋势，升高了 0.85℃，2003～2012 年平均温度比 1850～1900 年平均温度上升了 0.78℃。在过去一个世纪里，全球的海平面已经上升了 0.19 m，这主要是由于冰层融化和海水因温度升高而膨胀。1993～2010 年海平面上升的速度是 1901～2010 年的两倍。报告还计算了海洋热含量结果，1971～2010 年海洋上层（0～700 m）的热含量约增加了 $17[15～19]×10^{22}$ J，洋面附近的升温幅度最大，75 m 深度以上的海水升温达 $0.11[0.09～0.13]℃·10\ hm^{-2}$。

报告称目前大气中 CO_2、CH_4 和 NO 等温室气体的浓度已上升到过去 80 万年来的最高水平。自前工业时代（1850～1900 年）以来，二氧化碳浓度已经增加了 40%，主要来自化石燃料的排放，其次来自土地的开发利用（Editorial，2013a；Kosaka，2013）。科学家提醒，如果没有积极有效的温室气体排放政策，到 21 世纪末全球气温将比前工业时代上升至少 1.5℃。该报告还明确指出：人类对气候系统的影响是明确的，21 世纪末期及以后时期的全球平均地表变暖主要取决于累积 CO_2 排放，即使停止了 CO_2 的排放，气候变化的许多方面仍将持续许多世纪。这表明过去、现在和将来的 CO_2 排放产生了长达多个世纪的持续性气候变化（Editorial，2013a；Kerr，2013）。

2014 年 11 月 2 日，IPCC 在丹麦哥本哈根发布了 IPCC 第五次评估报告的综合报告，指出人类对气候系统的影响是明确的，而且这种影响在不断增强，在世界各个大洲都已观测到种种影响。如果任其发展，气候变化将会加剧对人类和生态系统造成严重、广泛和不可逆转影响的潜在风险。当前存在应对气候变化的措施，通过实施严格的减缓活动，可确保将气候变化的影响控制在可管理的范围内，从而创造一个更美好、更可持续的未来（Schiermeier，2013；Pandit，2013）。综合报告确认世界各地都在发生气候变化而气候系统变暖是毋庸置疑的。自 20 世纪 50 年代以来，许多观测到的变化在几十年乃至上千年时间里都是前所未有的。相比之前的评估报告，该报告更为肯定地指出一项事实，即温室气体排放以及其他人为驱动因子已成为自 20 世纪中期以来气候变暖的主要原因（Jones，2013a，2013b）。

近几十年来，在各大洲和各个海域都已显现出气候变化的影响，破坏气候的人类活动越多，其产生的风险也就越大。报告指出：持续排放温室气体将导致气候系统的所有组成部分进一步变暖，并发生持久的变化，还会使对社会各阶层和自然世界产生广泛而深刻影响的可能性随之增加。综合报告明确证实：鉴于最不发达国家和脆弱群体的应对能力有限，很多风险会给其带来特定的挑战。在社会、经济、文化、制度或其他方面，被边缘化的人们特别容易受到气候变化的影响。但仅靠适应是不够的，大幅和持续减少温室气体排放是降低气候变化风险的核心（Editorial，2013a）。此外，由于减缓措施可降低升温的速率和幅度，因而其也可为适应特定水平的气候变化争取更多的时间，有可能是几十年。当前有多种减缓途径可促使在未来几十年实现大幅减排，大幅减排是将升温限制至 2℃所必需的，现在实现这一目标的机会大于 66%。然而，如果将额外的减缓拖延至 2030 年，到 21 世纪末要限制升温幅度相对于工业化前水平低于 2℃，将大幅增加与其相关的技术、经济、社会和体制挑战。虽然对减缓的成本估算各不相同，但全球经济增长不会受到很大的影响。在正常情景中，21 世纪的消费（可体现经济增长）每年增长率为 1.6%~3%，大刀阔斧地减排也只会将其减低约 0.06%（Diringer，2013；Stocker，2013；Editorial，2013b）。

IPCC 第五次评估报告首次提出了全球碳排放预算（简称碳预算）的概念。IPCC 表示为实现 2℃温控目标，全球可以排放的碳预算额度约一万亿 t 二氧化碳，目前全球碳排放已经超过碳预算的 50%，按照目前排放速度，全球将在 30 年内耗尽剩余额度。IPCC 指出：如果要实现 2℃温控目标以避免气候变化的灾难性影响，到 2050 年全球应在 2010 年温室气体排放水平基础上减少 40%~70%，并于 2100 年前实现净零排放。本次评估报告的主要结论为各国在 2015 年达成新的气候协议提供了依据（IPCC，2014a，2014b）。2015 年 11~12 月，在法国巴黎召开了《公约》第 21 次缔约方大会（COP21），其间各缔约方通过了具有历史意义的全球气候协定《巴黎协定》，承诺将采取行动以将全球升温控制在高出工业化前水平 2℃的范围内，并尽量控制在 1.5℃范围内。决议要求《巴黎协定》特设工作组，将 IPCC 第五次评估报告作为参考来源，以确定全球盘点所需的信息，并要求各缔约方依据 IPCC 的方法学及指标来核算各自的温室气体减排力度（Holmes，2013；Held，2013；王绍武等，2013）。

2015 年达成的《巴黎协定》提出了 1.5℃温控目标，IPCC 受托于 2018 年提供一份特别报告，说明全球平均温度较工业化前水平升高 1.5℃的潜在影响，并提供实现这一目标的温室气体减排路径。2018 年 10 月 IPCC 在韩国仁川发布了《IPCC 全球升温 1.5℃特别报告》。报告指出较工业化前水平目前全球温升已经达到了 1℃，造成了极端天气事件增多、北极海冰减少及海平面上升等影响。每一点额外的升温都会产生重大的影响，升温 1.5℃或更高会增加那些长期的或不可逆转的变化的风险。将全球变暖限制在 1.5℃，而不是 2℃，对人类和自然生态系统有明显的益处，有助于促进人类社会实现公平的可持续发展。具体而言，与温升2℃相比，如果将全球平均温升幅度控制在1.5℃以内，全球海平面上升幅度将减少10 cm。夏季北冰洋没有海冰的可能性，将从十年一次降低为百年一次，珊瑚礁消失的比例从大于99%降低至70%～90%。报告还提出了控制温升在1.5℃之内的路径、所需采取的行动和可能产生的后果。报告指出全球应在土地、能源、工业、建筑、交通、城市等方面进行快速而深远的转型，到2030年全球CO_2排放量应比2010年下降约45%，到2050年达到净零排放。从此次IPCC报告的结果中可以看到，许多陆地区域的温升程度高于全球平均水平；发展中国家，尤其是贫困地区，环境脆弱程度较高，风险承受和恢复能力较低，受气候变化的影响更大。为了维护自然生态系统平衡、实现可持续发展，社会各界更需要加速开展行动，将全球变暖控制在1.5℃之内。此报告为2018年12月在波兰卡托维兹举行的气候变化大会提供重要科学文件，各国政府以此评议《巴黎协定》的执行情况，进而寻求加大应对气候变化力度的路径（IPCC，2018；UNFCCC，2018）。

1.1.6　IPCC第六次评估报告

2023年IPCC在瑞士因特拉肯举行新闻发布会，正式发布第六次评估报告的综合报告《气候变化2023》。综合报告在IPCC第六次评估周期、三个工作组报告和三份特别评估报告的基础上编写而成，总结了关于气候变化的事实、影响与风险，以及减缓和适应气候变化的主要评估结论。决策者摘要分为三部分内容：一是当前的状态和趋势；二是未来气候变化、风险和长期应对政策；三是近期响应措施。报告认识到气候、生态系统和生物多样性，以及人类社会的相互依存关系，多样化知识形式的价值以及适应、减缓气候变化与生态系统健康、人类福祉和可持续发展之间的密切联系，并反映了气候行动行为主体的日益多样化（IPCC，2021，2022，2023a，2023b）。

这份报告首次用确定的口气指出：人类活动主要通过排放温室气体引起全球变暖，大气、海洋、冰冻圈及生物圈产生了广泛而迅速的变化。人类活动造成的气候变化已经影响全球各个区域，并导致对人类和自然系统广泛的不利影响以及造成损失与损害。2011～2020年全球地表平均气温比1850～1900年高出1.1℃。全球温室气体排放持续增长由不可持续的能源消费，土地利用及利用方式变化，不同区域、国家和个人的生活方式、消费和生产模式产生。报告指出：近期全球温升可能达到1.5℃，或面临暂时突破1.5℃的风险，但科学家也指出我们所在的十年（2020～2030年）是决定未来变暖趋势的关键十年，已存在多种可行且有效的技术和选项能够减缓并适应气候变化，一切取决于我们的选择和行动（IPCC，2023a，2023b；Zhou et al.，2021）。

1. 现状和趋势

（1）全球变暖及原因

报告进一步明确了人类活动产生的温室气体排放是导致全球变暖的原因。与1850～1900 年相比，2011～2020 年全球地表平均气温上升 1.1℃。随着全球温室气体排放持续增长，不可持续的能源消费、土地利用及土地利用方式变化、生活方式、消费和生产模式等因素在区域间、国家间以及个人之间造成历史和未来贡献的不平等。

（2）全球气候变化和影响

人类活动使大气、海洋、冰冻圈和生物圈发生了广泛而迅速的变化。人类活动导致的气候变化已经影响到全球各地，出现诸多极端天气和气候事件。这导致对自然和人类广泛而不利的影响，同时造成相关损失和损害。历史上对当前气候变化贡献最小的脆弱社区正受到不成比例的影响。

（3）适应方面的进展、差距与挑战

适应规划与实施在所有行业和地区均取得了有效进展。但适应差距依然存在，在当前执行速度下其差距还将进一步扩大。一些生态系统和区域已经达到了适应的硬性和柔性极限，一些行业和地区出现了不良适应。当前全球用于适应的资金流不足制约了适应方案的实施，尤其是在发展中国家。

（4）减缓方面的进展、差距与挑战

自第五次评估报告以来，减缓相关的政策和法律不断增多。按照 2021 年公布的国家自主贡献（NDCs）数据推算，预计 2030 年全球温室气体排放量可能会导致 21 世纪全球温升超过 1.5℃，且很难将温升控制在 2℃以内。已执行政策的预计排放量与 NDCs 预计的排放量之间存在差距，资金流也达不到在所有行业和地区实现气候目标所需的水平。

2. 未来气候变化风险和长期应对政策

（1）未来气候变化

持续增加的温室气体排放将导致全球变暖加剧，在纳入考虑的情景和模拟路径中，全球变暖的最佳估计值在近期（2021～2040 年）将达到 1.5℃。全球变暖的每一个增量，都会导致危害多发并发。大幅、快速、持续地减少温室气体排放，可促使全球变暖在近期（2021～2040 年）明显减缓，并在几年内导致大气成分出现明显变化。

（2）气候变化影响与风险

对于未来全球变暖的任何一种趋势来说，其气候风险均高于第五次评估报告的评估结果，所预估的长期气候影响，比目前所观测的影响还要高很多倍。气候风险及所预估的不利影响和相关的损失与损害，将随着全球变暖的加剧而升级。气候风险和非气候风险之间的相互作用加强，将产生更复杂且更难以管理的复合和级联风险。

（3）不可避免、不可逆转或极端变化的可能性与风险

未来一些气候变化是不可避免和/或不可逆转的，但可以通过大幅、快速和持续地减少全球温室气体排放来加以限制。随着全球变暖趋势的加剧，发生极端或不可逆气候风险的可能性会增加，发生潜在极大不利影响的低概率事件的可能性也会增加。

（4）全球变暖的适应方案与限制

随着全球变暖趋势的加剧，当前可行、有效的适应方案也将受到限制，且其效果也会降低。同时相关的损失与损害会随之增加，更多的人类与自然系统将达到适应极限。采取灵活、多部门、包容和长期的适应规划与行动可以避免不良适应，并为多行业和系统带来协同效益。

（5）碳预算和净零排放

控制人类活动导致的全球变暖，需要实现二氧化碳净零排放。实现二氧化碳净零排放前的累计碳排放和温室气体减排水平，在很大程度上决定了是否可以将全球变暖限制在 1.5℃ 或 2℃ 以内。如果没有额外减排措施，现有化石燃料基础设施所导致的二氧化碳排放将超过 1.5℃ 温升目标（50%）下的剩余碳预算。

（6）减缓路径

在所有的全球模拟路径中，将全球变暖限制在 1.5℃ 或 2℃ 以内均需要所有行业大幅、快速地实现温室气体减排。不同模拟路径的结果显示：分别到 2050 年和 2070 年可实现全球二氧化碳净零排放。

（7）超调：突破升温阈值和降温

如果全球变暖超过一个特定水平，如 1.5℃，则可以通过实现和维持全球二氧化碳净负排放来逐步控制。与未越过目标的路径相比，这将需要额外部署二氧化碳去除，并将带来更大的可行性和可持续性问题。超调会给人类和自然系统带来不利影响（有些是不可逆转的）以及额外的风险，这些风险都会随着越过目标的幅度和持续时间的增加而增加。

3. 近期响应措施

（1）紧急采取综合气候行动

气候变化对人类福祉和地球健康构成了威胁，确保所有人都有一个宜居、可持续的未来的机会之窗正在迅速关闭。气候韧性发展将适应和减缓结合起来，旨在促进所有人的可持续发展，这得益于加强国际合作，包括改善获得充足财政资源的机会，以及包容性治理和协调政策（尤其是针对脆弱地区、行业和群体）。

（2）近期气候行动的意义

大幅、快速和持续的减缓行动与加速实施的适应行动，将减少对人类和生态

系统的预估损失与损害，并带来许多协同效益，特别是对空气质量和健康。延迟的减缓与适应行动将锁定高排放基础设施增加资产闲置和成本上升的风险，同时增加相关损失与损害，并降低可行性。

（3）跨系统的减缓与适应方案

为了实现大幅和持续减排，确保所有人具有宜居和可持续的未来，需要所有行业与系统之间进行快速和深度转型。系统转型过程中，涉及大量减缓与适应方案的大规模部署。可行、有效且成本较低的减缓与适应方案已经存在，但在不同系统与不同地区之间存在显著差异。

（4）与可持续发展的协同与权衡

在减缓和适应气候变化影响方面，加快采取公平行动对可持续发展至关重要。减缓和适应行动与可持续发展目标（SDGs）之间的协同效益大于权衡取舍，两者均取决于行动实施的背景与规模。

（5）公平性与包容性

优先考虑公平、气候公正、社会公正，包容与公平的转型进程有助于实现具有雄心的适应和减缓行动，同时使气候韧性成为可能。通过增加对最易受气候灾害影响的地区与人民的支持，可以加强适应成效。将气候适应纳入社会保护计划，可以提升气候韧性。多种措施可有效减少碳排放密集型消费，包括改变消费行为和生活方式，同时为社会福祉带来协同效益。

（6）治理与政策

有效的气候行动是通过政治承诺、协调一致的多层治理、体制框架、法律、政策和战略以及资金和技术支持来实现的。明确的目标、跨领域的政策协调及包容性治理过程，有助于采取有效的气候行动。如果可以将监管与经济手段进行推广与示范，将有助于实现大幅减排和气候韧性。

（7）金融、技术与国际合作

金融、技术与国际合作是加速气候行动的关键举措，要实现气候目标就急需增加适应和减缓的资金投入。尽管有足够的全球资金来填补投资缺口，但在将资金转向气候行动方面存在障碍。加强技术创新体系建设是加快技术实践与示范的关键，还需要采取多渠道加强国际合作。

与其他气候报告不同，IPCC 所发布的综合性科学评估报告，无论是大纲、草稿，还是最终发布的决策者摘要都需要由 IPCC 的 195 个成员国代表进行逐字审议。而最终报告的所有权也归政府所有，这也使得 IPCC 报告具有很强的权威性。IPCC 的工作已经引起了世界各国政府和公众的广泛关注，其发布的报告成为国际气候谈判的重要依据，也影响了国内外企业和民间组织的环保行动。随着气候变化问题的不断加剧和复杂化，IPCC 的工作也将面临更多的挑战和机遇。

1.2　碳市场减排机制

IPCC 通过谈判于 1992 年 5 月 9 日通过《公约》。1997 年 12 月，于日本京都通过了《公约》的第一个附加协议，即《京都议定书》。议定书中提出把市场机制作为解决以二氧化碳为代表的温室气体减排问题的新路径，即把二氧化碳排放权作为一种商品从而形成了二氧化碳排放权的交易（简称碳交易）。碳排放权交易体系是建立在温室气体减排量基础上，将排放权作为商品流通的交易市场，有助于利用市场机制更有效地配置资源、控制温室气体排放。碳排放权交易市场（简称碳市场），即碳排放配额或碳减排信用额交易的市场，作为控制温室气体排放的市场手段，可以有效降低实现既定减排目标的经济成本，也有助于市场参与方进一步提高减排力度，无论是在各国/区域的政策实践还是国际谈判中都备受关注（唐方方，2012；刘志强等，2019；Acadia Center，2019；绿金委碳金融工作组，2016；ICAP，2022；World Bank，2022）。

根据国际碳行动组织的统计数据，截至 2023 年 1 月，全球正在运行的碳交易体系共 28 个，另有 8 个在建，覆盖全球 17%的温室气体排放、55%以上的 GDP 以及近 1/3 的人口。其中，2005 年欧盟开始实施的温室气体排放许可交易制度，即欧盟排放权交易体系，是世界上最大的碳市场，在世界碳市场中具有示范作用。该体系属于限量和交易计划，对成员国设置排放限额，各国排放限额之和不得超过《京都议定书》承诺的排量，排放配额的分配综合考虑成员国的历史排放、预测排放和排放标准等因素（黄以天等，2019）。

碳交易是为促进全球温室气体减排、减少全球温室气体排放所采用的市场机制。目前全球碳市场还不是一个成熟、完善的市场，多个标准并存，同时存在一定的关联。碳交易是未来低碳经济的一个重要领域，许多国家和地区都纷纷建立了自己的碳交易体系，主要包括欧盟排放交易体系（European Union Emission Trading Scheme，EU-ETS）、中国碳排放权交易市场（China Carbon Emissions Trading Exchange，CCETE）、美国加利福尼亚州温室气体总量控制与交易体系（California Climate Action Reserve，CCAR）、澳大利亚新南威尔士州温室气体减排体系（New South Wales Greenhouse Gas Abatement Scheme，NSW GGAS）、美国区域温室气体倡议（Regional Greenhouse Gas Initiative，RGGI）、美国西部气候倡议（Western Climate Initiative，WCI）、美国中西部地区温室气体减排协议（Midwestern Greenhouse Gas Reduction Accord，MGGRA）、美国芝加哥气候交易所（Chicago Climate Exchange，CCX）、新西兰排放交易体系（New Zealand Emissions Trading Scheme，NZ ETS）（易兰等，2018）。

1.2.1　欧盟排放交易体系

2005 年年初，欧盟开始建立 EU-ETS，为市场参与者提供交易平台，以实现碳资产价格发现、降低企业的碳减排成本，并推动低碳经济的发展目标。碳交易机制的形成使碳排放从科学领域跨入金融领域，从而使碳排放权能通过交易市场在组织实体之间进行转换。

欧盟排放交易体系，是以欧洲议会和欧盟理事会于 2003 年 10 月 13 日通过的欧盟 2003 年第 87 号指令（Directive 2003/87/EC）为基础，并于 2005 年 1 月 1 日开始实施的温室气体排放权交易体系。欧盟委员会根据《京都议定书》规定了欧盟各成员国减排目标，同时制定了欧盟内部减排量分配协议，确定了各成员国的温室气体排放量之后，再由成员国根据国家分配计划（National Allocation Plan，NAP）分配给本国的企业。

欧盟范围内的碳交易所主要有位于荷兰阿姆斯特丹的欧洲气候交易所（European Climate Exchange，ECX）、位于法国巴黎的 BlueNext 交易所、位于德国莱比锡的欧洲能源交易所（European Energy Exchange，EEX）和位于挪威奥斯陆的北欧电力交易所（Nordpool）等。截至 2013 年，欧盟排放交易体系作为世界上最大的温室气体排放权交易市场，涉及欧盟 25 个成员国（2019 年时扩大到 28 个成员国）以及冰岛、挪威和列支敦士登超过 1.1 万个工业温室气体排放实体，成为全球温室气体排放权交易发展的主要动力。

欧盟碳市场从建立统一的欧盟碳市场、设立碳免费配合及限额机制，到建立市场价格稳定机制等一系列的法律法规体系，逐步形成完善的超国家碳市场体系，主要分为四个发展阶段。

一是试验探索阶段（2005～2007 年）。主要为欧盟碳市场试运行阶段，该阶段定位为"在行动中学习"，为关键的下一阶段积累经验。该阶段减排总目标是完成《京都议定书》中承诺目标的 45%，覆盖了欧盟 25 国（2019 年时扩大到 31 国，包括 28 个欧盟成员国及冰岛、挪威和列支敦士登 3 个国家）。参与交易的行业包括电力和热力生产、钢铁、石油精炼、化工、玻璃陶瓷水泥等建筑材料以及造纸印刷等。这些交易主体是上述重点行业中的约 11 000 家排放设施的交易标的，但仅包括 CO_2 排放配额。

二是制度体系的重点建设阶段（2008～2012 年）。与《京都议定书》的履约期相对应的主要目标，是帮助欧盟各成员国实现在《京都议定书》中的减排承诺。在行业覆盖范围方面，将航空业纳入碳排放交易体系内；在交易标的方面仍然只包括 CO_2 排放配额一种。

三是进一步严苛规范阶段（2013～2020 年）。欧盟开始对欧盟排放交易体系推行改革，制定统一排放上限，欧盟温室气体排放总量每年以 1.74% 的速度下降，以确保 2020 年温室气体排放量与 1990 年相比至少降低 20%。与前两个阶段相比，第三阶段的政策主要有三个方面的调整：①排放上限和配额将由欧盟统一制定与发放；②有偿拍卖将取代无偿分配，拍卖配额的比例将会逐年增加；③扩大排放配额的使用领域，将更多行业纳入配额限制范围。

四是推动常态化稳定发展阶段（2021～2030 年）。欧盟在原有的 EU-ETS 改革基础上，通过了最新且更加严苛要求的修改，并逐渐推动欧盟碳市场步入常态。

从欧盟发展经验来看，碳交易体系的建立是一个"试点—建设—完善—常态化"的循序渐进过程。经过试验阶段后，逐渐步入体系建设、体系改革的发展阶段，在加强碳交易体系建设的同时，提高欧盟对各成员国的总体管控力度，逐步放开市场交易范围，刺激碳市场迸发活力。由于我国幅员辽阔、省份众多，各区域产业结构存在差异性、复杂性明显的特点，因此我国碳市场发展的第一阶段也由"试点"起步，按照"试点—建设—完善—常态化"的过程逐步构建完善（宋彦勤等，2005；ICAP，2016；ICAP，2022；World Bank，2022）。

1.2.2 中国碳市场

中国的碳交易制度以 2010 年发布的《国务院关于加快培育和发展战略性新兴产业的决定》为开端。2011 年 10 月，国家发展改革委办公厅下发《关于开展碳排放权交易试点工作的通知》，批准在北京、天津、上海、重庆、湖北、广东和深圳 7 个省市开展碳排放权交易试点，2016 年新增四川、福建两省试点。经过各个试点碳市场几年的试验，2017 年 12 月 19 日，中国碳排放权交易体系正式开启全国统一的运行。《全国碳排放权交易市场建设方案（发电行业）》明确了碳市场是控制温室气体排放的政策工具，碳市场的建设将以发电行业为突破口，分阶段稳步推进。2021 年 3 月，生态环境部办公厅对于《碳排放权交易管理暂行条例（草案修改稿）》公开征求意见，草案中明确提出：重点排放单位可以购买经过核证并登记的温室气体削减排放量，用于抵消其一定比例的碳排放配额清缴（宋彦勤等，2005；王倩等，2010；王毅刚等，2011；易兰等，2018；段茂盛，2021）。

2021 年 7 月 16 日，中国碳市场上线交易正式启动，地方试点碳市场与全国碳市场并行。全国碳市场的交易中心位于上海，碳配额登记系统设在武汉。企业在湖北注册登记账户，在上海进行交易，两地共同承担全国碳排放权交易体系的支柱作用。截至 2021 年 12 月 31 日，全国碳市场碳排放配额（CEA）累计成交量达 1.79 亿 t，成交额达 76.84 亿元。2013 年以来，我国七个试点碳市场先后启动。截至 2021 年 12 月 31 日，七个试点碳市场碳排放配额累计成交量达 4.83 亿 t，成交额达 86.22 亿元。目前，全国碳市场覆盖的重点排放单位为 2013～2019 年任一年排放达到 2.6 万 t 二氧化碳当量（综合能源消费量约 1 万 t 标准煤）的发电企业（含其他行业自备电厂）。发电行业成为首个被纳入全国碳市场的行业，纳入重点排放单位超过 2000 家，这些企业碳排放量超过 40 亿 t 二氧化碳（Yi et al.，2019；Zou et al.，2019；Zhang et al.，2016；Zhang et al.，2017；Song et al.，2017；Cui et al.，2014）。

生态环境部发布的《碳排放权交易管理办法（试行）》规定，全国碳市场和地方试点碳市场并存，尚未被纳入全国碳市场的企业将继续在试点碳市场进行交易，被纳入全国碳市场的重点排放单位不再参与地方试点碳市场。交易产品为碳排放配额现货，可以采取协议转让等交易方式，具体形式包括挂牌协议交易和大宗协议交易，并且规定挂牌协议交易的成交价格在上一个交易日收盘价的 ±10% 之间确定，大宗协议交易的成交价格在上一个交易日收盘价的 ±30% 之间确定。2021 年 10 月，生态环境部印发《关于做好全国碳排放权交易市场第一个履约周期碳排放配额清缴工作的通知》，要求各省碳市场主管部门抓紧完成第一个履约周期的配额核定和清缴的工作，加强和全国碳市场相关系统的对接工作，督促和指导重点排放单位完成配额缴，确保 2021 年 12 月 15 日 17 点前本行政区域 95% 的重点排放单位完成履约，12 月 31 日 17 点前全部重点排放单位完成履约。重点排放单位可使用国家核证自愿减排量（CCER）抵消配额清缴，但不能超过应清缴配额的 5%。

根据《温室气体自愿减排交易管理暂行办法》参与自愿减排的减排量，需经国家主管部门在国家自愿减排交易登记簿进行登记备案，经备案的减排量即 CCER。完成备案后，可在国家登记簿登记，并在交易机构内交易。CCER 旨在通过鼓励在减排成本较低的地区或行业进行投资减排，降低总体减排履约成本；并且通过调整抵消量使用比例，达到调控价格、稳定碳市场的目的（ICAP，2022；World Bank，2022）。

我国自愿减排项目于 2015 年 1 月正式启动交易，可在国内碳市场试点上进行交易。受 2017 年后国家发展改革委暂停 CCER 签发的影响（但已签发的 CCER 仍可以在国内碳市场试点上进行交易），国内申请减排认证的方式从 CCER 转为"绿证"（"绿证"是由国家可再生能源信息管理中心依托能源局可再生能源发电项目信息管理平台核定和签发的绿色电力证书，主要发证对象为陆上风电和光伏发电项目）。2019 年，广东和北京碳市场重新启动 CCER 交易，标志着 CCER 市场已逐渐进入恢复期。2024 年 1 月 22 日，全国温室气体自愿减排交易市场启动仪式在北京举行，宣布全国温室气体自愿减排交易市场启动。

按照对碳减排的贡献方式来分，CCER 的计算方法学主要可以分为三类，分别是：①"吸"，即采用负碳技术，将碳排放吸收，降低碳排放总量，如林业碳汇项目、碳捕集和碳封存技术、填埋气发电项目等；②"减"，采用节能提效的技术减少生产生活中的能源使用，从而降低碳排放量，如余热发电、热电联产、资源回收利用项目等；③"替"，即利用新能源等途径替代传统能源，从而减少碳排放，如用风电、光伏等新能源项目替代火电。

CCER 项目的开发流程：一阶段是项目备案，包括项目设计文件公示、审定阶段、提交项目备案申请材料；项目备案通过专家评审后进入二阶段减排量备案，包括监测报告公示、核证阶段、提交减排量备案申请材料、减排量备案。

2012 年，国家发展改革委颁布的《温室气体自愿减排交易管理暂行办法》及《温室气体自愿减排项目审定与核证指南》，对 CCER 项目减排量从产生到交易的全过程进行了系统规范。2017 年 3 月 14 日，国家发展改革委公布暂停 CCER 交易，组织修订《温室气体自愿减排交易管理暂行办法》，进一步完善和规范温室气体自愿减排交易，促进绿色低碳发展。自 2017 年暂停 CCER 项目备案申请之后，新的 CCER 项目一直处于停滞状态。2019 年，广东和北京碳市场重新启动 CCER 交易，标志着沉寂了两年之久的 CCER 已逐渐进入恢复期。2021 年 7 月 16 日，全国碳市场开始启动，把 CCER 纳入了全国碳市场，企业可以使用 CCER 抵销碳排放配额的清缴比例不超过自身应清缴配额的 5%。截至 2021 年 4 月，国家发展改革委公示的 CCER 审定项目累计 2871 个，备案项目 861 个，进行减排量备案的项目 254 个。截至 2021 年 3 月，全国 CCER 的累计交易量为 2.8 亿 t，CCER 的价格在 20～30 元/t 波动。目前，全国 CCER 市场和全国碳市场进一步融合，更有效率地推动全社会减排，助力国家"双碳"目标实现。

1.3 碳汇负排放效应

1.3.1 降低大气二氧化碳浓度的自然机制

碳汇是指植被通过光合作用，或者岩石矿物等通过化学风化吸收大气中的二氧化碳，从而减少温室气体在大气中浓度的过程、活动或机制。生态系统碳汇是当前最成熟，同时也是争议最大的碳汇研究领域；其面向的对象主要是森林、草地、农田等生态系统；其核心驱动力是植被的生长，以生态过程为主；其评估方法多元、评估成果多样、误差大、争议大、不确定性强。地质碳汇面向的对象主要是碳酸岩、基性-超基性岩等岩石，其主要驱动力是岩石风化，以地表的物理化学碳吸收过程为主，同样存在误差大、争议大的问题。

目前，关于碳汇研究分类比较常见的是根据自然生态系统，将碳汇效应分为陆地碳汇和海洋碳汇两大类。其中陆地碳汇又分为森林碳汇、草地碳汇、耕地碳汇、土壤碳汇、岩溶碳汇。

森林碳汇是指森林植物吸收大气中的二氧化碳并将其固定在植被或土壤中，从而减少该气体在大气中的浓度。森林是陆地生态系统中最大的碳库，对于降低大气中温室气体浓度、减缓全球气候变暖具有十分重要、独特的作用。扩大森林覆盖面积是未来 30～50 年经济可行、成本较低的重要减缓措施。许多国家和国际组织都在积极利用森林碳汇应对气候变化。

草地碳汇主要是将吸收的二氧化碳固定在地下的土壤当中，相比森林草地生态系统，碳储量较低。长期以来，我国草地受到过度放牧、开垦和人为活动干扰，植被循环转换较快，地表凋落物的积累量较少，多年生草本植物的固碳能力相对更强。随着我国退耕还林、还草工程的实施，尤其是退化草地的固碳增量更加明显，因此可充分发挥草地的固碳作用。

耕地碳汇即耕地固碳。仅涉及农作物秸秆还田固碳部分。原因在于耕地生产的粮食每年都被消耗了，其中固定的二氧化碳又被排放到大气中，秸秆的一部分在农村被用作燃料，只有作为农业有机肥的部分将二氧化碳固定到了耕地的土壤中。

土壤碳汇是指土壤从大气中吸收并储存二氧化碳的过程、活动或机制。土壤里存储的碳，最初都来源于大气植物通过光合作用将二氧化碳转化为有机物质，然后，有机质里的碳通过根系分泌物、死根系或者残枝落叶的形式进入土壤，并在土壤中微生物的作用下转变为土壤有机质，存储在土壤中形成土壤碳汇。其中，深层土壤中的碳属于持久性封存的碳，可在较长时间内保持稳定的状态。

岩溶碳汇是指岩溶作用过程中，直接吸收大气或土壤中的二氧化碳形成的碳汇。其基本过程是：雨水溶解大气和土壤中的二氧化碳，生成碳酸，随后碳酸溶解碳酸岩，生成含碳酸氢根离子和钙离子的岩溶水体。在此过程中，大气圈的二氧化碳被不断移出，以碳酸氢根离子的形式进入水圈中起到了相应的碳汇效果。

海洋碳汇：是指海洋吸收大气中的二氧化碳，并用各种方式将其固定在海洋中的过程、活动或机制。海洋覆盖了地球表面的 70.8%，是地球上最重要的碳汇聚集地，地球上约 93%的二氧化碳储存在海洋中并在海洋中循环。

1.3.2　碳汇效应是实现碳中和的重要途径

习近平总书记在第七十五届联合国大会一般性辩论上宣布：中国将提高国家自主贡献力度，采取更加有力的政策和措施，二氧化碳排放力争于 2030 年前达到峰值，努力争取 2060 年前实现碳中和。

党的十九届五中全会通过的《中共中央关于制定国民经济和社会发展第十四个五年规划和二〇三五年远景目标的建议》强调：能源资源更加合理配置、利用效率大幅度提高；支持有条件的地方率先达到碳排放峰值；推进排污权、碳排放权市场化交易；提出 2035 年远景目标之一为广泛形成绿色生产生活方式，碳排放达峰后稳中有降。

2021 年 2 月，国务院印发《关于加快建立健全绿色低碳循环发展经济体系的指导意见》提出：建立健全绿色低碳循环发展的经济体系。同年 3 月 1 日，第十三届全国人民代表大会第四次会议通过的《中华人民共和国国民经济和社会发展第十四个五年规划和 2035 年远景目标纲要》指出：完善能源消费总量和强度双控制度，重点控制化石能源消费。实施以碳强度控制为主、碳排放总量控制为辅的制度，支持有条件的地方和重点行业、重点企业率先达到碳排放峰值。推动能源清洁低碳安全高效利用，深入推进工业、建筑、交通等领域低碳转型；提升生态系统碳汇能力。同年 3 月 5 日，第十三届全国人民代表大会第四次会议审议的《政府工作报告》指出：扎实做好碳达峰、碳中和各项工作。制定 2030 年前碳排放达峰行动方案。优化产业结构和能源结构。

2021 年 4 月 26 日，中共中央办公厅、国务院办公厅印发《关于建立健全生态产品价值实现机制的意见》提出：健全碳排放权交易机制，探索碳汇权益交易试点。同年 5 月，碳达峰碳中和工作领导小组第一次全体会议紧扣目标，分解任务，加强顶层设计，并制定行动方案。同年 8 月，习近平总书记主持召开中央全面深化改革委员会第二十一次会议，并发表重要讲话，强调"十四五"时期，我国生态文明建设进入以降碳为重点战略方向、推动减污降碳协同增效、促进经济社会发展全面绿色转型、实现生态环境质量改善由量变到质变的关键时期，污染防治触及的矛盾问题层次更深、领域更广，要求也更高。同年 9 月，中共中央办公厅、国务院办公厅印发《关于深化生态保护补偿制度改革的意见》指出：加快建设全国用能权、碳排放权交易市场。同年 10 月，中共中央、国务院印发《国家标准化发展纲要》及《关于完整准确全面贯彻新发展理念做好碳达峰碳中和工作的意见》，中共中央办公厅、国务院办公厅印发《关于推动城乡建设绿色发展的意见》，国务院发布《关于印发 2030 年前碳达峰行动方案的通知》，国新办发布《中国应对气候变化的政策与行动》白皮书，要求将碳达峰贯穿于经济社会发展全过程和各方面，重点实施能源绿色低碳转型行动、节能降碳增效行动、工业领域碳达峰行动、城乡建设碳达峰行动、交通运输绿色低碳行动、循环经济助力降碳行动、绿色低碳科技创新行动、碳汇能力巩固提升行动、绿色低碳全民行动、各地区梯次有序碳达峰行动等"碳达峰十大行动"。

2022 年 6 月，科技部等九部门印发《科技支撑碳达峰碳中和实施方案（2022—2030 年）》，旨在加强气候变化成因及影响、陆地和海洋生态系统碳汇核算技术和标准研发，突破生态系统稳定性、持久性增汇技术，提出生态系统碳汇潜力空间格局，促进生态系统碳汇能力提升。明确指出：开展碳汇核算与监测技术研究，研究基于大气二氧化碳浓度反演的碳汇核算关键技术，研发基于卫星实地观测的生态系统碳汇关键参数确定和计量技术、基于大数据融合的碳汇模拟技术，建立碳汇核算与监测技术及其标准体系。开发生态系统固碳增汇技术，评估现有自然碳汇能力和人工干预增强碳汇潜力，重点研发生物炭土壤固碳技术、生物固氮增汇肥料技术、岩溶生态系统固碳增汇技术、黑土固碳增汇技术等。加强科技创新对碳排放监测、计量、核查、核算、认证、评估、监管以及碳汇的技术体系和标准体系建设的支撑保障，为国家碳达峰、碳中和工作提供决策支撑。

2023 年 1 月，自然资源部部长王广华指出：有效发挥森林、草原、湿地、海洋、土壤、冻土的固碳作用；健全体现碳汇价值的生态保护补偿机制，探索推进碳汇交易。在"两统一"职责的框架下，自然资源部门以"双碳"目标为导向，对各类空间资源要素和物质资源要素进行统筹管理；通过实施各项自然资源制度创新和科技创新措施，优化产业、新能源、生态等空间要素配置和空间布局，保护和利用各类化石能源、矿产、地质、生物物质资源要素，实现产业转型升级、能源结构优化、新能源发展、地质碳汇利用、生态碳汇增强等"双碳"目标；最终从低碳减排、零碳替代、负碳吸收三个方面，助力"双碳"目标。地调局和指挥中心在年度工作会议中明确提出开展碳汇国情调查，会议强调：服务国家重大战略要求，探索开辟碳汇碳储、地表基质、地下空间、地质储能等国情调查新领域；实施拓展、全面参与水资源、地质灾害、碳储碳汇、地下空间、地质储能等国情调查，加快推进战略性矿产、地质碳汇碳储等急需领域标准研制。

"十四五"时期，我国进入新发展阶段，实现碳达峰、碳中和目标面临一系列新机遇、新挑战，危与机并存、任重道远。未来一段时间要坚持系统观念，贯彻新发展理念，统筹做好节能减排、固碳增汇等系统性工作。一方面依靠电力、工业、交通、建筑等主要领域的节能减排技术推广与创新，做好能源结构调整，碳捕集、利用与封存，生物质燃料，海洋脱碳工程等低碳技术研发示范与推广应用；另一方面挖掘土壤、植被、海洋等碳库的碳汇作用与固碳能力，做好山水林田湖草沙一体化保护与修复、低碳土地整治、矿山复垦与生态重建、蓝色海洋保护修复等工作，提升生态系统固碳能力。减排与增汇二者对于促进碳中和目标实现具有同等重要作用。

以自然恢复为主，提升生态系统固碳能力。要重视基于自然的解决方案（NbS）在生态系统碳汇、固碳和适应气候变化方面的潜力，借助自然的力量，改善人与自然的关系。坚持系统观念，加快构建以国家公园为主体的自然保护地体系，科学开展山水林田湖草沙一体化保护修复，探索开展低碳型全域土地综合整治。试点推进历史遗留矿山生态修复，推进荒漠化、石漠化、水土流失综合治理。开展国土绿化行动，注重土地利用与土地覆盖变化对固碳的影响。加强蓝色海湾整治，加强生态廊道建设和生物多样性保护。提升森林、草原、农田、荒漠等陆地生态系统和红树林、海草床等海洋生态系统的碳汇能力，增强生态系统固碳能力。

加强科技支撑，增强生态系统监测评估能力。针对国土空间生态修复机理认知、空间优化、生态系统服务定位等，构建面向碳中和的生态修复核心理论体系。加强退化土地修复、山水林田湖草空间重构和系统修复、生物多样性提升等关键技术攻关，逐步构建气候变化背景下的国土空间生态修复基础理论、技术攻关、试验示范、推广应用全链条一体化。建设集遥感、雷达、地面站点等天空地协同一体化数据监测体系，完善数据和信息共享机制，开展森林、草原、湿地、农田、荒漠、海洋等生态系统长期动态监测，丰富生态系统碳通量监测、碳循环模拟等内容。建立健全生态系统碳排放监测、报告、核算体系，科学评估国土空间生态修复对碳达峰、碳中和的贡献。

建立中国碳市场。2020年，生态环境部发布的《碳排放权交易管理办法（试行）》明确了全国碳排放配额分配和清缴，碳排放权登记、交易、结算，温室气体排放报告与核查等活动，以及对前述活动的监督管理。2021年7月16日，中国碳市场上线交易，地方试点碳市场与全国碳市场并行。目前，全国碳市场覆盖的重点排放单位为2013～2019年任一年排放达到2.6万t二氧化碳当量（综合能源消费量约1万t标准煤）的发电企业（含其他行业自备电厂）。发电行业成为被首个纳入全国碳市场的行业，纳入重点排放单位超过2000家，这些企业碳排放量超过40亿t二氧化碳。

1.3.3 提升碳汇能力的途径

生态系统碳保护和增汇是最绿色、最经济、最具规模效益的技术途径。过去几十年，中国生态环境建设取得了巨大成就，为生态碳库保护和碳汇能力提升奠定了基础。在典型生态系统结构-过程-功能作用机制研究基础上，研发了农田土壤、人工林、天然次生林、草地、湿地、荒漠绿洲等生态系统固碳增汇技术，并针对不同地理区域研制了多样的生态系统管理模式，为各碳汇功能区的保碳增汇提供了丰富的技术储备（IPCC，2006；Chen et al.，2013；He et al.，2017；Cai et al.，2021）。当前，巩固和提升生态系统碳汇功能的主要科技任务包括：强化国土空间规划和用途管控，严守生态保护红线，稳定现有森林、草原、湿地、滨海、冻土等生态系统的碳储量；实施自然保护工程与生态修复工程，提升生态系统质量及碳汇功能；统筹现有天然生态系统、自然恢复的次生生态系统、人工恢复重建的生态系统等综合提升碳汇能力。具体人为增汇途径主要包括以下三个方面。

（1）传统的农林业减排增汇技术

其主要包括造林、再造林和森林管理、农业保护性耕作、畜牧业减排、草地和湿地管理、滨海生态工程（如蓝碳养殖业）等绿色低碳减排或增汇技术措施。相关研究表明：农业的保护性耕作和有机肥使用等措施的固碳潜力每年约1.4亿～

1.7 亿 t CO_2；草地围栏和种草等措施的固碳潜力每年约 0.6 亿～0.8 亿 t CO_2。然而，上述这些增汇潜力还都只是基于小范围、短时间的调查结果推测获得，仍存在较大的不确定性，并且其经济可行性尚待研究（Chen et al.，2013；He et al.，2017）。

（2）生态工程增汇技术

过去几十年间，科学家已经系统地总结了众多行之有效的生态增汇措施，如：造林再造林、退耕还林、天然草地封育等，围绕提升森林、农田、草地、荒漠、内陆湿地、湖泊、滨海湿地、近海养殖业等生态碳汇功能，挖掘现有成熟技术，整合形成适用于景观、流域到区域的系统化技术模式。应充分总结各类生态系统定位观测、研究和增汇相关技术研发和示范成果，汇集碳汇功能提升的技术模式库，支撑区域碳汇综合示范（Tang et al.，2018；Wang et al.，2021）。

我国的新增造林、路岸河岸带和城市绿地生态建设规模还在不断增大，依据国家统计的各省新造林和城市绿地面积，结合各区域所对应的固碳速率分析表明：实施新规划的生态恢复和国土绿化工程具有巨大的固碳潜力，新增造林及城市绿地预计具有每年 0.3 亿～0.8 亿 t CO_2 的固碳潜力。

（3）新型生物/生态碳捕集、利用与封存途径

CO_2 捕集、封存和利用技术（CCUS）是指 CO_2 捕集、运输及再利用或安全封存的技术组合，是当前全球公认最有效的减碳负碳技术手段，被视为世界经济脱碳的重要工具，对达成我国"双碳"目标具有重要战略意义。Bio-CCUS 或 Eco-CCUS 是指通过提升陆地生态系统生产力途径来更多地固定大气 CO_2，并将其转换为有机生物质，进而作为能源、化工或建筑材料替代化石产品或直接埋藏或地质封存。光合作用是地球上最大规模的能量和物质转换过程，是高效转换光能固定 CO_2 的自然过程，可为 Bio-CCUS 或 Eco-CCUS 提供充足原料（Li et al.，2019；Wang et al.，2021）。

参 考 文 献

丁一汇，1997. IPCC 第二次气候变化科学评估报告的主要科学成果和问题[J]. 地球科学进展，12（2）：158-163.

段茂盛，2021. 利用全国碳市场促进我国碳达峰和碳中和目标的实现[J]. 环境与可持续发展，46（3）：13-15.

何念鹏，王秋凤，刘颖慧，等，2011. 区域尺度陆地生态系统碳增汇途径及其可行性分析[J]. 地理科学进展，30（7）：788-794.

黄以天，2019. 国际互动与中国碳交易市场的初期发展[M]. 上海：上海人民出版社.

刘志强，唐艺芳，谢伟伟，2019. 碳交易理论、制度和市场[M]. 湖南：中南大学出版社.

绿金委碳金融工作组，2016. 中国碳金融市场研究[R]. 上海：绿色金融国际研讨会.

潘家华，2016. 碳排放交易体系的构建、挑战与市场拓展[J]. 中国人口·资源与环境，26（8）：1-5.

秦大河，罗勇，陈振林，等，2007. 气候变化科学的最新进展：IPCC 第四次评估综合报告解析[J]. 气候变化研究进展，3（6）：311-314.

宋彦勤，李俊峰，王仲颖，等，2005. 清洁发展机制（CDM）及项目实施介绍[J]. 中国能源，27（2）：10-18.

孙成权，高峰，曲建升，2002. 全球气候变化的新认识：IPCC 第三次气候变化评价报告概览[J]. 自然杂志，24（2）：114-122.

唐方方，2012. 气候变化与碳交易[M]. 北京：北京大学出版社.

王倩，李通，王译兴，2010. 中国碳金融的发展策略与路径分析[J]. 社会科学辑刊，32（3）：147-151.

王绍武，罗勇，赵宗慈，等，2013. IPCC 第 5 次评估报告问世[J]. 气候变化研究进展，9（6）：436-439.

王毅刚，2011. 碳排放交易制度的中国道路[M]. 北京：经济管理出版社.

易兰，李朝鹏，杨历，等，2018. 中国 7 大碳交易试点发育度对比研究[J]. 中国人口·资源与环境，28（2）：134-140.

张晓艳，2012. 国际碳金融市场发展对我国的启示及借鉴[J]. 经济问题，34（2）：91-95.

Acadia Center，2019. The Regional Greenhouse Gas Initiative：10 Years in Review[R/OL].（2019-09-17）[2023-09-13].http://acadiacenter.org/wp-content/uploads/2019/09/Acadia-Center_RGGI_10-Years-in-Review_2019-09-17.pdf.

Cai T，Sun H B，Qiao J，et al.，2021. Cell-free Chemoenzymatic Starch Synthesis from Carbon Dioxide[J]. Science，373：1523-1527.

Cai W，He N，Li M，et al.，2022 Carbon Sequestration of Chinese Forests from 2010 to 2060：Spatiotemporal Dynamics and Its Regulatory Strategies[J]. Science Bulletin，67（8）：836-843.

Chen Z，Yu G R，Ge J P，et al.，2013. Temperature and Precipitation Control of the Spatial Variation of Terrestrial Ecosystem Carbon Exchange in the Asian Region[J]. Agricultural and Forest Meteorology，182-183：266-276.

Cui L B，Fan Y，Zhu L，et al.，2014. How will the Emissions Trading Scheme Save Cost for Achieving China's 2020 Carbon Intensity Reduction Target？[J]. Applied Energy，136：1043-1052.

Diringer E，2013. Climate Change：A Patchwork of Emissions Cuts[J]. Nature，501：307-309.

Editorial，2013a. Campaign Climate[J]. Nature Climate Change，3：849.

Editorial，2013b. Déjà Vu on Climate Change[J]. Nature Geoscience，6：801.

He N P，Wen D，Zhu J X，et al.，2017. Vegetation Carbon Sequestration in Chinese Forests from 2010 to 2050[J]. Global Change Biology，23（4）：1575-1584.

Held I M，2013. The Cause of the Pause[J]. Nature，501：318-319.

Holmes J，2013. History：Pushing the Climate Frontier[J]. Nature，501：310-311.

ICAP，2016. Emissions Trading Worldwide：Status Report 2016. Berlin：ICAP.

ICAP，2022. Emissions Trading Worldwide：2022 ICAP Status Report[R/OL].（2022-05-29）[2023-09-13].https://icapcarbonaction.com/en/publications/emissions-trading-worldwide-2022-icap-status-report.

IPCC，1990. IPCC Climate Change：The IPCC Scientific Assessment[M]. Cambridge：Cambridge University Press：365.

IPCC，1992. Climate Change 1992：The Supplementary Report to the IPCC Scientific Assessment[M]. Cambridge：Cambridge University Press.

IPCC，1994. Climate Change 1994：Radiative Forcing of Climate Change and an Evaluation of the IPCC IS92 Emission Scienarios[M]. Cambridge：Cambridge University Press.

IPCC，1996. Climate Change 1995：The Science of Climate Change[M]. Cambridge：Cambridge University Press. 572.

IPCC，2001. TAR Climate Change 2001：The Scientific Basis[M]. Cambridge：Cambridge University Press.

IPCC，2006. 2006 IPCC Guidelines for National Greenhouse Gas Inventories[M]. Kanagawa，Japan：the Institute for Global Environmental Strategies（IGES）.

IPCC，2007a. Climate Change 2007：Impacts，Adaptation and Vulnerability[M]. Cambridge：Cambridge University Press.

IPCC，2007b. Climate Change 2007：The Physical Science Basis[M]. Cambridge：Cambridge University Press.

IPCC，2007c. Summary for Policymakers of the Synthesis Report of the IPCC Fourth Assessment Report[M].

Cambridge：Cambridge University Press.

IPCC，2012. Managing the Risks of Extreme Events and Disasters to Advance Climate Change Adaptation：Special Report of the Intergovernmental Panel on Climate Change[M]. Cambridge：Cambridge University Press.

IPCC，2014a. Climate Change 2014：Synthesis Report[R]. Geneva：IPCC.

IPCC，2014b. Mitigation of Climate Change[M]. Cambridge：Cambridge University Press.

IPCC，2018. Special Report：Global Warming of 1.5℃[R]. Geneva：IPCC.

IPCC，2021. Climate Change 2021：The Physical Science Basis[M]. Cambridge：Cambridge University Press.

IPCC，2022. Climate Change 2022：Mitigation of Climate Change[M]. 10：9781009157926.

IPCC，2023a. Climate Change 2023：Synthesis Report[R]. Geneva：IPCC.

IPCC，2023b. Summary for Policymakers[R]. Geneva：IPCC.

IPCC WGI，2001. Third Assessment Report：Summary for Policy Makers[R]. Wembley，IPCC.

IPCC WGII，2001. Summary for Policy Makers：Climate Change 2001：Impact，Adaptation，and Vulnerability[R]. Wembley，IPCC.

IPCC WGIII，2001. Summary for Policy Makers：Climate Change 2001：Mitigation[R]. Wembley，IPCC.

Jones N，2013a. Climate Assessments：25 Years of the IPCC[J]. Nature，501：298-299.

Jones N，2013b. Climate Science：Rising Tide[J]. Nature，501：301-302.

Kerr R A，2013. The IPCC Gains Confidence in Key Forecast[J]. Science，342（6154）：23-24.

Kintisch E，2013. For Researchers，IPCC Leaves a Deep Impression[J]. Science，342（6154）：24.

Kosaka Y，Xie S P，2013. Recent Global-warming Hiatus Tied to Equatorial Pacific Surface Cooling[J]. Nature，501：403-407.

Li H W，Wang S J，Bai X Y，et al.，2019. Spatiotemporal Evolution of Carbon Sequestration of Limestone Weathering in China[J]. Science China Earth Sciences，62：974-991.

Pandit M K，2013. The Himalayas must be Protected[J]. Nature，501：283.

Revesz R L，Howard P H，Arrow K，et al.，2014. Global Warming：Improve Economic Models of Climate Change[J]. Nature，508：173-175.

Schiermeier Q，2013. IPCC：The Climate Chairman[J]. Nature，501：303-305.

Song Y Z，Liu T S，Li Y，et al.，2017. Region Division of China's Carbon Market based on the Provincial/Municipal Carbon Intensity[J].Journal of Cleaner Production，164：1312-1323.

Stocker T F，2013. Adapting the Assessments[J]. Nature Geoscience，6：7-8.

Stocker T F，Plattner G K，2014. Climate Policy：Rethink IPCC Reports[J]. Nature，513：163-165.

Tang X L，Zhao X，Bai Y F，et al.，2018. Carbon Pools in China's Terrestrial Ecosystems：New Estimates based on an Intensive Field Survey[J]. PNAS，115（16）：4021-4026.

Wang F，Harindintwali J D，Yuan Z Z，et al.，2021. Technologies and Perspectives for Achieving Carbon Neutrality[J]. The Innovation，2（4）：100180.

Wang H J，Zeng Q C，Zhang X H，1993. The numerical simulation of the climatic change caused by CO_2 doubling[J]. Science in China Series B-Chemistry，Life Sciences & Earth Sciences，36（4）：451-462.

World Bank，2016. Emissions Trading in Practice：a Handbook on Design and Implementation[R]. Washington D.C.：World Bank.

World Bank，2022. State and Trends of Carbon Pricing 2022[R]. Washington，D.C.：World Bank.

Yi L，He Q，Li Z P，et al.，2019. Research on the Pathways of Carbon Market Development：International Experiences and Implications for China [J]. Climate Change Research，15（3）：232-245.

Zhang B，Fei H X，He P，et al., 2016. The Indecisive Role of the Market in China's SO$_2$ and COD Emissions Trading[J]. Environmental Politics，25（5）：875-898.

Zhang J J，Wang Z X，Du X M，2017. Lessons Learned from China's Regional Carbon Market Pilots[J]. Economics of Energy & Environmental Policy，6（2）：19-38.

Zhou T J，2021. New Physical Science behind Climate Change：What does IPCC AR6 Tell Us[J]. The Innovation，2（4）：100173.

Zou J，Chai Q M，Chen J，et al., 2019. The Roadmap of China's National Carbon Emission Trading Scheme[J]. Climate Change Research，15（3）：217-221.

第2章 自然资源系统中碳的计量

随着人类经济社会的发展，生产生活对自然资源的需求越来越大。而自然资源的开采和利用也不断改变着全球碳循环系统，对地球环境产生了不可忽视的影响。因此，对自然资源进行碳计量，将有助于全面了解自然资源的碳原料量、碳吸收和碳排放能力，为环境保护、碳减排等方面提供科学依据。自然资源碳计量是一项涉及多学科的复杂研究工作，涉及林业、农业、水文学、大气科学、地质学等多个领域，同时需要运用遥感技术、数字图像处理技术、生态学模型等多种技术手段，对于推进自然资源可持续利用和生态保护具有重要的理论和应用价值。

本章旨在探讨自然资源碳计量的概念、意义、方法与技术、国内外应用与实践以及前景和挑战。自然资源碳计量，是指对森林、湿地、草原等自然资源中的碳储量和流量进行定量测定的过程。其意义在于能够为降低温室气体排放、改善生态环境等方面提供数据支持。本章介绍了自然资源碳计量的几种常用方法，包括遥感技术、数字图像处理技术和生态学模型，并着重介绍了国内外的自然资源碳计量应用与实践，说明了其在环境管理、碳市场、资源管理等方面的作用。通过本章的研究，我们可以更加深入了解自然资源碳计量的现状和发展趋势，为探索更有效的碳减排和碳交易机制提供有力支持。

2.1 自然资源碳计量的概念和意义

2.1.1 自然资源碳计量的概念

碳计量，国际上通常是指所有涉及碳排放监测、碳排放权交易、碳核查和碳排放清单编制中相关参数的测量、记录、统计、分析、核查、计算等活动或过程（陈卫斌和陈惠予，2022）。碳计量标准是一种用来测量和评价人类活动排放的二氧化碳等温室气体排放量的标准。将碳排放量量化是为了更好地监测、评估和管理碳排放，以便更好地应对气候变化。2021年发布的《国务院关于印发2030年前碳达峰行动方案的通知》提出"碳达峰十大行动"，其中提到要建立统一规范的碳排放统计核算体系。2022年，国务院印发《计量发展规划（2021—2035年）》提到：支撑碳达峰碳中和目标实现，在碳排放领域完善碳排放计量体系、提升碳排放计量监测能力和水平。统一碳计量标准的意义在于提供一套公认的方法和标准来测量和记录温室气体排放量。它不仅是减缓气候变化的必要手段，也是促进社会可持续发展的关键措施。同时碳计量标准还可以促进全球能源互联网与碳中和的深度融合，帮助各个国家和地区建立低碳经济市场体系，实现生态文明建设和绿色转型发展，有力支撑碳中和目标实现。

自然资源碳计量，是指利用科学技术手段对自然资源系统中的碳库、碳流进行定量测量、监测、分析和评估的过程。它旨在通过量化自然资源中的碳汇和碳源，了解碳的转移、储存和释放过程，为自然资源管理和碳交易提供数据支持。自然资源碳计量，通常包括对森林、湿地、草地和耕地等不同类型自然资源系统的碳测量、管理和监测等方面。因此，自然资源碳计量是衡量自然资源碳储量和碳流动的工具，具有重要的环境、经济和政策意义。

2.1.2　自然资源碳计量的意义

1. 服务自然资源管理

通过对森林、草地、湿地和岩石等自然资源的碳储量进行定量评估，以及监测各自然资源碳储量变化情况，可以了解各自然资源要素之间的碳循环过程，可以制定有效的自然资源管理方案，包括森林保护和恢复、土地利用规划、湿地保护与管理等。

2. 应对气候变化

随着全球气候变化问题的日益严重，碳计量成为一个重要的研究方向。在过去的几十年中，全球温度和海平面不断上升，极端天气和自然灾害频发，给人类社会和自然生态系统造成了巨大的影响。其中，大气中二氧化碳等温室气体的排放是全球气候变化的主要原因之一。因此，研究自然资源碳储量变化，对研究气候变化的响应，为减缓气候变暖和适应气候变化提供准确的基础数据，对于制定气候变化政策和减缓气候变化具有重要的意义。

3. 环境监测

随着工业化和城市化的加速，碳排放量不断增加，碳排放会破坏臭氧层，导致全球变暖产生温室效应，从而引发一系列环境问题。发挥森林、草原、湿地、岩石等自然资源的固碳作用，是最经济、最有效的途径。因此，通过对自然资源碳计量的深入研究，可以更好地了解碳排放和吸收的情况，为环境质量评估提供可靠的数据支撑。自然资源碳计量可以为环境监测提供关键数据，及时发现环境变化和资源利用状况，为环境治理提供科学参考。

4. 促进政策制定推动经济发展

碳计量在政策制定和经济发展中的应用，主要包括以下方面。

（1）碳排放贸易政策制定

碳排放贸易政策是指通过对企业的碳排放进行限制和核算，然后给予碳排放许可进行碳交易。碳计量可以作为碳排放贸易政策的重要依据，指导政府制定碳排放许可和碳交易价格。

（2）碳税政策制定

碳税是指政府为了抑制碳排放，而对所有碳排放源征收的税收。碳计量可以帮助政府确定碳税征收的方式和标准，以及财政部门对碳税的管理。

（3）社会责任投资

碳计量可以帮助企业确定其在环境保护和社会责任方面的绩效，帮助企业实现可持续经营。

（4）碳市场发展

碳市场发展是指碳市场吸引投资者投资碳交易。碳计量可以帮助投资者了解他们投资的碳交易项目、企业的碳排放情况，以及预期的碳减排效果以减少投资风险。

总之，碳计量在政策制定和经济发展中的应用非常广泛，可以帮助政府制定环境保护政策，帮助企业实现可持续经营，促进碳市场的发展，推动低碳城市建设。

2.2 自然资源碳计量的方法与技术

2.2.1 遥感技术

遥感技术是指利用航空或卫星传感器对地球表面进行非接触式探测和测量的技术（庞勇等，2022）。在过去的几十年中，前所未有的大量地球观测数据、卫星遥感影像数据变得可用，为得出生物量和碳含量提供了独特的机会（Goetz and Dubayah，2011；Wocher et al.，2022）。利用遥感技术通过图像采集、预处理、特征提取、分类识别等多个步骤，可以获取到大量的空间和时间上的信息，包括植被类型、覆盖度、高度等（Li et al.，2022）。自然资源碳计量中遥感技术被广泛应用于测量森林植被的生长和变化情况，从而估算森林碳储量的变化。遥感技术在自然资源碳计量中的应用，可以获取大面积的碳储量分布格局，为生态环境保护和碳排放管理提供了有力的技术支持。

常见的利用遥感技术进行自然资源碳计量的方法主要有以下几种。

1. 基于图像分类的方法

利用绿色植被在可见光带的光谱反射特性，构建了各种可见光植被指数，根据绿色植被在不同波段的反射光和吸收光不同的特性，在传感器中结合不同波段，实现植被信息增强的一种方法（Zhang et al.，2019）。同时，通过对高分辨率遥感图像进行目视解译和监督分类，对各类典型地物进行分类，可以提取出地表覆盖物的类型、覆盖度、植被指数等，从而计算植被覆盖度和植被生物量等指标为碳储量的计算提供数据支持（He et al.，2022）。叶面积指数是反映植被叶面积的指标，它与植被生长状况密切相关（Luo and Niu，2020；Wang et al.，2022a；Meng et al.，2023）。利用多光谱遥感图像可以对植被叶面积指数进行计算，从而估算植被的生物量和碳储量（Wang and Fang，2020）。

2. 基于光谱反演的方法

通过遥感仪器采集的反射光谱数据，提取出植被的生理指标，如叶绿素含量、覆盖度等，从而推算出森林的生长和变化情况。比如，利用遥感图像和地面观测数据，可以确定土地类型、植被类型和土壤类型等因素，建立土壤有机碳含量的模型，并通过遥感图像的反演，进行土壤有机碳含量的估算（徐明等，2017）。祝元丽等（2021）选取中国东北黑土和比利时黄土研究区，通过构建与无人机兼容的土壤高光谱数据，获取平台研究其在暗室和野外自然光条件下，快速反演土壤有机碳含量的能力，进行多源光谱数据修正，探索暗室土壤有机碳模型直接应用到野外条件的可行性。王赵飞（2019）在保证反演精度的前提下提升时间分辨率，融合多光谱数据 Sentinel-2 和 Sentinel-3，充分利用 Sentinel-2 的高空间分辨率信息（10 m）和 Sentinel-3 丰富的光谱信息（21 个波段），形成了可用于东海县土壤总有机碳含量反演的 52 期影像。Wocher 等（2022）通过星载成像光谱任务，对植物碳和农田生物量进行可靠制图，成功地实现了所建立模型的高可移植性。

3. 基于激光雷达测距技术的方法

激光雷达能获取高精度的森林垂直结构信息，精确地探测大区域森林空间结构，在森林碳储量估测方面具有突出的优势，在林下地形、树高、森林生物量等参数估测方面起到了重要作用（庞勇等，2022）。通过激光雷达测距技术，可以准确地测量出地面和森林顶部的高度差，结合地形信息可以计算出植被体积，从而确定植被生物量和碳储量（Goetz and Dubayah，2014；Li et al.，2022）。利用多时相多传感器机载激光雷达，可估计亚马孙森林的叶面积结构（Shao et al.，2019）。

遥感技术能够提供较为全面和准确的自然资源信息，可以广泛应用于自然资源碳计量领域。但遥感技术也存在着一些局限性，如图像质量受环境因素的影响、海拔高度的限制等，需要通过与其他测量方法相结合，确保数据的准确性和可靠性。

2.2.2　生态学模型

生态学模型，是通过对生态系统的结构和功能进行描述和解释，以预测自然资源碳库的大小和变化趋势的数学模型。生态学模型可以定量描述生态系统的各项参数，并通过对生态系统的生产力、吸碳潜力、碳固定量等因素进行模拟和预测，实现自然资源碳计量的定量化和系统化。目前，生态学模型广泛应用于生态系统碳循环的研究和自然资源碳计量，常用的模型包括生态系统过程模型、地球系统模型、基于遥感和机器学习建模等。如 Forest-BGC 和 Biome-BGC 等生态系统过程模型可以模拟森林、草原等生态系统碳吸收、碳储存和碳释放的过程，从而预测森林、草原等生态系统的碳储量和碳流动速率。

Biome-BGC 是利用站点描述数据、气象数据和植被生理生态参数，模拟了从 $1\ m^2$ 到全球范围内的生物群落的碳、水和氮的日通量和状态，在日时间尺度上，可以用于准确表示碳通量的短期变化（Kimball et al.，1997；White et al.，2000；韩其飞等，2014）。Wang 等（2022）在华北平原建立了涡度协方差塔，并获得了通量数据以及气象、植被和土壤特性的相关数据，通过使用这些观测数据并修改了模型中的生态生理参数，预测作物生长以及水和碳通量。基于过程的陆地生物圈模型 Biome-BGC，在六个亚洲通量站点的落叶松森林中进行了测试，并用于确定在时间和空间尺度上影响碳和水循环的重要环境因素（Ueyama et al.，2010）。Cienciala 和 Tatarinov（2006）利用过程模型 Biome-BGC 观测山毛榉、橡树、松树和云杉的典型森林生物量积累情况，模型分析还包括土壤碳成分，并使用从 180 个森林位置收集的额外独立数据进行了验证。

Forest-BGC 是一种非线性确定性模型，旨在模拟森林生态系统中的碳、水和氮循环（Band et al.，1991；Veganzones et al.，2010）。Running 和 Gower（1991）对 Forest-BGC 进行了改进，提出了一个新版本的生态系统过程模型，该模型使用林分的水分和氮限制在每次年度迭代中动态改变叶/根/茎的碳分配分数。Forest-BGC 模型根据对葡萄牙北部 Trás-os-Montes 地区过去可用气候序列及其演变趋势的分析得出的气候演变情景估计海岸松（*Pinus pinaster* Ait.）纯林和混合林的净初级生产力（Nunes et al.，2013）。

也有研究将多模型结合分析，比如 Zhang 等（2023）将净生态系统生产力与最大熵模型和斑块生成土地利用模拟模型相结合进行分析。基于地质学模型

（GSMSR），以及中国碳密度数据估算 2001～2017 年中国陆地生态系统的净生产力，并基于最大熵模型进行碳源-碳汇转变潜力预测。

生态学模型的优势在于可以对个别过程进行深入的理论分析和定量描述，并根据实际情况进行修正和验证，提高其计量的科学精度。但是在应用生态学模型时，需要根据具体情况做出适当的假设和简化，同时需要考虑生态系统的复杂性和不确定性，这是使用生态学模型进行自然资源碳计量时需要注意的事项。

2.2.3　不同自然资源类型的碳计量方法

1. 森林碳计量

1）单木异速生长方程

异速生长方程是在实地测量标准木生物量的基础上，拟合生长曲线建立胸径、树高与生物量的拟合方程，从而获取单木生物量（Tang et al.，2018；Luo et al.，2020），将单木生物量累加得到样地生物量。

2）生物量估算方法

推算区域尺度的森林生物量方法有 3 类：平均生物量法、生物量换算因子法和生物量换算因子连续函数法（赵敏和周广胜，2004；王秀云和孙玉军，2008）。

（1）平均生物量法

平均生物量法是指基于野外实测样地的平均生物量与该类型森林面积来求取森林生物量的方法（Whittaker and Marks，1975；赵敏和周广胜，2004）。实际测定样地生物量的主要步骤有：选择林地、林分确定标准木、实测标准木，通过平均生物量推算林分生物量，从而对所研究林区的生物量做出估计。推算林分生物量有两种途径：一是根据每一块标准地标准木推算林分生物量，用标准木各组成（干、枝、叶、根）的生物量乘以该标准地的树木株数；二是相关曲线法（相对生长法或维量分析法），即在研究区域内选取样木伐倒后按器官称重，然后根据各器官生物量与某一测树指标（如胸径、树高）间的相关关系进行回归拟合，建立回归曲线方程，以实测的胸径、树高推算林分的生物量。

（2）生物量换算因子法

生物量换算因子法（又叫材积源生物量法）是利用林分生物量与木材材积比值的平均值乘以该森林类型的总蓄积量，得到该类型森林的总生物量的方法（Brown and Lugo，1984）；或利用木材密度（一定鲜材积的烘干重）乘以总蓄积量和总生物量与地上生物量的转换系数（Isaev et al.，1995）。

（3）生物量换算因子连续函数法

生物量换算因子连续函数法为单一不变的生物量平均换算因子，转为关于蓄积量的函数关系（Fang et al.，2001）。可采用王斌（2009）和罗天祥（1996）收集整理的全国 1266 个样地资料，建立蓄积量与生物量之间的双曲线函数关系来估算中国林分生物量。

3）遥感生物量估算模型

利用遥感数据对生物量进行估算，计算植被指数，建立植被指数与生物量的关系，估算区域的生物量。遥感生物量估算模型主要有基于遥感信息参数的生物量估算的统计模型、遥感数据与过程模型相结合的机理模型（Sun and Liu，2020；王飞平和张加龙，2022）。例如，Chen 等（2023）通过回归和机器学习方法，将多种类型的遥感观测与密集的实地测量相结合，估算了森林地上和地下生物量的变化。此外，还可以在随机森林模型框架下，协同使用光学植被指数和微波植被光学产品，对森林地上生物量年际变化进行预测；估算森林地上生物量动态变化，进一步分析重点区域森林地上生物量的变化趋势。

2. 草地碳计量

草地生物量估算主要通过实地调查、遥感数据。通常野外调查获得实测的生物量数据比较可靠，采用平均生物量碳密度乘以草地面积的方法（Fan et al.，2008），利用 1980 年中国草地资源调查数据，和 2003～2004 年野外调查补充数据估算的中国草地生物量碳库。但是实地调查很难在整个研究区内进行大范围比较均匀的实地调查取样，遥感数据的应用在很大程度上可以弥补地面调查取样的不足（马文红等，2010）。特别是结合地面实测数据和遥感信息所建立的遥感统计模型，可以解决区域草地生物量估算中的尺度转换问题，从而提高区域生物量的估算精度（Piao et al.，2007；Yang et al.，2009）。也有研究基于草地资源清查数据和遥感信息的估算值进行估算（朴世龙等，2004；Fang et al.，2007）。

地下生物量主要是利用根冠比进行估算（Piao et al.，2007；Yang et al.，2010），Fan 等（2008）利用该方法估算了中国北方草地的根冠比。为了更准确地估算草地生态系统的根生物量，王亮等（2010）基于个体水平上的根冠比，估算中国北方草地地下生物量。除使用根冠比外，基于地下生物量与地上生物量之间的关系，也是推算地下生物量的常见方法之一。根据 Yang 等（2009）的报道，中国温带和高寒草地地上和地下生物量之间均符合等速生长关系，使用其相关生长关系和相对容易测定的地上生物量来推算地下生物量，在很大程度上提高了地下生物量的估算精度。马文红等（2010）基于这种方法估算中国北方草地地下生物量碳库。

3. 湿地碳计量

湿地的生物量碳储量的估算，一般采用实测、模拟和遥感监测技术。例如，采用实测方法实地采样，测定地上生物量和地下生物量（夏敏等，2020）；利用内岛模型估算三江平原湿地生态系统的固碳量（刘晓辉和吕宪国，2008）；利用雷达遥感数据估算红树林的植物生物量，发现利用雷达散射系数估算的植物生物量的精度高于利用植被指数的估算精度（黎夏等，2006）。

估算土壤或者沉积物碳汇量，需要先估算土壤或者沉积物的碳通量、碳含量、碳密度和碳埋藏速率（宋霞等，2003），一般采用箱式法和涡度相关法估算土壤或者沉积物碳通量。研究表明，箱式法适合测量小尺度范围的土壤或者沉积物的碳通量，而涡度相关法则适合测量较大尺度范围的土壤或者沉积物的碳通量（宋霞等，2003）。利用元素分析仪（李英臣等，2021）、采用物理分组法，以及采用实验室分析法等（蔡毅等，2013；董洪芳等，2013）测定或者计算土壤碳含量和碳密度。

4. 岩石碳计量

计算岩石碳汇的方法主要有碳酸岩溶蚀平衡模型、水化学径流法、溶蚀试片法、GEM-CO$_2$ 模型模拟等。

（1）碳酸岩溶蚀平衡模型

Gombert（2002）根据碳酸盐在当地水文条件、温度和含水层内 CO$_2$ 分压下的溶解平衡状态，建立了一个热力学溶解平衡模型，称为最大潜在溶解法碳酸岩溶蚀平衡模型（主要是石灰岩）。计算岩溶（碳酸盐风化）碳汇的方法为溶蚀平衡法，使用溶蚀平衡方程可以计算出溶解无机碳浓度。基于这个特性，碳酸岩溶蚀平衡模型被广泛应用于计算区域或全球尺度的碳酸岩溶蚀所产生的溶解无机碳浓度（Gombert，2002；曾思博和刘再华，2022）。Zeng 等（2019）通过建立基于气候因子和人类土地利用影响的碳酸岩溶蚀平衡模型，评估了历史时期（过去 50 年）全球碳酸岩风化碳汇强度的纬度分布。2022 年 Zeng 等将碳酸岩溶蚀平衡模型和 CMIP6-GCM 模型相结合，估计了全球范围内碳酸盐风化的 CO$_2$ 去除量。在随机森林回归和碳酸岩溶蚀平衡模型的基础上，利用中国及周边 44 个流域的长期生态、气象、水文栅格数据和监测数据，估算了 2000～2014 年中国典型碳酸盐碳固存量（Li et al.，2019）。

（2）水化学径流法

水化学径流法是计算流域尺度岩溶碳通量的常用方法，主要原理是根据喀斯特地区岩溶水中的 HCO$_3^-$ 浓度，以及径流模数估算碳酸岩风化对 CO$_2$ 的吸收速率，进而外推至区域或国家尺度估算喀斯特地区固碳速率（宋贤威等，2016）。

李朝君等（2019）基于 GEMS-GLORI 全球河流数据库提供的全球 10 万 km^2 以上主要河流流域多年平均监测数据，利用水化学径流法估算出全球主要河流流域碳酸岩风化对 CO_2 的吸收速率。基于水化学径流法，通过一个完整水文年的流量和水化学监测，定量研究了岩石裸露率和土层厚度对水文过程以及岩溶碳通量的影响（罗维均等，2022）。

（3）溶蚀试片法

溶蚀试片法由袁道先院士引入中国，并在 IGCP-299 和 IGCP-379 项目中广泛应用（袁道先，1999）。该方法通常以一个水文年为溶蚀时间，根据试片重量的变化计算消耗的大气或土壤中的 CO_2，并评估岩溶作用强度（宋贤威等，2016）。基于溶蚀试片法，孙平安等（2021）定量评估了大溶江、小溶江和灵渠流域岩溶碳汇强度分别为 0.75、0.30 和 2.92 t $C\cdot km^{-2}\cdot a^{-1}$。利用溶蚀试片法，研究不同植被类型地下溶蚀速率时发现三种植被类型地下平均溶蚀速率表现为林地＞灌丛＞草地的规律（杨治国等，2023）。

（4）GEM-CO_2 模型模拟

GEM-CO_2 模型模拟将径流作为全球化学风化的主要影响因素，Amiotte Suchet 和 Probst（1993）为了估算由岩石风化所消耗的碳量，及大陆岩石的风化速度，对不同岩性单一流域的地表径流与主要溶解元素的数据进行了分析和研究，并建立了一个基于经验关系的简单模型。Amiotte Suchet 等（2003）为了分析六种主要岩石类型按纬度、大陆和海洋流域，以及 49 个大型河流流域的空间分布，将数字地图与 GEM-CO_2 模型相结合，计算岩石风化和碱性河流向海洋输送所消耗的大气/土壤中的 CO_2。邱冬生等（2004）基于 GEM-CO_2 模型进行了计算，计算结果表明我国岩石每年因溶蚀、风化作用共消耗的 CO_2 约为 4.72×10^7 t。覃小群等（2013）以流域的岩性、径流量和水化学分析数据为主要资料，基于 GIS 空间分析的 GEM-CO_2 模型，估算珠江流域陆地岩石风化作用消耗的大气/土壤中的 CO_2，评价河流流域的碳汇能力。

2.3 国内外自然资源碳计量

2.3.1 北美

北美自然资源碳计量的方法和技术，主要涵盖了从空间和时间维度上对碳资源的定量测量和评价，以及利用遥感技术和模型对数据进行分析和建模，得到更为准确的碳排放和吸收量。加拿大、美国和墨西哥制定了北美碳计划（NACP），以测量和了解北美和邻近海洋地区的 CO_2、CH_4 和 CO 的源和汇（Hollinger，2008）。基于森林清查数据，Zhu 等（2018）利用美国和加拿大 1990～2016 年森林清查中的 140 267 个样方数据，结合开发的分层贝叶斯增长模型和莫诺（Monod）增长函数，对未来（2020s、2050s、2080s）不同气候情景下北美森林生物量潜力进行了预测，结果显示生物量从 90 Mg·hm^{-2}（2000～2016 年）增长到 105 Mg·hm^{-2}（2020s）、128 Mg·hm^{-2}（2050s）和 146 Mg·hm^{-2}（2080s）。基于土地利用和土地覆盖情景、气候变化预测和生物地球化学模型，Liu 等（2012）预计 2050 年美国西部生态系统中储存的总碳量为 13 743～19 407 Tg C。基于林业数据集建立的经验建模方法，Stinson 等（2011）估计了 1990～2008 年加拿大 2.3×10^6 km^2 管理森林的碳预算，这一时期的平均净初级生产力为（809±5）Tg C·a^{-1}，生态系统净生产力为（71±9）Tg C·a^{-1}。基于 Fluxnet 站的涡通量数据，记录了 1998～2013 年 Wind River 年均净生态系统交换量（FNEE）为（−32±84）g C·m^{-2}·a^{-1}（Wharton and Falk，2016）。除此之外，使用波文比能量平衡系统，对每个研究地点的能量、水蒸气和 CO$_2$ 通量进行连续测量，利用大气反演模型在区域和次大陆尺度上量化 CO$_2$ 通量（Brown，2002；Svejcar et al.，2008；Gourdji et al.，2012）。以上这些方法都是北美自然资源碳计量的常用方法（Brown，2002；Goetz and Dubayah，2011）。

2.3.2 欧洲

欧洲最常用的自然资源碳计量方法为基于林分参数构建经验模型，如调查树种组成、平均年龄、树高、生长蓄积量等数据，以开发用于碳库及其动态评估的生物量结构模型（Muukkonen，2007；Zianis et al.，2011；Schepaschenko et al.，2017）。Barrio-Anta 等（2006）利用加利西亚（西班牙西北部）266 个样地数据，包括林分体积、林分地上生物量、林分树干生物量和碳库的信息，估计加利西亚海岸松林体积、生物量和碳库的生态区域模型。Krejza 等（2017）基于树木的胸径、高度、冠幅等因子，构建欧洲主要树种欧梣（*Fraxinus excelsior* L.）和橡树（*Quercus robur* L.）的生物量函数，对树木生物量及其组成部分进行估计。基于树木年轮的生物量估计，在量化森林碳储量变化方面具有很大潜力。通过将树木年轮数据与树木胸径和/或异速生物量函数的测量相结合，重建年度生物量增量和相关的碳积累（Bakker，2005；Zianis et al.，2005；Tabacchi et al.，2011）。Babst 等（2014）选取了位于欧洲不同气候区的五个管理森林站点，应用了一致的以生物量为导向的采样设计，将树木年轮数据和生物特征测量相结合，重建了单株的年生物量增量，结果表明 1970～2009 年站点平均碳积累速率为 65～225 g C·m^{-2}·a^{-1}。Tabacchi 等（2011）提出了预测意大利 25 种森林物种地上立木材积和植物生物量关系的方程，对于任何一棵树特定的方程允许对以下树木成分进行估计：树干和大枝、小枝残根和整棵树的生物量。Kaplan 等（2012）基于 LPJ

动态植被模型（该模型由重建的气候、土地利用和二氧化碳浓度驱动）进行了一系列模拟，结果表明在管理有限的情况下现存的欧洲森林目前有可能吸收 $5\sim12$ Pg 的碳。通过优化参数最优温度和最大光利用效率对 CASA 模型进行了改进，并结合土壤呼吸模型计算了欧洲陆地生态系统的净生态系统生产力（NEP），欧洲陆地生态系统的 NEP 值存在区域差异，呈现西部＞南部＞中部＞东部＞北部的格局（Qiu et al.，2022）。Montagnoli 等（2015）利用激光雷达技术进行地面数据采集，估计了意大利北部山区森林地上生物量方面。

2.3.3　中国

在中国碳计量也是重要的研究领域，中国学者在研究自然资源碳库及其动态变化方面已开展了很多工作。Wang 等（2022）采用全球二氧化碳反演模型（CAMS）对中国陆地碳汇进行估算，发现中国 $2010\sim2016$ 年平均陆地碳汇的合理反演估计约为 9.2 t $CO_2\cdot a^{-1}$。基于野外直接测量数据，Tang 等（2018）采用一致的方法对中国森林、灌丛和草地（分别 7800 个、1200 个和 4030 个）共 13 030 个样地进行了调查，结果表明森林碳库最大 [（30.83 ± 1.57）Pg C，占 49%] 草原次之 [（25.40 ± 1.49）Pg C，占 40.4%]，灌丛最小 [（6.69 ± 0.32）Pg C，占 10.6%]。通过回归与机器学习算法，融合高分辨率主动微波遥感、长时间序列的被动微波与光学遥感信息，并参考大量地面样地实测数据，Chen 等（2023）发展了一套时空连续的近 20 年中国森林地上和地下植被碳储量数据。基于地质学模型（GSMSR）以及中国碳密度数据，Zhang 等（2023）估算了 $2001\sim2017$ 年中国陆地生态系统的净生产力,主要结论如下:2001 年中国陆地生态系统产生 0.66 Pg C，储存 1.37 Pg C；2017 年中国陆地生态系统产生 0.44 Pg C，储存 1.66 Pg C。在广泛查阅历史资料数据的基础上，Yu 等（2022）重新构建了一套中国 1900 年以来的土地利用数据集，并采用动态陆地生态系统模型（DLEM）对中国历史碳收支进行了重新模拟评估，结果表明，中国陆地生态系统总碳储量 $1900\sim1980$ 年下降了 69 亿 t，但是 $1981\sim2019$ 年上升了 89 亿 t。

参 考 文 献

蔡毅，景艳波，钟志诚，等，2013. 深圳湾红树林土壤碳同位素研究[J]. 价值工程，32（19）：317-320.

陈卫斌，陈蕙予，2022. 构建碳计量技术创新体系以更好服务于国家低碳发展战略的探索与思考[J]. 中国计量，27（9）：22-27.

董洪芳，于君宝，管博，2013. 黄河三角洲碱蓬湿地土壤有机碳及其组分分布特征[J]. 环境科学，34（1）：288-292.

方精云，刘国华，徐嵩龄，1996. 我国森林植被的生物量和净生产量[J]. 生态学报，16（5）：497-508.

韩其飞，罗格平，李超凡，等，2014. 基于 Biome-BGC 模型的天山北坡森林生态系统碳动态模拟[J]. 干旱区研究，31（3）：375-382.

黎夏，叶嘉安，王树功，等，2006. 红树林湿地植被生物量的雷达遥感估算[J]. 遥感学报，10（3）：387-396.

李朝君，王世杰，白晓永，等，2019. 全球主要河流流域碳酸盐岩风化碳汇评估[J]. 地理学报，74（7）：1319-1332.

李英臣，杨凤姣，李仪颖，等，2021. 黄河下游河漫滩和由其开垦的农田土壤碳、氮和磷含量[J]. 湿地科学，19（4）：479-485.

刘晓辉，吕宪国，2008. 三江平原湿地生态系统固碳功能及其价值评估[J]. 湿地科学，6（2）：212-217.

罗天祥，1996. 中国主要森林类型生物生产力格局及其数学模型[D]. 北京：中国科学院地理科学与资源研究所.

罗维均，杨开萍，王彦伟，等，2022. 喀斯特地区不同岩土组构对岩溶碳通量的影响[J]. 地质科技通报，41（3）：208-214.

马文红，方精云，杨元合，等，2010. 中国北方草地生物量动态及其与气候因子的关系[J]. 中国科学：生命科学，40（7）：632-641.

庞勇，李增元，余涛，等，2022. 森林碳储量遥感卫星现状及趋势[J]. 航天返回与遥感，43（6）：1-15.

朴世龙，方精云，贺金生，等，2004. 中国草地植被生物量及其空间分布格局[J]. 植物生态学报，28（4）：491-498.

覃小群，刘朋雨，黄奇波，等，2013. 珠江流域岩石风化作用消耗大气/土壤 CO_2 量的估算[J]. 地球学报，34（4）：455-462.

宋霞，刘允芬，徐小锋，2003. 箱法和涡度相关法测碳通量的比较研究[J]. 江西科学，21（3）：206-210.

宋贤威，高扬，温学发，等，2016. 中国喀斯特关键带岩石风化碳汇评估及其生态服务功能[J]. 地理学报，71（11）：1926-1938.

孙平安，肖琼，郭永丽，等，2021. 混合岩溶流域碳酸盐岩溶蚀速率与岩溶碳汇：以漓江流域上游为例[J]. 中国岩溶，40（5）：825-834.

王斌，刘某承，张彪，2009. 基于森林资源清查资料的森林植被净生产量及其动态变化研究[J]. 林业资源管理，（1）：35-43.

王飞平，张加龙，2022. 基于碳卫星的森林碳储量估测研究综述[J]. 世界林业研究，35（6）：30-35.

王亮，牛克昌，杨元合，等，2010. 中国草地生物量地上-地下分配格局：基于个体水平的研究[J]. 中国科学：生命科学，40（7）：642-649.

王秀云，孙玉军，2008. 森林生态系统碳储量估测方法及其研究进展[J]. 世界林业研究，21（5）：24-29.

夏敏，王行，刘振亚，等，2020. 四川若尔盖高原3种湿地生态系统的碳储量及碳汇价值[J].福建农林大学学报（自然科学版），49（3）：392-398.

徐明，2017. 森林生态系统碳计量方法与应用[M]. 北京：中国林业出版社.

杨治国，陈清敏，成星，等，2023.南北地理分界线：秦巴山区碳酸盐岩溶蚀速率研究[J]. 中国岩溶，42（4）：819-833.

袁道先，1999. "岩溶作用与碳循环"研究进展[J]. 地球科学进展，14（5）：425-432.

曾思博，刘再华，2022. 我国岩溶碳汇和在非岩溶区播撒碳酸盐粉的碳中和潜力[J]. 科学通报，67（34）：4116-4129.

赵敏，周广胜，2004. 基于森林资源清查资料的生物量估算模式及其发展趋势[J]. 应用生态学报，15（8）：1468-1472.

祝元丽，王冬艳，张鹤，等，2021. 采用无人机载高分辨率光谱仪反演土壤有机碳含量[J]. 农业工程学报，37（6）：66-72.

Amiotte Suchet P，Probst J L，1993. Flux de CO_2 Consommé par Altération Chimique Continentale：Influences du Drainage et de la Lithologie[J]. Comptes Rendus de l'Académie des Sciences-Series II，317：615-622.

Amiotte Suchet P，Probst J L，Ludwig W，2003. Worldwide Distribution of Continental Rock Lithology: Implications for the Atmospheric/Soil CO_2 Uptake by Continental Weathering and Alkalinity River Transport to the Oceans[J]. Global Biogeochemical Cycles，17（2）：1038.

Babst F，Bouriaud O，Alexander R，et al.，2014. Toward Consistent Measurements of Carbon Accumulation：A Multi-site Assessment of Biomass and Basal Area Increment Across Europe[J]. Dendrochronologia，32（2）：153-161.

Bakker J D，2005. A New，Proportional Method for Reconstructing Historical Tree Diameters[J]. Canadian Journal of Forest Research，35（10）：2515-2520.

Band L E，Peterson D L，Running S W，et al.，1991. Forest Ecosystem Processes at the Watershed Scale：Basis for Distributed Simulation[J]. Ecological Modelling，56：171-196.

Barrio-Anta M，Balboa-Murias M Á，Castedo-Dorado F，et al.，2006. An Ecoregional Model for Estimating Volume，Biomass and Carbon Pools in Maritime Pine Stands in Galicia（Northwestern Spain）[J]. Forest Ecology Management，223（1-3）：24-34.

Basin H G，1998. Great Basin-Mojave Desert Region[M]. Reston：US Geological Survey：505-538.

Brown S，2002. Measuring Carbon in Forests：Current Status and Future Challenges[J]. Environmental Pollution，116（3）：363-372.

Brown S，Lugo A E，1984. Biomass of Tropical Forests：a New Estimate based on Forest Volumes[J]. Science，223（4642）：1290-1293.

Chang Z，Fan L，Wigneron J P，et al.，2023. Estimating Aboveground Carbon Dynamic of China Using Optical and Microwave Remote-Sensing Datasets from 2013 to 2019[J]. Journal of Remote Sensing，3：0005.

Chen Y，Feng X，Fu B，et al.，2023. Maps with 1 km Resolution Reveal Increases in Above-and Belowground Forest Biomass Carbon Pools in China over the Past 20 Years[J]. Earth System Science Data，15（2）：897-910.

Cienciala E，Tatarinov F A，2006. Application of BIOME-BGC Model to Managed Forests：2. Comparison with Long-term Observations of Stand Production for Major Tree Species[J]. Forest Ecology Management，237（1-3）：252-266.

Fan J，Zhong H，Harris W，et al.，2008. Carbon Storage in the Grasslands of China based on Field Measurements of Above-and Below-ground Biomass[J]. Climatic Change，86：375-396.

Fang J，Chen A，Peng C，et al.，2001. Changes in Forest Biomass Carbon Storage in China between 1949 and 1998[J]. Science，292（5525）：2320-2322.

Fang，J，Guo，Z，Piao，S，et al.，2007. Terrestrial Vegetation Carbon Sinks in China，1981–2000[J]. Science in China Series D：Earth Sciences，50（9）：1341-1350.

Goetz S，Dubayah R，2011. Advances in Remote Sensing Technology and Implications for Measuring and Monitoring Forest Carbon Stocks and Change[J]. Carbon Management，2（3）：231-244.

Gombert P，2002. Role of Karstic Dissolution in Global Carbon Cycle[J]. Global Planetary Change，33（1-2）：177-184.

Gourdji S M，Mueller K L，Yadav V，et al.，2012. North American CO_2 Exchange：Inter-comparison of Modeled Estimates with Results From a Fine-scale Atmospheric Inversion[J]. Biogeosciences，9（1）：457-475.

He W，Jiang F，Wu M，et al.，2022. China's Terrestrial Carbon Sink over 2010-2015 Constrained by Satellite Observations of Atmospheric CO_2 and Land Surface Variables[J]. Journal of Geophysical Research：Biogeosciences，127（2）：e2021JG006644.

Hollinger D Y，2008. Defining a Landscape-scale Monitoring Tier for the North American Carbon Program[M]//Hoover C M，Field Measurements for Forest Carbon Monitoring：A Landscape-Scale Approach. Dordrecht：Springer：3-16.

Isaev A，Korovin G，Zamolodchikov D，et al.，1995. Carbon Stock and Deposition in Phytomass of the Russian Forests[J]. Water，Air，Soil Pollution，82：247-256.

Kaplan J O，Krumhardt K M，Zimmermann N E，2012. The Effects of Land Use and Climate Change on the Carbon Cycle of Europe over the Past 500 Years[J]. Global Change Biology，18（3）：902-914.

Kimball J S, White M A, Running S W, 1997. BIOME-BGC Simulations of Stand Hydrologic Processes for BOREAS[J]. Journal of Geophysical Research: Atmospheres, 102 (D24): 29043-29051.

Krejza J, Světlík J, Bednář P, 2017. Allometric Relationship and Biomass Expansion Factors (BEFs) for Above- and Below-ground Biomass Prediction and Stem Volume Estimation for Ash (*Fraxinus excelsior* L.) and Oak (*Quercus robur* L.) [J]. Trees, 31: 1303-1316.

Li H, Kato T, Hayashi M, et al., 2022. Estimation of Forest Aboveground Biomass of Two Major Conifers in Ibaraki Prefecture, Japan, from Palsar-2 and Sentinel-2 Data[J]. Remote Sensing, 14 (3): 468.

Li H, Wang S, Bai X, et al., 2019. Spatiotemporal Evolution of Carbon Sequestration of Limestone Weathering in China[J]. Science China Earth Sciences, 62 (6): 974-991.

Liu S, Wu Y, Young C J, et al., 2012. Projected Future Carbon Storage and Greenhouse-gas Fluxes of Terrestrial Ecosystems in the Western United States[M]//Zhu Z, Reed B C, 2012. Baseline and Projected Future Carbon Storage and Greenhouse-gas Fluxes in Ecosystems of the Western United States. Reston: U.S. Geological Survey: 159-169.

Luo Y, Niu S, 2020. Mature Forest Shows Little Increase in Carbon Uptake in a CO_2-enriched Atmosphere[J]. Nature, 580: 191-192.

Luo Y, Wang X, Ouyang Z, et al., 2020. A Review of Biomass Equations for China's Tree Species[J]. Earth System Science Data, 12 (1): 21-40.

Meng F, Hong S, Wang J, et al., 2023. Climate Change Increases Carbon Allocation to Leaves in Early Leaf Green-up[J]. Ecology Letters, 26 (5): 816-826.

Montagnoli A, Fusco S, Terzaghi M, et al., 2015. Estimating Forest Aboveground Biomass by Low Density Lidar Data in Mixed Broad-leaved Forests in the Italian Pre-Alps[J]. Forest Ecosystems, 2: 1-9.

Muukkonen P, 2007. Generalized Allometric Volume and Biomass Equations for Some Tree Species in Europe[J]. European Journal of Forest Research, 126 (2): 157-166.

Nunes L, Rodrigues M, Lopes D, 2012. Evaluation of the Climate Change Impact on the Productivity of Portuguese Pine Ecosystems Using the Forest-BGC Model[M]//Helmis C G, Nastos P T, Advances in Meteorology, Climatology and Atmospheric Physics. Berlin: Springer: 655-661.

Piao S, Fang J, Zhou L, et al., 2007. Changes in Biomass Carbon Stocks in China's Grasslands between 1982 and 1999[J]. Global Biogeochemical Cycles, 21 (2): GB2002.

Qiu S, Liang L, Wang Q, et al., 2022. Estimation of European Terrestrial Ecosystem NEP Based on an Improved CASA Model[J]. IEEE Journal of Selected Topics in Applied Earth Observations and Remote Sensing, 16: 1244-1255.

Running S W, Gower S T, 1991. FOREST-BGC, a General Model of Forest Ecosystem Processes for Regional Applications. II. Dynamic Carbon Allocation and Nitrogen Budgets[J]. Tree Physiology, 9 (1-2): 147-160.

Schepaschenko D, Shvidenko A, Usoltsev V, et al., 2017. A Dataset of Forest Biomass Structure for Eurasia[J]. Scientific Data, 4: 170070.

Shao G, Stark S C, de Almeida D R, et al., 2019. Towards High Throughput Assessment of Canopy Dynamics: The Estimation of Leaf Area Structure in Amazonian Forests with Multitemporal Multi-sensor Airborne Lidar[J]. Remote Sensing of Environment, 221: 1-13.

Stinson G, Kurz W A, Smyth C E, et al., 2011. An Inventory-based Analysis of Canada's Managed Forest Carbon Dynamics, 1990 to 2008[J]. Global Change Biology, 17 (6): 2227-2244.

Sun W, Liu X, 2020. Review on Carbon Storage Estimation of Forest Ecosystem and Applications in China[J]. Forest Ecosystems, 7: 1-14.

Svejcar T，Angell R，Bradford J A，et al.，2008. Carbon Fluxes on North American Rangelands[J]. Rangeland Ecology Management，61（5）：465-474.

Tabacchi G，Di Cosmo L，Gasparini P，2011. Aboveground Tree Volume and Phytomass Prediction Equations for Forest Species in Italy[J]. European Journal of Forest Research，130：911-934.

Tang X，Zhao X，Bai Y，et al.，2018. Carbon Pools in China's Terrestrial Ecosystems：New Estimates based on an Intensive Field Survey[J]. Proceedings of the National Academy of Sciences，115（16）：4021-4026.

Ueyama M，Ichii K，Hirata R，et al.，2010. Simulating Carbon and Water Cycles of Larch Forests in East Asia by the BIOME-BGC Model with AsiaFlux Data[J]. Biogeosciences，7（3）：959-977.

Veganzones M A，Nunes L C S，Lopes D M M，et al.，2010. Implementation of an User-Friendly Interface of the Forest-BGC Model for Regional/Global-Scale Researches[J]. Silva Lusitana，18：13-25.

Wang J，Zhao X，Ouyang X，et al.，2022. The Role of Herbivores in the Grassland Carbon Budget for Three-Rivers Headwaters Region，Qinghai-Tibetan Plateau，China[J]. Grassland Research，1（3）：207-219.

Wang Q，Watanabe M，Ouyang Z，2005. Simulation of Water and Carbon Fluxes Using BIOME-BGC Model over Crops in China[J]. Agricultural Forest Meteorology，131（3-4）：209-224.

Wang Y，Fang H，2020. Estimation of LAI with the LiDAR Technology：A Review[J]. Remote Sensing，12（20）：3457.

Wang Y，Wang X，Wang K，et al.，2022. The Size of the Land Carbon Sink in China[J]. Nature，603：E7-E9.

Wharton S，Falk M，2016. Climate Indices Strongly Influence Old-growth Forest Carbon Exchange[J]. Environmental Research Letters，11（4）：044016.

White M A，Thornton P E，Running S W，et al.，2000. Parameterization and Sensitivity Analysis of the BIOME-BGC Terrestrial Ecosystem Model：Net Primary Production Controls[J]. Earth Interactions，4：1-85.

Whittaker R H，Marks P L，1975. Methods of Assessing Terrestrial Productivity[M]//Lieth H，Whittaker R H，Primary Productivity of the Biosphere. Berlin：Springer：55-118.

Wocher M，Berger K，Verrelst J，et al.，2022. Retrieval of Carbon Content and Biomass from Hyperspectral Imagery Over Cultivated Areas[J]. ISPRS Journal of Photogrammetry Remote Sensing，193：104-114.

Yang Y，Fang J，Ma W，et al.，2010. Large-scale Pattern of Biomass Partitioning Across China's Grasslands[J]. Global Ecology Biogeography，19（2）：268-277.

Yang Y，Fang J，Pan Y，et al.，2009. Aboveground Biomass in Tibetan Grasslands[J]. Journal of Arid Environments，73（1）：91-95.

Yu Z，Ciais P，Piao S，et al.，2022. Forest Expansion Dominates China's Land Carbon Sink since 1980[J]. Nature Communications，13（1）：5374.

Zeng S，Liu Z，Groves C，2022. Large-scale CO_2 Removal by Enhanced Carbonate Weathering from Changes in Land-use Practices[J]. Earth Science Reviews，225：103915.

Zeng S，Liu Z，Kaufmann G，2019. Sensitivity of the Global Carbonate Weathering Carbon-sink Flux to Climate and Land-use Changes[J]. Nature communications，10：5749.

Zhang D，Zhao Y，Wu J，2023. Assessment of Carbon Balance Attribution and Carbon Storage Potential in China's Terrestrial Ecosystem[J]. Resources，Conservation Recycling，189：106748.

Zhang X，Zhang F，Qi Y，et al.，2019. New Research Methods for Vegetation Information Extraction based on Visible Light Remote Sensing Images from an Unmanned Aerial Vehicle（UAV）[J]. International Journal of Applied Earth Observation Geoinformation，78：215-226.

Zhu K，Zhang J，Niu S，et al.，2018. Limits to Growth of Forest Biomass Carbon Sink under Climate Change[J]. Nature Communications，9：2709.

Zianis D，Muukkonen P，Mäkipää R，et al.，2005. Biomass and Stem Volume Equations for Tree Species in Europe[M]. Helsinki：Finnish Society of Forest Science.

Zianis D，Xanthopoulos G，Kalabokidis K，et al.，2011. Allometric Equations for Aboveground Biomass Estimation by Size Class for Pinus Brutia Ten. Trees Growing in North and South Aegean Islands，Greece[J]. European Journal of Forest Research，130：145-160.

第 3 章 自然资源碳汇

　　自然资源是指自然界中人类可以直接获取用于生产和生活的物质，可分为生物资源、农业资源、森林资源、国土资源、矿产资源、海洋资源、气候气象、水资源等。受太阳能等资源的驱动，各自然资源要素间持续进行着物质、能量等的交换和循环，形成了大气循环、水循环、岩石圈物质循环和生物循环四大物质循环过程。作为生物和非生物自然资源最基本的元素，碳素的循环是自然界物质循环的主线。

　　人们普遍认为工业革命以前的全球碳循环处于平衡状态（Friedlingstein et al.，2020），但自工业革命起的两个多世纪以来，人类活动已经极大地改变了大气、陆地与海洋之间的碳等物质的交换（Likens et al.，1981；Degens et al.，1991；Smith et al.，1993；Ver et al.，1999；Raymond et al.，2008）。全球碳计划（Global Carbon Project）2021 年的报告表明：2011～2020 年的十年间，因为人类的活动平均每年燃烧化石燃料向大气碳排放 95 亿 t、土地利用变化排放约 11 亿 t、海洋约吸收了 28 亿 t、陆地约吸收了 31 亿 t、大气增加了约 51 亿 t，整个碳循环过程产生了约 3 亿 t 的不平衡量（Lienert et al.，2021）。由于全球尺度的碳平衡方程残余解析算法存在极大的不确定性，以及这一算法存在的唯一适用性（全球尺度），各国科学家为估算区域碳汇付出了巨大的努力。20 世纪 90 年代以前一度存在激烈而广泛的陆地碳源与碳汇之争，但之后特别是 Pieter P. Tans 团队的研究表明，北半球中高纬度地区具有巨大的碳汇能力（$2\sim3\ \mathrm{Pg\ C\cdot a^{-1}}$），后众多科学家以不同的方式证实了陆地的碳汇作用，而其中以森林资源的碳汇效应最盛（Tans et al.，1990；Kauppi et al.，1990；Sedjo et al.，1992；Dixon et al.，1994；Keeling et al.，1996）。随后的研究则表明，尽管存在着一定的争议，灌木、草本、土壤、水体、岩石矿物等自然资源总体具备碳汇效应（Fang et al.，2018；Yang et al.，2008；Zhao et al.，2022；Ciais et al.，2014；Pu et al.，2015），但当前这一系列理论更多地被理解为生态系统碳汇，或者地质碳汇。如果我们将森林、草地、灌丛、农田、水体、岩石矿物这些自然资源所具备的碳汇能力统称为自然资源碳汇，那么显然自然资源碳汇与生态系统碳汇和地质碳汇在碳汇主体上存在着高度的一致性，但它们在内涵上则存在明显的差异。

　　生态系统碳汇是生态系统碳循环的结果，简单来说是指碳的光合吸收与呼吸释放之间的净值（Chapin et al.，2011），其主要指纵向的通量，包括植物生长、自养呼吸、异养呼吸等与大气之间直接的碳交换过程。地质碳汇是岩石化学风化作用的净碳固定结果，其上游是岩石风化对大气、水、土壤和植被的碳吸收，下游则是河流的横向传输。地质碳汇的主体可分为碳酸岩和硅酸岩，其中碳酸岩碳汇过程中一半的碳来自大气，而硅酸岩碳汇则完全来自大气。自然资源碳汇在碳汇主体上既包含了林、草资源等生态系统碳汇主体，又包含了岩石矿物资源等地质碳汇主体。在碳汇过程中，既包括了生态过程作用下的垂向碳通量，也包括了地质过程作用下碳的固定与传输，同时还包括了土壤侵蚀、土地利用变化等地表过程对碳的横向传输与再分配及诱导的纵向通量。自然资源碳汇是碳在林、草、水、土、岩等自然资源之间循环，并受岩石风化、土壤侵蚀和土地利用变化等地表过程传输、分配的净碳固定过程，其典型特征在于要素耦合与过程约束，本章结合当前生态系统碳汇和地质碳汇的研究现状，对此进行了综合性评述，旨在全面梳理自然资源碳汇与生态系统碳汇和地质碳汇之间的异同，指导系统性的自然资源碳汇调查研究工作。

3.1　自然资源碳汇相关术语

下列术语和定义适用于本章。

（1）生态系统 ecosystem

在自然界的一定的空间内，生物与环境构成的统一整体。在这个统一整体中，生物与环境之间相互影响、相互制约，并在一定时期内处于相对稳定的动态平衡状态。

（2）流域 watershed

地表水及地下水的分水线所包围的集水区域或汇水区域，因地下水分水线不易确定，习惯上指地表径流分水线所包围的集水区域。

（3）流域尺度 watershed scale

衡量流域生态系统空间范围及分辨率（比例尺）的标准。

（4）流域生态系统 watershed ecosystem

流域在其边界范围内各种自然要素之间、自然要素与经济要素和社会要素之间、流域上下游与干支流之间不断地进行着物质能量交换的统一整体。

（5）流域碳循环 watershed carbon cycle

碳在流域生态系统内的运移、转换并循环的过程。

（6）碳源 carbon source

二氧化碳气体成分从地球表面进入大气（如地面燃烧过程中向大气中排放二氧化碳），或者在大气中由其他物质经化学过程转化为二氧化碳气体成分（如大气中一氧化碳被氧化为二氧化碳对于一氧化碳来说也叫源）。

（7）碳汇 carbon sink

从大气中清除二氧化碳的过程、活动或机制，反映生态系统从大气中清除二氧化碳的能力。

（8）碳循环 carbon cycle

是一种生物地质化学循环，指碳元素在地球上的生物圈、岩石圈、水圈及大气中交换。碳的主要来源有 4 个，分别是大气、陆地上的生物圈（包括淡水系统及无生命的有机化合物）、海洋及沉积物。通过化学、物理和生物过程，进行从库到库的碳交换。与氮循环和水循环一起，碳循环包含了一系列使地球能持续存在生命的关键过程和事件。碳循环描述了碳元素在地球上的回收和重复利用，包括碳沉淀。

（9）碳的生物循环 biological cycle of carbon

是指大气中的二氧化碳被植物吸收后，通过光合作用转变成有机物质，然后通过生物呼吸作用和细菌分解作用又从有机物质转换为二氧化碳而进入大气。碳的生物循环包括了碳在动植物及环境之间的迁移。

（10）碳的地球化学循环 geochemical cycle of carbon

是指碳在地表或近地表的沉积物和大气、生物圈及海洋之间的迁移，是对大气二氧化碳和海洋二氧化碳的最主要的控制。

（11）碳密度 carbon density

单位面积的碳储量。通常指有机碳。

（12）碳通量 carbon flux

碳循环过程中，在单位时间单位面积二氧化碳从一个库向另一个库的转移量。是碳循环研究中一个最基本的概念，表述生态系统通过某一生态断面的碳元素的总量。

（13）碳储量 carbon stock

生态系统及其组分储存碳的现存量。

（14）碳储量变化 carbon stock change

碳库中的碳储量由于碳增加与碳损失之间的差别而发生的变化。当损失大于增加时，碳储量变小，因而该碳库为源；当损失小于增加时，该碳库为汇。

（15）土地利用 land utilization

人类通过一定的活动，利用土地的属性来满足自己需要的过程。

（16）土地利用类型 kind of land use

按土地用途划分的土地类别。

（17）土地利用方式 land utilization type

以所提供的产品或服务、所需的投入和土地利用的社会经济条件等一套技术经济指标加以详细规定的土地利用类型。

（18）林灌生态系统 forest-irrigation ecosystem

林灌生态系统是以乔木、灌木为主体的生物群落（包括植物、动物和微生物）及非生物环境（光、热、水、气、土壤等）综合组成的生态系统，是林灌生物与环境之间、林灌生物之间相互作用，并产生能量转换和物质循环的统一体系。

（19）森林资源 forest resources

森林资源是林地及其所生长的森林有机体的总称。这里以林木资源为主，还包括林下植物、野生动物、土壤微生物等资源。

（20）森林碳汇 forest carbon sink

森林植物群落通过光合作用，吸收大气中的二氧化碳，将其固定在森林植被和土壤中的所有过程、活动或机制。

（21）森林固碳 carbon sequestration by forest

森林对二氧化碳的吸收和固定作用。是减缓温室效应、维持全球碳氧平衡的重要途径。

（22）森林清查 forest inventory

测量森林面积、数量和分布状况的调查系统，通常采用连续抽样调查进行。

（23）森林类型 forest type

森林按其生态生活类型、外貌、树种组成与结构所划分的类别。

（24）优势树种 dominant tree species

在主林层中蓄积量最大或株数最多的树种。

（25）乔木 tree

由根部发出的主干与树冠有明显区别且高达 5 m 以上的木本植物。

（26）乔木林 arboreal forests

由乔木（含因人工栽培而矮化的）树种组成的片林或林带。

（27）森林覆盖率 forest coverage

一定区域森林面积与土地面积的百分比。

（28）胸径 diameter at breast height，DBH

树木胸高（距离地面 1.3 m）处的直径。

（29）平均胸径 mean diameter at breast height

林分中各林木胸径的断面积加权平均值。

（30）林分 stand

林木起源、林相、林木组成、年龄、地位级、疏密度、出材级、林型或林况等内部结构特征相同的森林地块。

（31）林龄 stand age

通常用林木的平均年龄代表整个林分的年龄，称林分的平均年龄。

（32）株高 height of the plant

从地表面到植株正常生长顶端的垂直高度。

（33）郁闭度 rate of canopy closure

林木树冠的垂直投影面积与所占林地总面积的比值。

（34）森林蓄积量 forest stock

森林内达到检尺范围的所有立木材积总量（单位：m^3）。

（35）森林生物量 forest biomass

指一定时间内，单位空间中森林植物群落在其生命过程中所产干物质的累积量，也称现存量。用干重量来表示，单位：$kg \cdot hm^{-2}$、$g \cdot m^{-2}$。

（36）鲜重 fresh weight

树体在自然状态下含水时的重量。

（37）干重 dry weight

树木干燥后去掉结晶水的重量。

（38）含水率 water content

植被鲜重与干重的差值比上鲜重。

（39）干物质 dry matter

已经烘干后的有机物的重量。

（40）地上生物量 above-ground biomass

土壤层以上以干重表示的植被所有活体的生物量，包括干、桩、枝、皮、种子、花、果和叶及草本植物。

（41）地下生物量 below-ground biomass

所有活根生物量，通常不包括难以从土壤有机成分或枯落物中区分出来的细根（直径≤2.0 mm）。

（42）枯死木 deadwood

枯落物以外的所有死生物量，包括枯立木、枯倒木以及直径≥5.0 cm 的枯枝、死根和树桩。

（43）枯落物 dead organic matter for litter

森林土壤层以上，直径<5.0 cm，处于不同分解状态的所有死的植物体，包括凋落物、腐殖质以及死根。

（44）灌木 shrub

没有明显的主干，且丛生状态的木本植物。

（45）灌木覆盖度 shrub coverage

灌木树冠垂直投影面积与林地面积的百分比。

（46）灌高 shrub high

从地表面到灌木正常生长顶端的垂直高度。

（47）灌木冠幅 shrub canopy width

指灌木的整个宽度。

（48）灌木地径 shrub ground diameter

指灌木土迹处的直径。

（49）当年生物量 current annual biomass

指植物在当年新生长的（包含新叶、花、果等）在光合作用下积累的地上部分净生产总量。

（50）灌木林 shrub land

由灌木树种组成、覆盖度 40%以上的灌木林。

（51）灌丛 scrub

由灌木树种组成、覆盖度 10%～40%的土地。

（52）高灌丛 high scrub

平均高 2.0 m 以上的灌丛。

（53）中灌丛 middle scrub

平均高 0.5～2.0 m 的灌丛。

（54）低灌丛 low scrub

平均高 0.5 m 以下的灌丛。

（55）灌木标准株 standard shrub

在确定的样方内选择的能够代表样方内所有该类灌木的灌高、地径、冠幅等特征平均水平的灌木。

（56）草原 grassland

以草本植物为主，或兼有覆盖度小于 40%的灌木和乔木，为家畜和野生动物提供栖息地，并具有社会文化等多种功能的自然综合体①。

（57）草原资源 grassland resourse

草原生态系统的资源属性总称。一般包括该生态系统内的植物、动物、微生物等生物资源和水、热、光照、大气、土地等非生物资源。

（58）草原生态系统 grassland ecosystem

在一定空间范围内，草原植物、动物、微生物与其环境通过能量流动和物质循环而形成相互作用、相互依存的整体。

（59）草地碳循环 grassland carbon cycle

草地植物通过光合作用固定空气中的碳，草地土壤呼吸作用消耗碳，二者构成天然草地生态系统的碳循环。

---

① 自然综合体是指自然地理各种要素相互联系、相互制约，有规律地结合成具有内部相对一致性的整体。一般包括天然草地、草甸、荒漠、草丛、灌草丛、疏林草地和冻原等植被类型。

（60）草原资源普查 grassland resource inventory

对草原自然资源生态环境社会经济生产管理状况的全面调查。

（61）草原生产力 grassland productivity

单位面积单位时间内草原生物量的总和。

（62）草原综合植被盖度 comprehensive vegetation coverage of grassland

一定区域内，不同草原类型按其面积加权获得的植被盖度值。

（63）草原生物群落 grassland biocommunity

一定区域或环境内，以草原植物及以之为栖息地的动物、微生物的有机复合体。

（64）草原碳汇 grassland carbon sink

草原碳汇是指草原植物通过光合作用将大气中的二氧化碳吸收并固定在植被与土壤当中，从而减少大气中二氧化碳浓度的过程。

（65）草地类型 grassland type

在一定时空范围内，反映草地发生和演替规律，具有特定自然特征和经济特征的草地单元。

（66）天然草地 natural grazing land

以天然草本植物为主，未经改良，用于放牧或割草的草地，包括以牧为主的疏林草地、灌丛草地。

（67）人工草地 artificial pasture

人工采用农业技术措施栽培而成的草地。

（68）优势草种 dominant grass species

在草地植物群落中个体数量多、生物量高、覆盖度大，生活力强，具有资源竞争优势，对群落结构和生境形成具有明显作用的草种。

（69）草原植物生物量 biomass of grassland plants

指单位面积草原植物在某一生长阶段通过光合作用积累的净生产总量，可以表示为最大生物量和阶段生物量。生物量包括地上和地下两部分。

（70）草高 height of grass

草地植物自地表的垂直高度或自基部的长度。

（71）草地土壤呼吸 soil respiration in grassland

草地土壤中的植物根系、食碎屑动物、真菌和细菌等进行新陈代谢活动、消耗有机物、产生二氧化碳的过程。

（72）农田生态系统 agricultural ecosystem

人类在以作物为中心的农田中，利用生物和非生物环境之间以及生物种群之间的相互关系，通过合理的生态结构和高效生态机能，进行能量转化和物质循环，并按人类社会需要进行物质生产的综合体。

（73）耕地 cultivated land；cropland

用以种植农作物的土地，包括休闲地、草田轮作地、撂荒未满三年的轮歇地，以种植农作物为主，间有零星果树、桑树或其他树木的土地，每年能保证收获一季的已垦滩地和海涂以及耕地中宽度1.0 m（南方）～2.0 m（北方）的沟、渠、路和田埂。

（74）灌溉水田 irrigated paddy

有水源保证和灌溉设施，在一般年景能正常灌溉，用于种植水生作物的耕地，包括灌溉的水旱轮作地。

（75）旱地 rainfed crop land

无灌溉设施，主要靠天然降水种植旱作物的耕地。包括没有灌溉设施，仅靠引洪灌溉的耕地。

（76）土壤碳汇 soil carbon sink

土壤碳汇指植物通过光合作用可以将大气中的二氧化碳转化为碳水化合物，并以有机碳的形式固定在植物体内，进而保存在土壤中的过程。

（77）土壤有机碳 soil organic carbon，SOC

一定深度内（通常为 1 m）矿质土和有机土（包括泥炭土）中的有机碳，包括难以从地下生物量中区分出来的细根（直径＜2 mm）。

（78）农地 crop land

包括可耕地和耕地，以及农林系统中植被低于林地阈值且与国家选择的定义相一致的土地。

（79）土壤剖面 soil profile

从地面向下挖掘所裸露的一段垂直切面，深度一般在 1 m 以内。

（80）腐殖质层 humus horizon

该层主要由呈细粒分布的有机物质组成（但仍在矿质土层的上层），肉眼可辨的植物残余部分依然存在，但数量比细粒分布的有机物质少得多。该层可含有矿质土壤颗粒。

（81）土壤容重 soil bulk density

土壤容重应称为干容重，又称土壤假比重，指一定容积的土壤（包括土粒及粒间的孔隙）烘干后质量与烘干前体积的比值。

（82）土壤含水量 soil water content

土壤含水量一般是指土壤绝对含水量，即单位质量鲜土烘干土后含有的若干水分，也称土壤含水率。

（83）土壤电导率 soil electrical conductivity

土壤电导率指土壤传导电流的能力。

（84）土壤砾石比 soil gravel ratio

单位质量鲜土中粒径＞2 mm 的岩石或矿物碎屑物占比。

（85）水文生态系统 hydrological ecosystem

水文生态系统是一个复合的、集循环与进化及其共同的自然环境和人工于一体的、具有耗散结构和远离平衡态的、开放的、非线性的复杂巨系统。

（86）地表水 surface water

是指存在于地球表面、暴露于大气中的各种天然水体的总称。

（87）地下水 groundwater

埋藏于地表以下的各种形式的重力水。

（88）地下暗河 subsurface stream

地表水沿土壤、岩石裂隙渗入地下或地下水汇集经过岩石溶蚀、坍塌以及搬运形成的地下河道。

（89）岩溶泉 karst spring

岩溶水向地表流出的天然露头。

（90）岩溶水 karst water

覆存于岩溶化岩体中的地下水总称。

（91）外源水 allogenic water

来源于非可溶岩地区进入岩溶区的水源，常具有较低的碳酸盐饱和指数，对岩溶地貌和洞穴的发育有特殊意义。

（92）丰水期与丰水位 abundant water period and abundant water level

河流、湖泊水流主要依靠降雨或融雪补给的时期，一般是在雨季或春季气温持续升高的时期。河流、湖泊丰水期时的水位为丰水位。

（93）平水期与平水位 flat water period and flat water level

河流、湖泊处于正常水位的时期，也叫中水期。河流、湖泊平水期时的水位为平水位。

（94）枯水期与枯水位 dry water period and dry water level

流域内地表水流枯竭，主要依靠地下水补给水源的时期，亦称枯水季。在一年内枯水期历时久暂，随流域自然地理及气象条件而异。河流、湖泊枯水期时的水位为枯水位。

（95）水循环 water cycle

地球上各种形式的水体相互转换的循环过程。

（96）大气降水 atmospheric precipitation

从大气中呈液态或固态降落的水。

（97）土壤下渗水 soil water

大气降水和地表水通过土层和岩石的缝隙渗入地下的水。

（98）泉 spring

地下水的天然露头。

（99）永久性河流 permanent river

只包括河床部分，遥感影像地图上有明显的河道和水流痕迹。

（100）季节性或间歇性河流 intermittent rivers

遥感影像中有明显的河道痕迹，包括所有干涸部分。

（101）干流 main stream

干流是水系中主要的或最大的、汇集全流域径流注入另一水体（海洋、湖泊或其他河流）的水道。

（102）支流 tributary

支流通常指直接或间接流入干流的河流。

（103）水系 water system

水系是由主（干）流及其支流组成的复杂的多级水道系统。

（104）长期观测点 long-term observation site

长周期多频次对特定指标进行观测研究的点。

（105）流量 flow rate

流量是指单位时间内，通过河流某一横截（断）面的水的体积。

（106）流速 flow velocity

流速是指水流质点在单位时间内所通过的距离。

（107）溶解有机碳 dissolved organic carbon，DOC

在实际操作中，通常被定义为能够通过孔径为 0.22～0.70 μm 的过滤器的有机碳。

（108）溶解无机碳 dissolved inorganic carbon，DIC

溶解在水中的二氧化碳、碳酸、碳酸氢根离子和碳酸根离子等碳酸盐物质。

（109）颗粒有机碳 particulate organic carbon，POC

在实际操作中，通常被定义为不能够通过孔径为 0.22～0.70 μm 的过滤器，过滤器上剩余的部分被称为颗粒有机碳。

（110）内源有机碳 interior organic carbon

在地表淡水生态系统中，由水生生物光合固定 DIC 产生的有机碳。

（111）外源有机碳 external organic carbon

因土壤侵蚀、流域冲刷输入的有机碳。

（112）底泥 sediment

通常是黏土、泥沙、有机质及各种矿物的混合物，经过长时间物理、化学、生物等作用及水体传输而沉积于水体底部所形成。

（113）水生生物 hydrobiont

指生活于水中的动植物，包括浮游植物、浮游动物、底栖动物、水生高等植物等。

（114）沉水植物 submerged plants

是指植物体全部位于水层下面营固着生存的大型水生植物。

（115）挺水植物 emergent plants

植物的根、根茎生长在水的底泥之中，茎、叶挺出水面。

3.2　陆地生态系统碳汇与地质碳汇研究的主要特点

3.2.1　陆地生态系统碳汇的垂向碳通量

众多学者针对陆地生态系统碳汇开展了多尺度、多方法的研究评估工作，主要方法包括地面清查法、涡度相关法、模型模拟法、大气反演法（Piao et al., 2022）。地面清查法指通过林、草、土等资源的清查，核算其碳储量的变化，其净值即为碳源/汇。Fang 等（2001）基于中国森林资源清查资料估算表明，1970～1998 年我国森林平均碳汇强度为 0.021 Pg C·a^{-1}；研究表明，美国森林碳汇强度介于 0.07～0.35 Pg C·a^{-1} 之间（Birdsey et al., 1993；Birdsey et al., 1995；Turner et al., 1995；Houghton et al., 2000）；Pan 等（2001）基于全球地面调查资料研究，认为全球森林资源碳汇高达 4.0 Pg C·a^{-1}。这一方法体现的是植被对大气 CO_2 的直接吸收。涡度相关法则是直接测定生态系统与大气之间 CO_2 的交换量，通过尺度上推估算出区域生态系统净初级生产力，即碳汇这一方法的特点在于拥有较高的时间分辨率，但其受人为活动的影响显著。Wofsy 等（1993）基于涡度相关法估算出全球温带森林碳汇强度为 2.0 Pg C·a^{-1}。模型模拟法通过对生态系统碳循环过程机制的模拟，利用碳循环过程中的关键参数，针对区域或全球尺度进行网格化演算，实现碳汇强度的评估（Krinner et al., 2005）。大气反演法则是通过大气 CO_2 浓度观测数据和 CO_2 排放清单数据反算陆地碳汇的方法。Piao 等（2009）综合利用地面清查法、模型模拟法和大气反演法进行研究，认为中国陆地生态系统碳汇强度为 0.19～0.26 Pg C·a^{-1}。从当前生态系统碳汇研究评估的方法和结果来看，无论是地面清查法、涡度相关法、模型模拟法还是大气反演法都只注重于生态系统与大气碳的直接交换，即碳的垂向通量。尽管全球碳计划已经表明碳的横向通量是陆地生态系统碳汇评估误差的重要原因（Lienert et al., 2021），也有学者呼吁将碳的横向输送过程纳入生态系统的碳汇评估（Regnier et al., 2013），但目前尚无研究综合考虑这一过程。

3.2.2　陆地生态系统不同组分碳汇的独立核算

自 Pan 等（2011）基于地面清查数据系统梳理全球森林碳收支，证实全球森林的显著碳汇效应，并得到学术界的普遍认可以来，研究普遍认为灌丛、草地、农田、土壤、湿地等系统同样具备碳汇效应。为了更加全面地掌握生态系统碳汇的情况，更好地应对全球气候变化，科学界展开了生态系统多组分碳汇的研究评估工作，即对包括乔灌草生物量、木质残体、凋落物和土壤有机质等的生态系统组分开展独立的碳汇核算，并汇总计算区域生态系统碳汇能力（Fang et al.，2015）。特别是中国科学院于 2011～2015 年实施的"碳专项"工作，系统调查评估了中国陆地生态系统的碳汇能力。Fang 等（2018）基于该工作的分析表明 2001～2010 年我国森林生态系统碳汇为 163.4 Tg C·a^{-1}，其中生物量和土壤碳汇分别为 117 Tg C·a^{-1} 和 38 Tg C·a^{-1}；凋落物和枯死木碳汇总计为 9 Tg C·a^{-1}；灌丛生态系统碳汇为 17.1 Tg C·a^{-1}；草地生态系统为碳源 3.36 Tg C·a^{-1}；农田生态系统碳汇为 23.98 Tg C·a^{-1}；我国陆地生态系统碳汇总量为 0.201 Pg C·a^{-1}。除此之外，众多学者也采用不同方法针对不同类型生态系统类型，区分植被和土壤等组分，开展了大量独立的碳源/汇核算研究工作（Yu et al.，2013；Zhang et al.，2016；Yang et al.，2010；Liu et al.，2018；Ma et al.，2010；Ding et al.，2017；Kou et al.，2018；Chuai et al.，2018）。综上，区域陆地生态系统碳汇的评估采取区分生态系统类型和组分的方式进行独立的核算，而后汇总形成区域评估成果，没有针对碳在林、草、水、土、岩等自然资源之间互馈关系的刻画。

3.2.3 地质碳汇的时间敏感性与碳水耦合

地质碳汇主要是指硅酸岩和碳酸岩风化作用捕获的大气 CO_2 随河流运输至海洋并沉积的过程（Berner et al.，2006；Walker et al.，1981），研究普遍认为岩石的风化在地质时间尺度上影响碳循环（Tao et al.，2011）。但有研究表明岩石风化对气候变化和土地利用变化具有高度的敏感性（Raymond et al.，2008；Gislason et al.，2009），特别是碳酸岩风化速率较硅酸岩快 15 倍（Zeng et al.，2019），在 10～100 年尺度上具备显著碳汇效应（Beaulieu et al.，2012）。IPCC 第五次评估报告已将碳酸岩溶解风化碳汇效应的时间长度降低了 1 个数量级，并认可了岩石风化的碳消除作用（Ciais et al.，2014；Pu et al.，2015）。白晓永等最近基于模型模拟的研究表明，1950～2099 年这一个半世纪期间全球岩石风化碳汇约 0.38 Pg C·a^{-1}，占全球陆地生态系统碳汇总量的 12.3%，其空间异质性较强（Xiong et al.，2022），对应对全球气候变化具有重要意义。

岩石风化碳汇的原理可用以下两个方程表示（Beaulieu et al.，2012；Xiong et al.，2022；Li et al.，2022）：

$$CaSiO_{3硅酸盐矿物} + 2CO_{2大气} + H_2O \longrightarrow Ca^{2+}_{河流} + 2HCO^-_{3河流} + SiO_2$$

$$CaCO_{3碳酸盐矿物} + CO_{2大气} + H_2O \longrightarrow Ca^{2+}_{河流} + 2HCO^-_{3河流}$$

可见河流是地质碳汇发生的主要载体,研究表明,全球湖泊也发生着强烈的岩溶碳循环过程,产生了可观的碳汇效应(Cao et al.,2016;Cao et al.,2018),碳水耦合循环贯穿地质碳汇全过程(Beaulieu et al.,2012;Cao et al.,2018)。史婷婷等(2012)的研究表明强烈的水动力条件导致岩溶碳汇强度降低;张清华(2018)、郑焕君(2018)等的研究表明外源水的输入大幅度增加了岩溶碳汇强度。当前针对岩石风化碳汇强度计量的方法主要有溶蚀速率法、水化学-径流法和模型模拟法。溶蚀速率法的基本原理是基于温度、降水、地表径流等与岩石溶蚀速率之间的数学关系,来进行区域岩石风化碳汇的计算。Sweeting(1972)建立了碳酸岩溶蚀量(DR)与降雨量(P)之间的关系式:$DR = 0.0043 P^{1.26}$;刘再华等(2000)建立了碳酸岩溶蚀量与径流之间的线性关系:$DR = 0.0544$ $(P-E) - 0.0215$;可见水是岩石风化碳汇形成的重要前端条件。水化学-径流法指基于水体中来源于岩石风化溶解的离子浓度和水流量的算法。基于水化学-径流法,Gaillardet 等(1999)估算了全球岩石风化消耗的大气 CO_2 通量为 0.288 Pg $C \cdot a^{-1}$;Munhoven 等(1994)估算的结果为 0.221 Pg $C \cdot a^{-1}$;可见水是岩石风化碳汇后端计量的重要介质载体。模型模拟法则是通过模拟岩石化学风化作用的过程机制来计算碳汇强度的方法。法国科学家通过监测统计建立了依据不同岩石类型的 GEM-CO_2 模型;德国科学家提出了水-岩相互作用扩散边界层(DBL)的算法。Liu 等(2018)基于水-岩-气-生相互作用的碳酸盐风化碳汇模型估算全球碳汇通量为 0.477 Pg $C \cdot a^{-1}$;李汇文等(2019)通过模型模拟形成了岩石风化碳汇的高分辨率地图;可见水是模型模拟岩石风化碳汇的重要评价指标。无论是从原理还是从计量方法上来看,地质碳汇的形成都是碳水耦合循环的结果。

3.3　自然资源碳汇的要素耦合

自然资源碳汇注重自然资源要素间的互作耦合关系,主要包括植被-微生物-土壤互作、植被-土壤-岩石互作和植被-水-岩石互作。林、草、水、土、岩等自然资源之间的互作耦合,对植被的生长固碳、岩石的风化固碳、土壤的固碳储碳、河流的携碳输碳具有重要意义,是自然资源碳汇的重要过程和机制。

3.3.1　植被-微生物-土壤互作

土壤是全球最大的碳库,长期以来人们坚信植物有机质是土壤有机质的主要来源,但近十年来微生物领域的研究成果使这一认识产生了根本性的转变。

越来越多的研究表明，微生物作用促进了土壤有机碳的累积。Liang 等（2017，2019）提出"土壤微生物碳泵"理论，认为微生物对植物凋落物的分解及其周转的微生物残体碳是土壤有机碳积累的主要原因。而微生物残体碳对土壤有机碳的贡献取决于植被类型，平均而言表层土壤中微生物残体碳对农田、草地、森林土壤有机碳的贡献分别为 51%、47%和 35%。地表植被约束了土壤微生物的群落结构，而土壤理化性质及养分状况又制约了植被的生长，大量研究表明植被的生产力普遍受到氮和磷的限制，植物-微生物-土壤系统的互作耦合是自然资源碳汇重要的过程机制。

3.3.2　植被-土壤-岩石互作

土壤环境是岩石风化最为活跃的部位，土下碳酸岩的风化溶解可减少 25%的土壤 CO_2 向大气的排放，碳酸岩风化消耗的 CO_2 主要来源于生态成因的土壤 CO_2，实验证明当土壤 CO_2 浓度升高 27%时，地下水 HCO_3^- 浓度增加 33%。此外，研究表明地表植被覆盖率越高地下岩溶碳汇效应越强，自地球大陆出现植物光合作用起，岩石圈的风化溶解速率提高了 3～10 倍；章程等的研究结果表明，从灌丛到次生林地再到原始林地岩溶作用产生的碳汇通量可增加 2～8 倍（章程等，2006；章程，2011）。曹建华等（2004）通过模拟试验表明，不同植物类型导致了碳酸岩风化溶解量的差异，有丰富根系的乔木-土壤-岩石体系的碳酸岩溶解量是土壤-岩石、草本-土壤-岩石体系的 3.84 倍和 2.36 倍；Jennings（1985）同样揭示了土壤-植被系统对碳酸岩溶蚀速率的增强效果。

3.3.3　植被-水-岩石互作

在植被-水-岩石互作系统中，水生植物通过光合作用将无机碳转化为有机碳，使水体中无机碳从高浓度转变为低浓度，提高了岩石风化碳汇的稳定性（张春来等，2021）。Jiang 等（2020）的研究表明，水生植物光合作用可导致 30%～40%的无机碳转化为有机碳；水生生物死亡后的残体是湖泊水库等水体底泥中有机质的主要来源（Ni et al.，2011）。水生植物的这一生物碳泵作用在河流、湖泊、水库、湿地和海洋等水体碳循环中发挥着重要作用（Yan et al.，2019；De et al.，2017），减少了 CO_2 返回大气的通量（Zhang et al.，2017；Pu et al.，2019），提高了岩石风化碳汇的效率。换句话说，岩石风化碳汇产生的水体无机碳对水生植物具有"施肥效应"（Yang et al.，2016；王培等，2015），章程等（2015）的研究发现水生植物源于水体 HCO_3^- 的生物量碳可达 88%，岩石风化碳汇促进了水生植物的生长固碳，二者放大了彼此的碳汇效应。

3.4　自然资源碳汇的过程约束

山水林田湖草沙冰等自然资源是一个生命共同体,构成了区域、国家乃至全球的综合景观,各自然资源要素及不同陆地景观间存在复杂而紧密的物质循环和能量流动。地表过程是指由气候、水文、植被及人类活动变化所引起的陆表风化、侵蚀、搬运、沉积及景观格局变化等的地理过程,这些过程将大量通过光合作用和化学风化作用吸收的大气碳由陆地水体横向运输到海洋(Regnier et al.,2013;Berner et al.,2006;Walker et al.,1981;Tank et al.,2018;Drake et al.,2018)。

当前的全球碳预算中隐含这样一个假设:自工业革命以来全球陆海横向输送的碳通量没有发生变化(Regnier et al.,2013)。但事实上研究表明横向输送的碳通量发生了巨大的变化(Cole et al.,2007;Battin et al.,2009;Tranvik et al.,2009;Bastviken et al.,2011;Raymond et al.,2013;Borges et al.,2015;Holgerson et al.,2016;Sawakuchi et al.,2017;Ni J et al.,2022),特别是 Regnier 等(2013)的研究表明当前输入内陆水体中的碳高达 2.8 Pg C·a^{-1},其中 1.2 Pg C·a^{-1}从水气界面排放回大气几乎等同于同期全球因土地利用变化导致的碳排放;0.6 Pg C·a^{-1}沉积到水体环境而同期陆地碳汇为 3.1 Pg C·a^{-1},占比 19.4%;剩余的 1.0 Pg C·a^{-1}排放至海洋(Lienert et al.,2021)。可见碳的横向输送诱导了垂向上的巨大通量。尽管人们已经意识到了碳的横向输送对全球碳循环的巨大扰动,但尚未将其纳入整体评估(Borges et al.,2015)。

自然资源碳汇注重刻画土壤侵蚀、岩石风化及土地利用变化等地表过程导致的碳在横向与垂向通量上的变化,其受到地表过程的严格约束。

3.4.1　土壤侵蚀过程

土壤侵蚀将土壤碳迁移出其形成地,而后一部分在环境内沉积下来(Van et al.,2007),一部分进入河流被输送至海洋(Yue et al.,2016),整个过程诱导了土壤-大气之间巨大的垂向碳通量土壤碳被动态替换(Berhe et al.,2017)。侵蚀点土壤有机碳(SOC)因植物输入或凋落物的分解而有所补偿(Stallard et al.,1998),沉积点 SOC 因埋藏而抑制了分解排放(Yoo et al.,2005),运输过程的物理化学作用则增强了碳的排放。当前针对土壤侵蚀是净碳源还是净碳汇的认识存在很大的争议,Van 等(2007)的研究认为全球农业土壤侵蚀每年形成 0.12 Pg C 的净碳汇;Yue 等(2016)研究发现中国 1990~2010 年因土壤侵蚀导致(45±25)Mt C·a^{-1}的净碳汇;但 Lal(2004)等的研究表明全球土壤因侵蚀导致 0.37~1.00 Pg C·a^{-1}的净碳源;Lugato 等(2016)的研究表明欧洲农业土壤因侵蚀造成 1.49 Tg C·a^{-1}

的净碳源；值得注意的是欧盟土地利用变化调查数据 LUCAS（欧洲土壤数据中心）显示 2009～2018 年欧洲土壤碳密度降低了约 12%；Tang 等（2018）基于资料整理和现场调查的数据显示，中国不同植被覆被类型的土壤在 1970～2015 年碳储量和碳密度存在不同程度的减少，2001～2010 年中国陆地碳汇的增长主要归因于国家生态修复工程（Lu et al.，2018）；Zhang 等（2020）将土壤侵蚀嵌入生态系统过程模型的模拟结果表明，在百年尺度上土壤侵蚀会导致土壤碳的显著减少。

土壤侵蚀是对土壤碳的再分配过程，其诱导了巨大的垂向碳通量，除了在大的周期上可能导致土壤碳的净损失外，还会造成养分流失，降低土壤养分有效性，影响植被生产力（Fontaine et al.，2007），对区域碳汇具有显著的约束作用。

3.4.2 岩石风化过程

陆地岩石风化被认为是大气 CO_2 的重要碳汇过程，尤其是在超过十万年的地质时间尺度，硅酸岩风化作为一种长期稳定的碳汇（净碳汇），成为维持地表气候长期稳定负反馈机制的关键环节。学术界曾普遍认为是硅酸盐的化学风化碳汇作用在控制着长时间尺度的气候变化，而在短时间尺度上硅酸盐风化碳汇与碳酸盐风化碳汇也旗鼓相当。但随着岩溶动力学的发展，研究表明碳酸盐的快速溶解和硅酸岩流域中微量碳酸盐矿物的风化控制着流域 DIC 的浓度和碳汇强度，经评估认为全球碳酸盐风化碳汇占整个岩石风化碳汇的 94%，而硅酸盐风化仅占 6%左右，碳酸盐风化碳汇作用远远大于硅酸盐风化碳汇作用。

在长期的监测研究中，人们发现，全球变暖和土地利用变化均可通过增加土壤 CO_2 含量，导致岩石风化碳汇增加。如在桂林岩溶试验场观测到，由于植被恢复和温度升高引起年平均土壤 CO_2 浓度从 6 500 ppmv 增加到 23 800 ppmv（1 ppmv = 1 $\mu L \cdot L^{-1}$），10 年中约增加了 266%。PCO_2 的增加使碳酸岩的溶蚀增强，进而使地下水的 HCO_3^- 浓度显著增加。这表明，原有岩溶石漠化严重的地方，如今植被恢复，土地利用方式改善，则岩溶作用碳汇加强。自 2007 年国家启动岩溶区石漠化综合治理工程，覆盖南方 $1\times10^6 \ km^2$，可以预见，经过综合治理后的岩溶地区将为全球 CO_2 增汇减排做出重要贡献。

岩石风化碳汇是陆地生态系统碳汇的重要组成，精确评估其量级与演变机制是解决遗失碳汇问题的关键，在缓解全球变暖和平衡碳收支方面发挥着重要作用，从陆地到海洋的碳在全球范围内的迁移量级和分布特征影响人们对陆海碳循环以及全球气候变化的理解。岩石风化是陆地和海洋碳循环的重要过程，是制约全球气候变化的重要因素，流域是岩石风化碳汇发生的典型区域，是碳水耦合循环的结果，岩石风化碳汇过程随河流横向迁移，尤其是在岩溶区，对区域碳汇格局具有重要约束作用。

3.4.3　土地利用变化过程

土地利用类型的改变除了造成植物生物量碳的巨大变化外，还会引起土壤碳的大量排放，研究表明原生林或次生林向农田的转变普遍伴随着土壤有机碳储量高达 42%的降幅（Guo et al.，2002；Don et al.，2011），但这一过程是可逆的。在全球碳预算中土地利用变化是除化石燃料燃烧之外的另一个排放因子，但相对于化石燃料排放，土地利用变化导致的碳排放相对稳定，近二十年来稍微有所减弱（Lienert et al.，2021）。Piao 等（2018）的研究表明，土地利用变化的碳排放减少是 1998～2012 年全球陆地碳汇快速增长的主要原因。

土地利用变化除直接影响碳的吸收和释放外，还间接影响了碳的横向迁移（Tank et al.，2018）。土地利用变化改变了横向输送碳的形态，研究表明农业土壤水中的 DOC 浓度往往低于森林或湿地（Wilson et al.，2009；Toosi et al.，2014）。陆表绿化导致从陆地向水体的 DOC 横向输送量显著增加（Monteith et al.，2007）。1990～2013 年北欧地区水体中 DOC 浓度每年增加 1.4%（Wit et al.，2016）。此外，土地由自然森林系统向农业耕作的转变增加了土壤的可蚀性，促进了水体对 POC 的输送（Guillaume et al.，2015）。

土地利用变化是横向输送碳的重要形成机制，深刻影响输送碳的形态及输送过程中碳的沉积与排放，对区域碳汇具有显著的约束作用。

3.5　自然资源碳汇工作展望

相较于生态系统碳汇和地质碳汇，自然资源碳汇虽然在碳汇主体上与之高度一致，但更加注重各要素间的耦合关系，及土壤侵蚀、岩石风化、土地利用变化等地表过程的约束作用。将林-草-水-土-岩作为一个整体进行系统性评估，综合考虑碳在垂向上的吸收释放和横向上的迁移转换，这有利于进一步减少当前陆地碳汇评估的误差和不确定性。在系统梳理自然资源碳汇的基础上，建议做好"多数据、多过程、多尺度"融合，进一步系统评估自然资源碳汇，加强以下几个方面的工作。

3.5.1　加强多数据融合，形成统一的评价指标体系

在国内外自然生态系统碳循环调查研究的基础上，充分借鉴现有的生态系统碳汇、地质碳汇、土壤碳汇、森林碳汇等相关的调查技术规范，综合统筹各要素

的碳汇评估指标。考虑碳在各要素间的转换过程和周转周期，结合目前正在承担的全国典型地区自然资源碳汇综合调查和潜力评价工程项目，统一调查边界、指标、方法、调查程度及评价方法。针对土壤碳库、植被生物量、河流流量及水化学、岩石风化速率、大气-土壤 CO_2 浓度、水-气界面 CO_2 交换等，开展自然资源碳汇的调查监测评价工作，建立调查监测标准，统一监测指标、监测点密度、分辨率，形成系统性的地面调查监测体系。构建自然资源碳汇标准体系主要包括三个方面，分别是自然资源碳汇术语及分类体系、自然资源碳汇调查监测标准体系、自然资源碳汇调查数据库建设规范。依据自然资源碳汇调查监测标准体系，形成完整的全流程的自然资源碳汇调查数据质量控制体系。严格管控外业调查标准，建立野外作业、质量检查、样品管理、分析测试、数据汇交的全流程的质量控制体系，确保调查数据的科学性、统一性。

3.5.2　加强人-地耦合的多过程碳循环模型研发，开展长时序的模型模拟

基于过程的生态系统碳循环模型是预测陆地碳汇未来变化的重要工具。在全球碳项目和 IPCC 对全球碳预算的评估中，有十几种不同的模型被广泛使用。然而，在全球陆地碳循环的前沿研究中，国内还没有一个拥有完全知识产权的碳循环模型。一个重要原因是国内起步较晚，研究基础相对薄弱，迫切需要加强生态系统碳循环模型的开发。发展具有中国特色的生态系统碳循环模型的一个潜在突破是将人类活动过程整合到模型中。经过 30 多年的发展，世界上的主流碳循环模型已经能够以相对成熟的方式模拟自然碳循环对气候变化的响应，但人类活动对生态系统的影响通常没有得到很好的描述，能够同时模拟这些过程的模型还未见报道。考虑到过去几十年中国陆地生态系统的碳固存在很大程度上是由于退耕还林等生态项目，开发人-地耦合生态系统碳循环模型以准确预测中国陆地生态系统的碳固存潜力至关重要。

陆地生态系统碳汇的稳定性相对较弱。例如，极端气候事件导致生态系统释放大量二氧化碳，这可能完全或部分抵消多年来区域范围内生态系统累积的净碳吸收。然而，目前的模型无法准确诊断生态系统碳汇对极端气候事件的响应，尤其是在极端气候事件下的脆弱性。估算生态系统碳汇的稳定性，尤其是在气候变化敏感地区、脆弱生态系统或碳汇热点地区（如青藏高原、黄土高原和中国西南喀斯特地区），对于准确预测中国陆地碳汇的变化和改善生态系统管理非常重要。这些也是当前模型开发中的主要弱点。因此，迫切需要在人-地耦合生态系统过程模型中改善生态系统对极端气候事件和冻土冻融过程的响应，并为我国不同生态系统建立碳循环参数和数据库，以提高模拟精度。

3.5.3　加强以流域为单元的多尺度自然资源碳汇的调查评估工作

流域是能量流动和物质循环最集中展现的区域，河流中的碳循环是一个复杂的过程，包括从植物、土壤和水中释放、运输、排放、储存的几个步骤。第一步，植物和土壤中的碳被释放，当植物死亡，其碳会释放到土壤中；当土壤活动时，产生的气体也会释放碳，比如植物类的腐熟和枯萎过程中释放的甲烷。第二步，运输。碳被植物吸收，也会像土壤一样，通过河流输送到更远的地方。几乎所有的河流系统都有共同的特征，那就是河水向下流，沿着河谷中的水道流动。然后，碳进入了湖泊或其他水体，最终进入河口，并进入海洋。第三步，排放，河流里的碳会通过河口进入海洋，海洋中的碳会在微生物的作用下被运走，经过多次循环，最终便会离开海洋，被植物吸收。第四步，储存。一些碳仍留在河流中由水流带走，一部分被藻类吸收，它们被食用后，这些碳被送到陆地，经过微生物的捕食，被分解和吸收，或者被植物和动物吃掉，最终进入土壤。

流域碳循环是全球碳循环的重要组成部分，调控全球气候变化。河流不仅作为陆地向海洋碳的输送通道，还是碳循环的反应器，影响碳的源汇评估。尽管众多研究关注流域碳循环，但目前对河流内部的碳生物地球化学过程仍缺乏认识，河流碳反应控制因素尚未明确，及对河流碳转化量缺乏评估。

参 考 文 献

曹建华，袁道先，潘根兴，等，2004. 不同植被下土壤碳转移对岩溶动力系统中碳循环的影响[J]. 地球与环境，32（1）：90-96.

方精云，黄耀，朱江玲，等，2015. 森林生态系统碳收支及其影响机制[J]. 中国基础科学，17（3）：20-25.

李汇文，王世杰，白晓永，等，2019. 中国石灰岩化学风化碳汇时空演变特征分析[J].中国科学地球科学，49（6）：986-1003.

刘再华，2000. 碳酸盐岩岩溶作用对大气 CO_2 沉降的贡献[J]. 中国岩溶，19（4）：293-300.

刘再华，吴孔运，汪进良，等，2006. 非岩溶流水中碳酸盐岩试块的侵蚀速率及其控制因素：以湖南郴州礼家洞为例[J]. 地球化学，35（1）：103-110.

史婷婷，2012. 岩溶流域水循环过程碳汇效应研究：以湖北香溪河流域为例[D]. 武汉：中国地质大学（武汉）.

王培，胡清菁，王朋辉，等，2015.桂林寨底地下河沉水植物群落结构调查及影响因子分析[J].水生态学杂志，36（1）：34-39.

章程，2011. 岩溶作用时间尺度与碳汇稳定性[J]. 中国岩溶，30（4）：368-371.

章程，汪进良，蒲俊兵，2015. 地下河出口河流水化学昼夜动态变化——生物地球化学过程的控制[J]. 地球学报，36（2）：197-203.

章程，谢运球，吕勇，等，2006. 不同土地利用方式对岩溶作用的影响：以广西弄拉峰丛洼地岩溶系统为例[J]. 地理学报，61（11）：1181-1188.

张春来，黄芬，蒲俊兵，等，2021.中国岩溶碳汇通量估算与人工干预增汇途径[J].中国地质调查，8（4）：40-52.

张清华，2018. 漓江流域外源水对岩溶无机碳通量的影响[D]. 桂林：桂林理工大学.

郑焕君，2018.不同地质背景下漓江流域水气界面 CO_2 交换通量变化过程及环境影响研究[D]. 北京：中国地质大学（北京）.

Bastviken D，Tranvik L J，Downing J A，et al.，2011. Freshwater Methane Emissions Offset the Continental Carbon Sink[J]. Science，331（6013）：50.

Battin T J，Luyssaert S，Kaplan L A，et al.，2009. The Boundless Carbon Cycle[J]. Nature Geoscience，2：598-600.

Beaulieu E，Goddéris Y，Donnadieu Y，et al.，2012. High Sensitivity of the Continental-weathering Carbon Dioxide Sink to Future Climate Change[J]. Nature Climate Change，2：346-349.

Berhe A A，Harte J，Harden J W，et al.，2007. The Significance of the Erosion-induced Terrestrial Carbon Sink[J]. Bioscience，57（4）：337-346.

Berner R，2006. A Combined Model for Phanerozoic Atmospheric O_2 and CO_2[J]. Geochimica et Cosmochimica Acta，70（23）：5653-5664.

Birdsey R A，Heath L S，1995. Carbon Changes in U.S forests[M]// Joyce L A. Productivity of America's Forest and Climatic Change. Colorado：Rocky Mountain Forest and Experiment Station：56-70.

Birdsey R A，Plantinga A J，Heath L S，1993. Past and Prospective Carbon Storage in United States forests[J]. Forest Ecology Management，58：33-40.

Borges A V，Darchambeau F，Teodoru C R，et al.，2015. Globally Significant Greenhouse-gas Emissions from African Inland Waters[J]. Nature Geoscience，8：637-642.

Cao J，Hu B，Groves C，et al.，2016. Karst Dynamic System and the Carbon Cycle[J]. Zeitschrift für Geomorphologie，60（2）：35-55.

Cao J，Wu X，Huang F，et al.，2018，Global Significance of the Carbon Cycle in the Karst Dynamic System：Evidence from Geological and Ecological Processes[J]. China Geology，1（1）：17-27.

Chapin F S III，Matson P A，Mooney H A，2011. Principles of Terrestrial Ecosystem Ecology，2nd ed[M]. New York：Springer-Verlag：123-228.

Chuai X，Qi X，Zhang X，et al.，2018. Land Degradation Monitoring Using Terrestrial Ecosystem Carbon Sinks/Sources and Their Response to Climate Change in China[J]. Land Degradation Development，29（10）：3489-3502.

Ciais P，Sabine C，Bala G，Bopp L，et al，2014. Carbon and Other Biogeochemical Cycles[M]//IPCC，Climate Change 2013-The Physical Science Basis. Cambridge：Cambridge University Press：465-570.

Cole J J，Prairie Y T，Caraco N F，et al.，2007. Plumbing the Global Carbon Cycle：Integrating Inland Waters into the Terrestrial Carbon Budget[J]. Ecosystems，10：172-185.

De La Rocha C L，2007. The Biological Pump[J]. Treatise on Geochemistry，6：1-29.

de Wit H A，Valinia S，Weyhenmeyer G A，et al.，2016. Current Browning of Surface Waters will be Further Promoted by Wetter Climate[J]. Environmental Science and Technology Letters，3（12）：430-435.

Degens E T，Kempe S，Richey J E.，1991. Biogeochemistry of Major World Rivers[M]. Chichester：Wiley：356.

Ding J，Chen L，Ji C，et al.，2017. Decadal Soil Carbon Accumulation Across Tibetan Permafrost Regions[J]. Nature Geoscience，10：420-424.

Dixon R K，Brown S，Houghton R A，et al.，1994. Carbon Pools and Flux of Global Forest Ecosystems[J]. Science，263（5144）：185-190.

Don A，Schumacher J，Freibauer A，2011. Impact of Tropical Land-use Change on Soil Organic Carbon Stocks—a Meta-analysis：Soil Organic Carbon and Land-use Change[J]. Glob. Chang. Biol，17（4）：1658-1670.

Drake T W，Raymond P A，Spencer R G M，2018. Terrestrial Carbon Inputs to Inland Waters：A Current Synthesis of

Estimates and Uncertainty[J]. Limnology and Oceanography Letters，3（3）：132-142.

Fang J，Chen A，Peng C，et al.，2001. Changes in Forest Biomass Carbon Storage in China between 1949 and 1998[J]. Science，292（5525）：2320-2322.

Fang J，Yu G，Liu L，et al.，2018. Climate Change，Human Impacts，and Carbon Sequestration in China[J]. Proceedings of the National Academy of Sciences，115（16）：4015-4020.

Fontaine S，Barot S，Barré P，et al.，2007. Stability of Organic Carbon in Deep Soil Layers Controlled by Fresh Carbon Supply[J]. Nature，450：277-280.

Friedlingstein P，Jones M W，O'Sullivan M，et al.，2022. Global Carbon Budget 2021[J]. Earth System Science Data，14（4）：1917-2005.

Friedlingstein P，O'Sullivan M，Jones M W，et al.，2020. Global Carbon Budget 2020[J]. Earth System Science Data，12（4）：3269-3340.

Gaillardet J，Dupré B，Louvat P，et al.，1999. Global Silicate Weathering and CO_2 Consumption Rates Deduced from the Chemistry of Large Rivers[J]. Chemical Geology，159（1-4）：3-30.

Gislason S R，Oelkers E H，Eiriksdottir E S，et al.，2009. Direct Evidence of the Feedback between Climate and Weathering[J]. Earth and Planetary Science Letters，277（1-2）：213-222.

Guillaume T，Damris M，Kuzyakov Y，2015. Losses of Soil Carbon by Converting Tropical Forest to Plantations：Erosion and Decomposition Estimated by δ^{13}C[J]. Global Change Biology，21（9）：3548-3560.

Guo L B，Gifford R M，2002. Soil Carbon Stocks and Land use Change：A Meta Analysis[J]. Global Change Biology，8（4）：345-360.

Holgerson M A，Raymond P A，2016. Large Contribution to Inland Water CO_2 and CH_4 Emissions from Very Small Ponds[J]. Nature Geoscience，9：222-226.

Houghton R A，Hackler J L，Lawrence K T，2000. Changes in Terrestrial Carbon Storage in the United States. 2：The role of Fire and Fire Management[J]. Global Ecology Biogeography，9（2）：145-170.

Jennings J A，1985. Karst Geomorphology，Second Edition[M]. Basil Blackwell：Oxford.

Jiang Z，Liu H，Wang H，et al.，2020. Bedrock Geochemistry Influences Vegetation Growth by Regulating the Regolith Water Holding Capacity[J]. Nature Communications，11（1）：2392.

Kauppi P E，Mielikainen K，Kuusela K，1992. Biomass and Carbon Budget of European Forests，1971-1990[J]. Science，256（5053）：70-74.

Keeling C D，Chin J F S，Whorf T P，1996. Increased Activity of Northern Vegetation Inferred from Atmospheric CO_2 Measurements[J]. Nature，382：146-149.

Kou D，Ma W，Ding J，et al.，2018. Dryland Soils in Northern China Sequester Carbon during the Early 2000s Warming Hiatus Period[J]. Functional Ecology，32（6）：1620-1630.

Krinner G，Viovy N，de Noblet-Ducoudré N，et al.，2005. A Dynamic Global Vegetation Model for Studies of the Coupled Atmosphere-biosphere System[J]. Global Biogeochemical Cycles，19（1），1-33.

Lal R，2004. Soil Carbon Sequestration Impacts on Global Climate Change and Food Security[J]. Science，304（5677）：1623-1627.

Li C，Bai X，Tan Q，et al.，2022. High-resolution Mapping of the Global Silicate Weathering Carbon Sink and Its Long-term Changes[J]. Global Change Biology，28（14）：4377-4394.

Likens G E，Mackenzie F T，Richey J E，et al.，1981. Flux of Organic Carbon from the Major Rivers of the World to the Oceans[J]. National Technical Information Service.

Liang C，2020. Soil Microbial Carbon Pump：Mechanism and Appraisal[J].Soil Ecology Letters，2：241-254.

Liang C, Schimel J P, Jastrow J D, 2017. The Importance of Anabolism in Microbial Control over Soil Carbon Storage[J]. Nature Microbiology, 2 (8): 17105.

Liang C, Amelung W, Lehmann J, et al., 2019. Quantitative Assessment of Microbial Necromass Contribution to Soil Organic Matter[J]. Global Change Biology, 25 (11): 3578-3590.

Liu S, Yang Y, Shen H, et al., 2018. No Significant Changes in Topsoil Carbon in the Grasslands of Northern China between the 1980s and 2000s[J]. Science Total Environment, 624: 1478-1487.

Lu F, Hu H, Sun W, et al., 2018. Effects of National Ecological Restoration Projects on Carbon Sequestration in China from 2001 to 2010[J]. Proceedings of the National Academy of Sciences, 115 (16): 4039-4044.

Lugato E, Paustian K, Panagos P, et al., 2016. Quantifying the Erosion Effect on Current Carbon Budget of European Agricultural Soils at High Spatial Resolution[J]. Global Change Biology, 22 (5): 1976-1984.

Ma W, Fang J, Yang Y, et al., 2010. Biomass Carbon Stocks and Their Changes in Northern China's Grasslands during 1982-2006[J]. Science China Life Sciences, 53: 841-850.

Monteith D T, Stoddard J L, Evans C D, et al., 2007. Dissolved Organic Carbon Trends Resulting from Changes in Atmospheric Deposition Chemistry[J]. Nature, 450: 537-540.

Mulholland P J, Elwood J W, 1982. The Role of Lake and Reservoir Sediments as Sinks in the Perturbed Global Carbon Cycle[J]. Tellus, 34 (5): 490-499.

Munhoven G, François L M, 1994. Glacial-interglacial Changes in Continental Weathering: Possible Implications for Atmospheric CO_2[M]//Zahn R, Pedersen T F, Kaminski M A, et al. Carbon Cycling in the Glacial Ocean: Constraints on the Ocean's Role in Global Change. Berlin: Springer.

Ni J, Wang H, Ma T, et al., 2022. Three Gorges Dam: Friend or Foe of Riverine Greenhouse Gases?[J]. National Science Review, 9 (6): nwac013.

Ni Z, Li Y, Wang S, et al., 2011. The Sources of Organic Carbon and Nitrogen in Sediment of Taihu Lake[J]. Acta Ecologica Sinica, 31 (16): 4661-4670.

Pan Y D, Birdsey R A, Fang J Y, et al., 2011. A Large and Persistent Carbon Sink in the World's Forests[J]. Science, 333 (6045): 988-993.

Piao S, Fang J, Ciais P, et al., 2009. The Carbon Balance of Terrestrial Ecosystems in China[J]. Nature, 458: 1009-1013.

Piao S, He Y, Wang X, et al., 2022. Estimation of China's Terrestrial Ecosystem Carbon Sink: Methods, Progress and Prospects[J]. Science China Earth Sciences, 65: 641-651.

Piao S, Huang M, Liu Z, et al., 2018. Lower Land-use Emissions Responsible for Increased Net Land Carbon Sink during the Slow Warming Period[J]. Nature Geoscience, 11: 739-743.

Pu J, Jiang Z, Yuan D, et al., 2015. Some Opinions on Rock-weathering-related Carbon Sink from the IPCC Fifth Assessment Report[J]. Advances in Earth Science, 30 (10): 1081-1090.

Pu J, Li J, Zhang T, et al., 2019. High Spatial and Seasonal Heterogeneity of Pco, and CO_2 Emissions in a Karst Groundwater - stream Continuum, Southern China[J]. Environ Sci Pollut Res, 26: 25733 -25748.

Raymond P A, Hartmann J, Lauerwald R, et al., 2013. Global Carbon Dioxide Emissions from Inland Waters[J]. Nature, 503: 355-359.

Raymond P A, Oh N-H, Turner R E, et al., 2008 Anthropogenic Enhanced Fluxes of Water and Carbon from the Mississippi River[J]. Nature, 451: 449-452.

Regnier P, Friedlingstein P, Ciais P, et al., 2013. Anthropogenic Perturbation of the Carbon Fluxes from Land to Ocean[J]. Nature Geoscience, 6: 597-607.

Sawakuchi H O, Neu V, Ward N D, et al., 2017. Carbon Dioxide Emissions along the Lower Amazon River[J]. Frontiers in Marine Science，4：76.

Sedjo R A，1992. Temperate Forest Ecosystems in the Global Carbon Cycle[J]. Ambio，21：274-277.

Smith S V，Hollibaugh J T，1993. Coastal Metabolism and the Oceanic Organic Carbon Balance[J]. Reviews of Geophysics，31（1）：75-89.

Stallard R F，1998. Terrestrial Sedimentation and the Carbon Cycle：Coupling Weathering and Erosion to Carbon Burial[J]. Global Biogeochemical Cycles，12（2）：231-257.

Sweeting M M，1972. Karst Landforms[M]. London：Macmillan Press Ltd.

Tang X，Zhao X，Bai Y，et al.，2018. Carbon Pools in China's Terrestrial Ecosystems：New Estimates based on an Intensive Field Survey[J]. Proceedings of the National Academy of Sciences，115（16）：4021-4026.

Tank S E，Fellman J B，Hood E，et al.，2018. Beyond Respiration：Controls on Lateral Carbon Fluxes Across the Terrestrial-aquatic Interface[J]. Limnology and Oceanography Letters，3（3）：76-88.

Tans P P，Fung I Y，Takahashi T，1990. Observational Contrains on the Global Atmospheric CO_2 Budget[J]. Science，247：1431-1438.

Tao Z，Gao Q，Liu K，2011. Carbon Sequestration Capacity of the Chemical Weathering Processes within Drainage Basins[J]. Quaternary Sciences，31（3）：408-416.

Toosi E R，Schmidt J P，Castellano M J，2014. Land Use and Hydrologic Flowpaths Interact to Affect Dissolved Organic Matter and Nitrate Dynamics[J]. Biogeochemistry，120：89-104.

Tranvik L J，Downing J A，Cotner J B，et al.，2009. Lakes and Reservoirs as Regulators of Carbon Cycling and Climate[J]. Limnology and Oceanography，54（6part2）：2298-2314.

Turner D P，Koerper G J，Harmon M E，et al.，1995. A Carbon Budget for Forests of the Conterminous United States[J]. Ecological Applications，5（2）：421-436.

Van Oost K，Quine T A，Govers G，et al.，2007. The Impact of Agricultural Soil Erosion on the Global Carbon Cycle[J]. Science，318（5850）：626-629.

Ver L M B，Mackenzie F T，Lerman A，1999. Biogeochemical Responses of the Carbon Cycle to Natural and Human Perturbations：Past，Present，and Future[J]. American Journal of Science，299（7-9）：762-801.

Walker J C G，Hays P，Kasting J，1981. A Negative Feedback Mechanism for the Long-term Stabilization of Earths Surface-temperature[J]. Journal of Geophysical Research Atmospheres，86（C10）：9776-9782.

Wilson H F，Xenopoulos M A，2009. Effects of Agricultural Land Use on the Composition of Fluvial Dissolved Organic Matter[J]. Nature Geoscience，2：37-41.

Wofsy S C，Goulden M L，Munger J W，et al.，1993. Net Exchange of CO_2 in a Mid-latitude Forest[J]. Science，260（5112）：1314-1317.

Xiong L，Bai X，Zhao C，et al.，2022. High-resolution Data Sets for Global Carbonate and Silicate Rock Weathering Carbon Sinks and Their Change Trends[J]. Earth's Future，10（8）：e2022EF002746.

Yan Z，Wang X Y，Li W，et al.，2019. Biological Carbon Pump Effect of Microalgae in Aquatic Ecosystems of Karst Areas[J]. Acta Microbiologica Sinica，59（6）：1012-1025.

Yang H，Xing Y，Xie P，et al.，2008. Carbon Source/Sink Function of a Subtropical，Eutrophic Lake Determined from an Overall Mass Balance and a Gas Exchange and Carbon Burial Balance[J]. Environmental Pollution，151（3）：559-568.

Yang M X，Liu Z H，Sun H L，et al.，2016. Organic Carbon Source Tracing and DIC Fertilization Effect in the Pearl River：Insights from Lipid Biomarker and Geochemical Analysis[J]. Applied Geochemistry，73：132-141.

Yang Y，Fang J，Ma W，et al.，2010. Soil Carbon Stock and Its Changes in Northern China's Grasslands from 1980s to

2000s[J]. Global Change Biology，16（11）：3036-3047.

Yu G，Zhu X，Fu Y，et al.，2013. Spatial Patterns and Climate Drivers of Carbon Fluxes in Terrestrial Ecosystems of China[J]. Global Change Biology，19（3）：798-810.

Yue Y，Ni J，Ciais P，et al.，2016. Lateral Transport of Soil Carbon and Land-atmosphere CO_2 Flux Induced by Water Erosion in China[J]. Proceedings of the National Academy of Sciences，113（24）：6617-6622.

Zeng S，Liu Z，Kaufmann G，2019. Sensitivity of the Global Carbonate Weathering Carbon-sink Flux to Climate and Land-use Changes[J]. Nature Communications，10：5749.

Zhang H，Lauerwald R，Regnier P，et al.，2020. Simulating Erosion-induced Soil and Carbon Delivery from Uplands to Rivers in a Global Land Surface Model[J]. Journal of Advances in Modeling Earth Systems，12（11）：e2020MS002121.

Zhang L，Zhou G，Ji Y，et al.，2016. Spatiotemporal Dynamic Simulation of Grassland Carbon Storage in China[J]. Science China Earth Science，59：1946-1958.

Zhang T，Li J，Pu J，et al.，2017. River Sequesters Atmospheric Carbon and Limits the CO_2 Degassing in Karst Area，Southwest China[J]. Science of the Total Environment，609：92-101.

Zhao M，Sun H，Liu Z，et al.，2022. Organic Carbonm Source Tracing and the BCP Effect in the Yangtze River and the Yellow River: Insights from Hydrochemistry，Carbon Isotope，and Lipid Biomarker Analyses[J]. Science of the Total Environment，812：152429.

第4章 区域自然资源碳汇调查监测评价

以 1 个经纬度为单位区分土地利用类型，结合全国森林资源调查（简称森调）固定样地、全国草地资源调查（简称草调）样地、第三次全国土壤普查，综合考虑网格化和典型性，设置面上碳汇样地调查点（简称调查点），在植被长盛期开展野外调查工作。调查点分为林地调查点、草地调查点、耕地调查点。

4.1 样点预布设

4.1.1 样点预布设工作底图

（1）植被类型及土壤类型分布图

以 2020 年第三次全国土地利用现状数据（100 m 分辨率）为基础提取耕地、林地、草地、其他（裸土地和裸岩石砾）等土地利用类型图层，生成调查对象图层。

（2）植被和土壤的分级

参照全国森调和全国草调划分森林类型和草地类型，根据全国第二次土壤普查资料划分土壤类型。

（3）工作底图

将上述两个图层叠加形成"土壤类型 + 土地利用类型"的林地、草地、耕地叠加图层作为样点预布设的工作底图。

4.1.2 样点预布设操作步骤

1. 统计叠加图斑土地利用类型面积

根据第三次全国国土调查数据提取全国范围内叠加图斑的土地利用类型面积并分成三大类图层。一类是林地叠加图斑，包括林地、灌丛和竹类，统称林地，面积合计 28 412.59 万 hm²；一类是草地（面积 26 453.01 万 hm²）图斑；一类是耕地（面积 12 786.19 万 hm²）图斑。

2. 初步计算样点数

以 1 个经纬度为格网设置调查点，林地调查点选择 2021 年森调样地（20 km×20 km 网格，其中包括灌丛、竹类样地），参照 IPCC 抽样标准，每个栅格中抽取 3%～5%的森调样地作为碳汇样地。每个格网设置 1～2 个调查点，在典型的垂直气候带需加密设置林地调查点，全国共计林地格网 1470 个，共计设置1470～2940 个林地调查点，按比例设置灌丛调查点和竹类调查点。

草地调查点选择 2020 年和 2021 年草调样地，参照 IPCC 抽样标准抽取 3%～5%的草调样地作为调查点，全国共计草调样地 17 490 个，共计设置 525～875 个草地调查点。

耕地调查点参照全国第二次土壤普查调查样点在格网中设置调查点位，需充分考虑典型的地上作物类型和土壤类型，在格网中适当加密或者减少调查点数量，全国共计耕地格网 785 个，共计设置耕地调查点 785～1570 个。

4.2 林地调查点

4.2.1 调查点布设

1. 中国森林资源的分布格局

（1）东北地区

东北地区包括黑龙江、吉林、辽宁三省和内蒙古自治区东部的呼伦贝尔市、兴安盟、通辽市和赤峰市。东北地区的森林资源主要集中在大兴安岭、小兴安岭和长白山。主要用材树种：针叶林有落叶松（*Larix gmelinii*）、长白落叶松（*Larix olgensis*）、红松（*Pinus koraiensis*）、樟子松（*Pinus sylvestris* var. *mongolica*）、云杉（*Picea asperata*）、臭冷杉（*Abies nephrolepis*）等；阔叶树有岳桦（*Betula ermanii*）、紫花槭（*Acer pseudosieboldianum*）、水曲柳（*Fraxinus mandshurica*）、蒙古栎（*Quercus mongolica*）、胡桃楸（*Juglans mandshurica*）、紫椴（*Tilia amurensis*）、春榆（*Ulmus davidiana* var. *japonica*）、柞木（*Xylosma congesta*）等。东北林区的特点是营林和木材生产集中于国有林业企业，规模较大、机械化水平较高、采伐率高、林区道路密度大、林区经营水平高。

（2）西南地区

西南地区包括四川、重庆、云南、西藏，主要林区处在横断山脉，同时受到太平洋和印度洋的影响，多数山脉和水系为南北走向，海洋湿润气团可以从山谷由南至北深入较远的地方，西边的山坡上分布着茂密的森林，构成了西南地区林业的主体。该区域森林类型和树种复杂，天然原始林和成熟林、过熟林比例大，单位面积蓄积量高。西南地区的森林资源主要分布在四川西部、云南西北部、西藏东南部的高山峡谷地区。

（3）南方地区

南方地区包括浙江、安徽、江西、福建、湖北、湖南、广东、广西、海南和贵州 10 个省（自治区）。南方地区是我国自然条件最好的地区，也是历来林业发达的地区，人工林占有很高的比例。南方地区森林资源集约经营水平高，林木品种多、生长迅速，为东北地区林木生长速度的 2～3 倍，南方地区也是我国最大的经济林和竹林基地。

（4）东部少林地区

东部少林地区包括北京、天津、上海、河北、山东、河南、江苏等省（直辖市）。该地区的林业类型主要是以平原防护林为主，华北石质山区森林遭到大规模破坏，已失去生产能力。这里主要以营造水土保持林、水源涵养林、经济林为主，还有少量的用材林和薪炭林。

（5）西北和华北西部地区

西北和华北西部地区包括山西、陕西、甘肃、青海、宁夏、新疆，以及内蒙古中、西部。西北地区的森林资源主要分布在秦岭南坡（汉中、甘肃白龙江流域）、天山、阿尔泰山、祁连山和青海东南部等地，均为原始林区。陕西、甘肃陇东地区的次生林是我国"三北"防护林的主要地区。

2. 调查点布设原则

以全国森调为基础，选择典型的森调固定样地设置林地调查点。林地调查点根据调查区实际情况，综合考虑区域特点控制典型森林类型（含人工林），包括典型的纯乔木林地、乔灌林地、纯灌木林地等。

4.2.2　调查因子

（1）森林植被调查

森林类型、林种、优势树种、胸径、树高、树龄（龄组）、生长等级、地下生物量、枯落物生物量、枯死木生物量等，其中森林类型、林种、优势树种、胸径、树高、树龄（龄组）、生长等级等数据采用森调数据，枯落物生物量需现场调查。

（2）其他植被调查

主要是林下草灌植被的调查，其中植被类型、株（丛）数、平均高、平均地径、盖度等以森调样地数据为准；现场调查地上和地下生物量。

（3）土壤调查

现场调查土壤类型、温度、湿度、容重；取样测试分析土壤 pH、有机碳、总碳、全氮、机械组成等理化指标。

（4）环境因子调查

地形（坡度、坡位、海拔、坡向）、地貌、降水（年、月、日平均降水与总降水）、气温（年、月平均温度，最低与最高温度，积温）、全年光照时间、湿度（月平均、年平均）等。数据以森调及资料收集数据为主。

4.2.3　现场调查

参照林业部森林资源清查的操作规范，设置 1 亩大小的方形调查样地。

1. 乔木层生物量调查

（1）起测径阶的确定

在自然林中，确定胸径（距离树干基部 1.3 m 处的直径）大于等于 5 cm（DBH≥5 cm）作为起测径阶。对于人工幼龄林，以 DBH≥2 cm 为起测径阶。

（2）每木调查

样地内所有 DBH≥5 cm 的立木（包括活立木和死立木），都必须逐一鉴别其种类，测定胸径、树高、冠幅和枝下高。记录树种时，如遇树种名不确定的立木，则应在调查卡片中注明其所在的样方和编号，采集标本带回，经鉴定后，及时将树种名补回。

胸径测量注意事项：

①必须测定距地面 1.3 m 处直径，在坡地量测坡上 1.3 m 处直径，测定精度为 0.1 mm。

②胸径尺必须与树干垂直，且与树干四面紧贴，测定胸径并记录后，再取下轮尺。

③遇干形不规整的树木，应垂直测定两个方向的直径，取其平均值。在 1.3 m 以下分叉者应视为两株树，分别检尺。

④测定位于标准地边界上的树木时，本着"北要南不要，取东舍西"的原则。

⑤测者每测一株树，应报出该树种名、胸径大小；记录者应复诵。凡测过的树木，应用粉笔在树上向前进的方向做记号，以免重测或漏测。

⑥对于可复查样地，调查时每株树应挂牌编号，并在 1.3 m 处做标记，便于复查。

树高测量注意事项：

①对于地势平坦、视线良好的森林，与每木检尺同时进行，测量起测径阶以

上的所有树种及其个体的树高。

②对于地势陡峭、树种丰富、结构复杂、视线差的森林，尤其是自然林，可分优势树种和次要树种两组，然后分别绘制胸径分布曲线图，计算每径阶需要测定树高的株数。一般每个样地优势树种应测 25～30 株，中央径阶多测，两端逐次少测。通过绘制胸径-树高曲线图，可以由林分平均直径查出林分的平均高。对于次优势树种，可选择 8～10 株相当于平均直径大小的树木测高，取其算术平均值为平均高。

③对于复层异龄混交林，分不同林层，按照上述原则和方法确定各林层及林分平均高。

④林分（树木）年龄：用查数伐根上的年轮数，或用生长锥钻取最大和平均胸径树木的完整树芯，确定年龄。在混交林中，只确定优势树种的年龄。

⑤林分郁闭度。样点法：标准样地的两对角线上树冠覆盖的总长度与两对角线的总长之比，作为郁闭度的估测值。或在标准地内机械设置 100 个样点，在各点上确定是否被树冠覆盖，总计被覆盖的点数，并计算其频率，将此频率作为郁闭度的近似值。树冠投影法：在方格纸上绘制标准地树冠投影图，从图上求出投影面积和标准地面积，用公式计算。

2. 凋落物调查

在林地调查样地中选择不少于 3 个能够代表调查点样地凋落物状况的典型位置进行调查，凋落物包括细凋落物（树叶、小的树枝）和死木残体（直径比较大的死树枝和树干）。每个位置设置 1 m² 的调查样方，收集样方内的凋落物现场称重，结果精确至小数点后两位，数据记录至调查卡片（见附表 5-1）；每个位置分别采集 1/4 的凋落物样品，3 个凋落物样品均匀混合组成混合样（编号：森调样地编号＋DLW），带回室内于 65℃烘干至恒重后称取凋落物干重，结果精确至小数点后两位，数据记录至调查卡片（见附表 5-1）；分析测试凋落物样品总碳含量。对于样地中存在的枯立木、枯死木、枯倒木，测定其平均长度以及两端和中间处的胸径，取一定长度（20 cm）的典型样木称干、湿重，并送化验室分析碳含量。

3. 林下灌草调查

在森调样地设置的 4 m×4 m 样方中开展林下灌草生物量调查。

（1）灌木

调查灌木的主要种名称、株（丛）数、平均高、平均地径、盖度，按主要灌木种记载（采用森调数据）；现场调查生物量。

盖度≥5%的灌木单独调查记载上述因子，择主要种建立标准株，其他种仅调查地上部的当年生生物量。盖度<5%的灌木综合调查记载上述因子，名称用"其他灌木"调查当年生生物量（编号：森调样地编号＋其他灌木）。

标准株法如下。

①灌木标准株要求尽量做准：大部分灌木的根系估计都要超过 1 m，所以要尽量将大部分根系挖全。

②地上部：选择典型的主要的株丛，齐地全株砍下，区分叶片、当年枝、老枝（编号：森调样地编号＋灌木名＋YP/DNZ/LZ），并分别测定其生物量，现场称鲜重；带回室内于 65℃烘干至恒重后称干重，数据精确至小数点后两位，分别送化验室测试总碳含量，结果记录至调查卡片（见附表 5-1）。结合冠幅高度、主干的地径或胸径建立异速生长方程。准确记录样地编号等相关地理信息。

③地下部：挖出根系，清除附着的土壤，称鲜重，用记号笔和标签做根系样品编号标记（编号：森调样地编号＋灌木名＋GX）后，装样品袋内于 65℃烘干至恒重后称干重，数据精确至小数点后两位，根系样送化验室测试总碳含量。

④对不同片区的标准株数量要求：每个区域至少建立 3～5 套林下灌木标准株，每套标准株的调查株数不少于 30 株（大、中、小灌丛各 10 株左右），可结合面上和重点区的林地调查工作共同完成林下灌木标准株的建立，每套标准株在面上林地调查点完成的调查株数不少于 20 株。

（2）草本

调查草本的主要种名称、平均高、盖度，按主要草本种记载（采用森调数据）。盖度≥5%的草本单独调查记载上述因子，设置 1 m² 样方齐地割剪地上生物量（编号：森调样地编号＋草本名＋DS），现场称鲜重；带回室内于 65℃烘干至恒重后称干重，数据精确至小数点后两位，并送化验室测试总碳含量，结果记录至调查卡片（见附表 5-2）。在相应位置取地下生物量（编号：森调样地编号＋草本名＋DX）。盖度<5%的草本综合调查记载上述因子，名称用"其他草本"。

4. 土壤调查

（1）土壤采样点的确定

土壤采样以控制整个林地调查样地为宜。为了提高估算不同林型不同龄级土壤碳的精确度，根据计算碳储量的需要，考虑到实际工作中设定的最低样地数量难以覆盖全部林型及其龄级，因此对于面积较大的典型林型或龄级需要增加土壤采样点。此外，由于气候因素，同类林型土壤在不同区域间也会有相当大的差距，故而对于面积大分布广的类型，要在不同区域间增加土壤采样点。

（2）土壤样品的采集

在每个林地调查样地内，需要采集 1 个表土混合样（0～20 cm），4 个深层混合样（20～40 cm、40～60 cm、60～80 cm、80～100 cm），并测定每层的土壤容重。最表层（0～20 cm）由于含有机碳量高，土质疏松，而且变异性大，需独立采样。直接使用深 20 cm、内径＞3 cm 的土钻在样地内随机选取 6 个点取出小土体混合成一个混合样（编号：森调样地编号＋TR＋20 cm）。取表层样过程中需注意两点，一是尽量保持每个小土体的完整性，二是在野外应将样品袋打开让水分尽早蒸发。4 个深层混合样（20～40 cm、40～60 cm、60～80 cm、80～100 cm）的采集：在林地调查点样地中随机选择不少于 3 个位置挖掘 1 m 深的土壤剖面，在每个剖面面朝下坡位的一面上采集 20～40 cm、40～60 cm、60～80 cm、80～100 cm 的土壤样，同层 3 个样均匀混合成 1 个混合样（编号：森调样地编号＋TR＋深度），送化验室分析测试理化性质，分别记录土壤有机碳、总碳、全氮、pH、机械组成的数据至调查卡片（见附表5-3）。

对于面积较大的典型林型或龄级，需在样地之外补采 1 个表层土壤加强样。使用深 20 cm、内径＞3 cm 的土钻，随机选取 6～8 个点，取出小土体混合成一个土壤加强样（编号：森调样地编号＋TRJQY）。

（3）土壤容重测定

结合样地内的土壤剖面，沿剖面按 20 cm 间距测定土壤容重，一般采用环刀法，在每个间距内采 3～4 个环刀样记录至调查卡片（见附表5-4）。在最表层 0～20 cm 由于土质疏松，而且含土壤有机碳量高，需要取更多的样以准确估算土壤容重，规定将最表层 0～20 cm 再划分为 0～10 cm、10～20 cm 两个层次采集环刀样，每个层次采集 3 个环刀样。每个环刀样独立装一袋，带回室内测定土壤容重，用于计算土壤的总碳储量。

4.2.4　森林资源碳储量的估算

1. 应用碳储量方程估算样地林木碳储量

①根据森林类型、林种或林龄等选择适宜的碳储量方程（见附表4-1）。

②对照同一森林类型将样地内所有树木的胸径和树高数据输入数据库，形成表格并按优势树种（组）归类。

③通过对应树种（组）的碳储量方程计算样地内所有树种（组）及其个体的单株碳储量。

④对于非优势树种或生物量权重很小的树种没有相对应碳储量方程，可用与其树形、高度和冠幅最接近的树种碳储量方程进行计算。

⑤将样地内所有树种的单株碳储量相加得到样地树木总碳储量。

⑥根据样地总碳储量和总面积换算出碳密度，即单位面积的碳储量以 $t \cdot hm^{-2}$ 表示。

2. 乔木地下生物量碳储量

与地上生物量的测量相比,根系生物量的测量则很费时且比较困难。一般做法是基于根系生物量与地上部分生物量关系构建相应的回归方程,估算根系碳储量。实际工作中采用基于已有野外样地调查和标准木收获所建立并通过检验的生物量方程计算根系碳储量。

根系生物量与地上生物量的估算同步,所采用的估算方程对应。按优势树种或优势树种组次要树种等对样地调查数据进行分类,运用对应的根系生物量估算方程,分别算出各类树种的根系生物量,然后进行汇总就可以得到样地森林根系的总生物量。根据碳含量将生物量换算成碳储量,进而计算每公顷林地林木根系的总碳量,即根系碳密度。

两次调查期间根系碳储量增量的估算步骤如下:

①用适宜的碳储量方程计算第一次测量时的林木地上部分的碳储量。

②计算第一次和第二次之间的碳储量的增量,把第一次的碳储量累加估算第二次地上林木碳密度。

③用合适的林木根系碳储量方程,来估算该时间间隔内的根系碳储量。

④(第二次的根系碳储量减去第一次的根系碳储量)/年数,就等于根系碳储量的年变化量。

3. 林下灌草植物碳储量

①以样地为单元选择灌木、草本层植物的子样本带回实验室内测定其干重,得到鲜重/干重比的换算系数。

②根据鲜重/干重比,将野外测定的每个灌木、草本调查样方框内的鲜重换算为干重之后汇总,计算单位样方框内植物的平均干重。

样品干重 = (子样品的干重/子样品的鲜重)×整个样品的鲜重

③将平均干物质量乘以扩展系数得到生物量密度(每公顷生物量吨数)。扩展系数根据样方框或样地面积大小计算:

$$扩展系数 = \frac{10\,000}{样地面积(\text{m}^2)}$$

4. 死地被物碳储量

(1)枯立木碳储量

①将枯立木分为两类,第一类是树形较完整(除没有叶子外)、看上去像活立木一样的枯立木;第二类是树形为冠折或干折等不完整的枯立木。

②对于第一类，与测量活立木一样采用胸径和合适的生物量方程，根据枝残留情况估算其生物量。

③对于第二类，仅仅估算树木残干生物量即可，体积可以用测量胸径、树高和顶端直径的估计值来计算。将树木作为一个切除顶端的锥体来计算其体积：体积$(m^3)=1/3\pi h\left(r_1^2+r_2^2\right)$，其中 h 为树高（m），r_1 是树木基部半径，r_2 是树木顶部的半径，采用适当的木材密度就可以将体积转化为干生物量。因为枯立木仍然支撑树木，其密度较坚实，计算时可以用枯倒木的木材密度来作为枯立木的木材密度。工作中可采用实地调查的枯死木密度来计算干生物量。

④将样地内枯立木生物量进行汇总和归类，根据各类枯立木碳含量，将生物量转换为碳量，得到样地枯立木总碳储量。

（2）枯倒木碳储量

①区分枯死木木段，计算每个密度等级（坚实、中等、腐烂）的木材密度。由质量和体积计算密度采用下列公式：密度$(g\cdot cm^{-3})$ = 质量(g)/体积(cm^3)。式中，质量 = 烘干样品的质量体积 = $\pi\times$（平均直径÷2）×倒木的平均长度。将各种密度进行平均后，则可获得适合于每个等级的单一密度值。

②因为每个密度等级是分开的，按照下列方法计算体积：

$$体积(m^3)=\pi\times\left(\frac{d_1+\cdots+d_n}{2n}\right)^2\cdot L$$

其中 $d_1, d_2, \cdots, d_n$ 表示枯死木各个横截面的直径；L 表示木块长度。

③由体积和密度计算枯倒木生物量公式如下：

$$枯倒木的生物量(t\cdot hm^{-2}) = 体积\times密度$$

④将样地内枯倒木生物量进行汇总和归类，根据各类枯立木的碳含量将生物量转换为碳量，得到样地枯倒木总碳储量。

（3）枯落物碳储量

①以样地为单元，野外调查时选择数个有代表性的枯落物子样本，称鲜重后带回实验室烘干测定其干重，得到鲜重/干重比（换算系数）。

②将野外测定的枯落物样方框内的鲜重换算为干重之后，汇总计算单位样方框内枯落物的平均干物质量。

③将平均干物质量乘以扩展系数得出枯落物储量密度（$t\cdot hm^{-2}$）。

④根据枯落物碳含量将现存量密度转换为碳密度（$t\cdot hm^{-2}$）。

5. 土壤碳储量

土壤碳储量通过容重、有机碳含量、土壤层厚度计算而得，操作步骤如下：

①按野外土壤取样划分土壤层，例如按自然发生层次可以划分为半腐烂层、

腐殖质层和若干矿质层（20 cm 的等距离层）。

②计算各土壤层的容积密度：土壤容重(g·cm^{-3}) = W/V，其中 W 为烘干土壤质量（g），V 为环刀容积（cm^3）。

③根据实验室分析得到的各土壤层的碳含量，计算单位面积土壤碳储量。土壤碳密度(t·hm^{-2}) = ［土壤容积密度(g·cm^{-3})×土层深度(cm)×对应的碳含量］×100，其中碳含量用小数表示，比如碳含量为 2.2%，在公式中则表示为 0.022。

④计算各土壤层碳密度之和，得到该林地土壤的总碳密度，单位为 t·hm^{-2}。

4.2.5　无人机调查构建生物量评估基础指标——以云南省元谋县为例

1. 无人机数据采集工作方法原理

（1）资料收集和准备

①作业员需要对测区进行简单的踏勘，收集测区内海拔、地形地貌、气候和电磁雷电信息以及周边的重要设备和交通信息，为无人机的起飞、降落、航线规划提供资料。

②根据项目需求收集必要的等级控制点，分析已有资料，确定测区所用的坐标系统、投影方式、高程基准。

③作业前应收集测区的地形图、交通图、地名录、天气、地域文化等资料。

（2）空域申请

测区内无飞机场、无禁飞区可以正常进行作业。若当地政府要求，应及时对相关测区进行空域申请。

（3）像控点布设

像控点原理是通过空间三角网的计算方法，来控制地面相关位置关系，像控点的布设原则是：周边区域必须要布，中心区域也要有点，测区高处尽量有点，测区低处必须有点（图 4-1）。像控点的精度和数量直接影响到航测数据后期处理的精度，所以像控点的布设和选择应当尽量规范、严格、精确。

①无人机自带定时动态定位（RTK/PPK），测区内的平面精度较高，主要提高的是高程精度，因此像控点在 1∶1000 的比例尺下每平方千米 5 个像控点。

②像控点测量可采用连续运行参考站系统（CORS）进行施测，亦可采用 GPS 静态测量模式。

③像控点尽量布设在平坦、水平的地方，不要选在有高差的斜坡上。可采用 L 型像控点，边长需大于 1 m，宽度 20 cm，次边长需大于 50 cm。在田埂、小路、土质田地上可采用标靶板做像控点，标上点号。也可用地面标识来做像控点，比如斑马线、人行道等在航拍照片上清晰可见的地标。

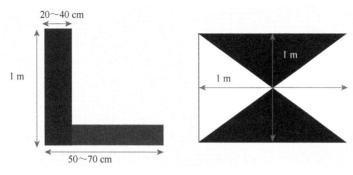

图 4-1　像控点示意图

2. 工作流程

采用飞马 D20 四旋翼无人机进行林地影像数据采集,无人机搭载 SONY Alpha 6000 相机获取样地林木 RGB 格式影像,镜头有效像素为 2430 万。无人机影像获取时间及数据采集时间为 2022 年 9 月中下旬。根据试验区现状和技术方案,规划设计飞行航线。为了使野外调查数据与航空飞行数据尽量保持时间一致,飞行前首先在样地边缘的林区道路上设置多个控制点,方便后期进行影像拼接。起飞前进行 GPS 等校正和控制飞行姿态,确保稳定。

数据采集主要包括两个方面,一是采用无人机对城市林业示范基地进行数据采集,二是通过实地调查对单木树冠真实值进行测量和对不同树种进行分类记录。

(1)无人机影像获取

①航拍尽量选择晴朗、无云、无风的天气,进行时间选在 13:00～15:00 左右,此时间段获取影像时受太阳高度角的影响较小。通过电脑与无人机进行连接配对,将无人机放置在平坦且无遮挡的地面上,保证无人机能够接收到 GPS 信号。

②在道路上利用红色油漆设置控制点,地面控制点应尽量均匀分布在每条航线上,以便于生成高精度的正射影像。确定最佳的飞行路线和飞行高度,项目飞行高度 1000 m,速度 13.5 m·s^{-1},航向重叠度 80%,旁向重叠度为 75%,如图 4-2 所示。

③保证无人机在后期生成正射影像时达到精度要求。

④将获取的影像数据及时地传输到电脑中方便后期处理,如图 4-3 所示。

(2)实地测量

①查看树干上每棵树对应的编号牌,判断树冠的东西和南北方位,利用皮尺对样地内单木的东西、南北冠幅长度进行实地测量并记录,同时可以采取多次测量取平均值的方法减少误差,并将测量的结果进行记录。

②通过观察树干、树枝和枝叶,进而判断研究区的树木种类,将树木种类和其所对应的区域进行精确记录。

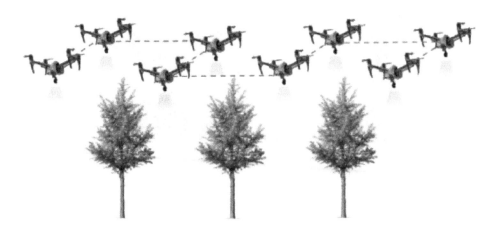

图 4-2　无人机路线及拍摄示意图

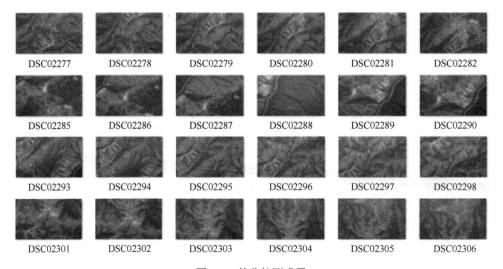

图 4-3　外业航测成果

3. 数据处理

对影像进行拼接前筛选掉位于航线拐角处、姿态角过大、重叠度过大、成像效果较差的影像，选择影像清晰、色彩饱和的影像，本章使用 Pix4D mapper 作为内业影像处理软件。软件仅根据影像内容从任意角度包括地理位置标签和控制点做精确对地定位，将无人机拍摄的有规范重叠度的单张影像合成为数字正射影像，生成拍摄区域的数字表面模型（DSM）、数字正射影像图（DOM）数据。主要处理流程为：导入照片、导入控制点文件、全自动处理（包含高精度处理空三加密数字表面模型以及正射影像生成）、输出精度报告。利用原始航空影像生成 DOM

和 DSM 数据,处理完成后裁剪影像,获取研究区的高分辨率正射影像。正射影像如图 4-4 所示。

图 4-4　正射影像

4. 研究方法

（1）深度学习

深度学习是一种基于神经网络的机器学习方法,它将数据的特征分为不同的层次,以此将低层特征通过组合的方式获取更高层次的抽象特征。深度学习中的"深度"指的是一系列连续的表示层,数据模型的层数即模型的深度,分类、检测、分割是计算机理解图像的三个层次。随着林业大数据的推进,深度学习在林业应用研究方面逐渐兴起。深度学习在林业领域的应用涵盖多个方面,如:橡胶树树干自动分割、树木种子活力识别、树木几何参数回归预测、树木立体蓄积量预测、森林风暴林区受损评估、树木健康识别和林业遥感图像的智能拼接、林业信息文本分类等。

深度学习的原理如图 4-5 所示,可以简单概括为以下几点。

①在开始时对神经网络的权重进行随机赋值,并计算预测值与预期值的差距,得到损失值。

②根据最新的损失值,利用反向传播算法来微调神经网络每层的参数,从而降低损失值。

③根据调整的参数继续计算预测值,并计算新的预测值与预期值的差距,得到新的损失值。

④重复步骤②和步骤③,直到整个神经网络的损失值达到最小,此时算法收敛得到最终的模型。

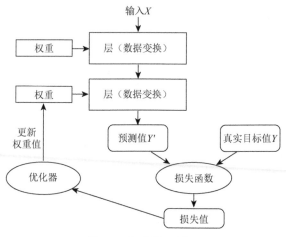

图4-5 深度学习原理

　　首先参照 Google 官方安装指导文档搭建深度学习框架，同时进行深度学习样本制作，然后采用 Python 语言编写深度学习脚本。通过不断训练和优化模型得到最佳的模型，并利用此模型对元谋县全县林地区域进行自动识别，最后对其精度进行评定。具体流程如图 4-6 所示。

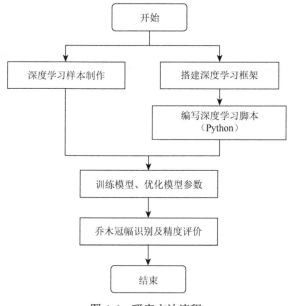

图4-6 研究方法流程

（2）深度学习样本制作

根据深度学习的原理，要得到一个精度较好的模型需要输入大量的样本数据进行训练。采用如下步骤进行样本制作：

①将无人机影像重采样至 0.2 m 分辨率，得到三波段的真彩色影像，划定样本范围 A。

②在 ArcMap 中对无人机正射影像进行目视解译，勾勒出样本范围 A 内的林地区域，并以面状矢量数据进行存储，同时对其进行栅格化，并导出为单波段栅格影像（此时林地区域灰度值为 255，非林地区域灰度值为 0）。

③在 Global Mapper 中对导出的单波段栅格影像以样本范围 A 进行切片。每个切片为 512 像素×512 像素×1 个波段，位深度为 8 bit，文件格式为 tif 格式［如图 4-7（a）所示］。该数据为 Label 切片数据。

④在 Global Mapper 中对重采样后的 0.2 m 分辨率无人机影像以样本范围 A 进行切片，得到和 Label 数据一一对应的切片。每个切片为 512 像素×512 像素×3 个波段，位深度为 8 bit，文件格式为 tif 格式［如图 4-7（b）所示］。该数据为 Train 切片数据。

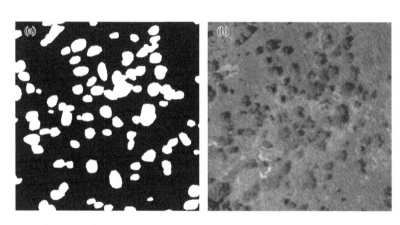

图 4-7 深度学习训练样本［（a）为 Label 切片数据，（b）为对应的 Train 切片数据］

按照上述步骤共得到 1621 张原始 Train 切片数据（对应 1621 张 Label 切片数据），由于在前述数据处理过程中采用了批量切片方法，故存在无效数据（即 512 像素×512 像素范围内无林地或仅有极少林地），需要对其进行剔除。剔除的策略是通过计算每个 Label 数据切片中的像素值之和，并与某一指定阈值 K（设定阈值 $K=0.05×512×512×255$）进行比较，判断样本是否包含足够的目标。如果小于该阈值 K，表明该切片内林地区域占比小于某一比例（设定 K 值对应的比例为 5%），则剔除该 Label 切片数据及其对应的 Train 切片数据。该步骤用 Python 语言实现，无效数据剔除后得到有效 Train 切片数据 216 张（对应 216 张 Label 切片数据）。

（3）训练模块

基于 U-Net 模型基础，采用 Nadam 梯度下降方式进行训练。输入图像为 512 像素×512 像素的三波段真彩色影像数据和对应的单波段 Label 数据。在 Label 数据中白色区域表示林地区域，黑色区域表示非乔木林区域。核心流程如图 4-8 所示。

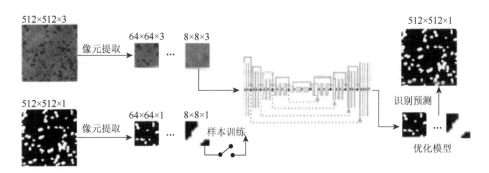

图 4-8　基于 U-Net 模型进行林地区域识别的核心流程

（4）林地区域识别

为了得到矢量的面状识别成果，进行了如下处理：

①在用 Global Mapper 进行无人机正射影像切片时，同时导出每个切片的坐标信息文件（tfw 文件和 prj 文件）。

②预测得到的单波段灰度图，文件名与输入的三波段真彩色影像切片文件保持一致。

③将预测得到的单波段灰度图与三波段真彩色影像批量切片时导出的坐标信息文件置于同一文件夹内，并用 Global Mapper 进行合并，即可得到具有坐标信息的单波段灰度图，其中白色为林地区域，黑色为非林地区域。

④在 ArcMap 中对得到的单波段灰度图进行矢量化，并将灰度值字段添加至矢量化成果的属性表中。删除灰度值非 255 的区域后，利用制图综合消除小图斑，并进行平滑处理，得到最终分类成果如图 4-9 所示，其中（b）是对乔木林地的识别成果。

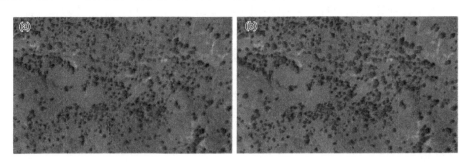

图 4-9　乔木林地识别效果［（a）为原始影像，（b）为自动识别的林地区域］

（5）冠幅识别精度评定

基于 DOM 数据进行目视解译，勾勒出林木冠幅的边界，具体操作为：在 ArcGIS 软件中加载目标地块的 DOM 影像，新建一个面图层，激活编辑器对照影像底图，在面图层中勾绘出树冠的外轮廓。勾绘完成后，打开属性表新建面积字段"Area"，使用计算几何功能计算出每个树冠面的面积。该方法主观因素较大，不同作业者目视解译的结果不尽相同，同时内业工作量较将结果与人工目视勾绘的树冠区域面积进行精度分析大、效率较低，不利于广泛推广。因此，森林冠幅的自动提取研究一直是森调工作中亟待解决的问题。针对现有技术的不足，本节提出一种深度学习提取冠幅的方法来实现冠幅的自动提取。

由于本节只关注林地区域，故精度评定采取的策略如下：

①在人工目视解译勾画的林地区域内随机选定 500 个点，统计通过深度学习得到的林地区域成果中对应点位的识别情况。

②在通过深度学习识别的林地区域内随机选定 500 个点，统计通过人工目视解译得到的林地区域中对应点位的真实林地情况。

按照上述策略统计得到表 4-1。

表 4-1　精度评定统计表

项目	数目	正确率
人工解译随机选定的点中通过深度学习被正确识别为乔木冠幅的数量	476/500	95.2%
通过深度学习识别的林地区域中经人工解译确认为乔木冠幅的数量	462/500	92.4%

5. 乔木林生物量估算

本节从 2022 年实地采集的样本中选取了 634 个有效乔木样本进行分析，按照不同的树种对其实地调查的胸径、树高、冠幅进行数据拟合分析，得到估算系数。所涉树种冠幅与胸径、树高的估算系数如表 4-2 所示。

表 4-2　胸径、树高估算系数表

树种	胸径估算系数	树高估算系数
云南松	3.7887	1.8661
桉属	4.1966	4.0007
厚皮香	1.2173	1.2211
栎属	3.0076	2.0276
油杉	5.1934	2.5563
相思	1.3175	1.1462

树种	胸径估算系数	树高估算系数
常绿阔叶林	2.3491	1.5813
落叶阔叶林	2.5648	1.7273

注:上表估算系数以该树种冠幅为标准,参照估算公式为:①估算胸径＝冠幅×胸径估算系数;②估算树高＝冠幅×树高估算系数。

采用对应树种的异速生长方程,分别代入实测胸径树高和估算胸径树高计算实地采集的乔木样本的生物量。计算生物量和估算生物量及其对应准确率如表 4-3 所示,平均准确率为 89%。

表 4-3　实测样本生物量估算精度

树种	生物量/kg	估算生物量/kg	误差/kg	准确率/%
云南松	3717.37	3902.51	185.14	95.26
桉属	634.08	810.39	176.31	78.24
厚皮香	6.76	6.86	0.10	98.54
栎属	1951.27	2287.60	336.33	85.30
油杉	552.96	626.44	73.48	88.27
相思	60.79	53.75	7.04	88.42
常绿阔叶林	694.64	759.05	64.41	91.51
落叶阔叶林	122.57	119.72	2.85	97.67

利用本文所述机器学习模型预测得到的乔木冠幅结果,依据表 4.2 对胸径、树高进行估算,结合 2017 年乔木林地分布范围和郁闭度调查结果、2022 年实测不同树种的平均冠幅,得元谋县 2017 年 0.2 m 分辨率影像覆盖区域乔木林的生物量估算结果为 3 168 889.27 t,具体计算流程如图 4-10 所示。

6. 结果

本文通过使用 TensorFlow 机器学习框架与 U-Net 模型对元谋县林地区域进行自动识别,并与人工目视解译结果进行对比分析认为:与人工目视解译识别林地区域相比,深度学习在识别效率上具有无可比拟的优势,且其识别正确率能达到 92%以上,其成果可用于统计林地区域的冠幅、面积等信息,同时结合地面样本数据可对森林生物量进行估算。

对乔木冠幅的自动识别精度较高,根据未参与模型训练的样本评估,理论准确性达到了 92%。但由于不同树种冠幅和胸径、树高之间的关系复杂,而乔木生

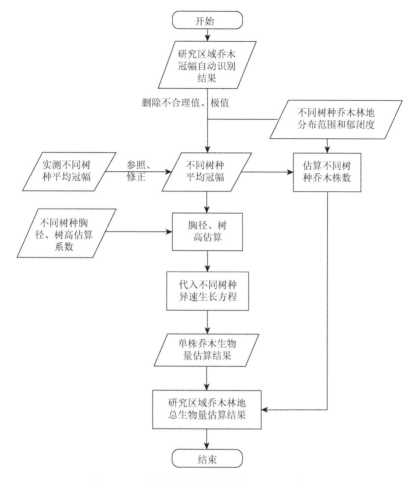

图 4-10 研究区域乔木森林生物量估算流程图

物量主要由胸径和树高决定，进而由冠幅估算胸径、树高产生的误差被带到了最终的生物量估算结果中，由实测样本检验得到的乔木生物量估算精度为 89%。

本节利用无人机低空摄影方式，获取了高重叠航空影像，生成高分辨率正射影像为森林调查中相关参数反演提供丰富的数据支撑。但尚未对基于无人机影像的树种识别进行研究，后续可从无人机影像生成的产品中提取纹理特征和点云变量，构建树种识别数据库，为大区域的森林调查提供技术与方法。

4.2.6 森林地上生物量遥感估测——以云南省元谋县为例

（1）样地数据调查及生物量计算

样地数据为年按树种分布、地理位置特征等调查的元谋县 77 块乔木树种样地，样地大小为 10 m×10 m，用 RTK 记录其样地质心点坐标，其样地分布涵盖了元谋县主要乔木树种分布区域。其树种主要包括云南松（*Pinus yunnanensis*）、锥连栎（*Quercus franchetii*）、余甘子（*Phyllanthus emblica*）、尼泊尔桤木（*Alnus nepalensis*）、油杉（*Keteleeria fortunei*）、桉树（*Eucalyptus robusta* Smith）、华山松（*Pinus armandii*）、厚皮香（*Ternstroemia gymnanthera*）、黄檀（*Dalbergia hupeana*）等。建立云南省优势树种异速生长方程，计算单株树木的森林生物量（Tang et al.，2018；胥辉等，2019；Luo et al.，2020）。表 4-4 为各树种生物量计算公式和来源，没有异速生长方程的树种采用相近树种或按常绿落叶林、落叶阔叶林选取异速生长方程。

表 4-4　单木生物量计算

树种	公式	来源
云南松	树干：$W = 0.058 \times D^{2.433}$ 枝：$W = 0.003 \times D^{2.807}$ 叶：$W = 0.0026 \times D^{1.986}$ 根：$W = 0.056 \times D^{2.214}$	（Tang et al.，2018）
桉属	总：$\lg W = 0.6614 \times \lg(D^2 \times H) - 1.445$	（胥辉等，2019）
厚皮香	总：$W = 0.00089031 \times (4.2707 + D)^4$	（Luo et al.，2020）
栎属	地上：$W = 0.22999 D^{1.391} 83 \times H^{0.57393}$ 根：$W = a \times D^b$	地上（胥辉等，2019），根（Luo et al.，2018；灰背栎）
华山松	树干：$W = 0.058 \times D^2 b$ 枝：$W = 0.058 \times D^2 b$ 叶：$W = 0.058 \times D^2 b$ 根：$W = 0.056 \times D^{2.214}$	地上（胥辉等，2019），根（Tang et al.，2018；云南松）
油杉	$W = 0.1456 \times D^{2.0817}$	（Luo et al.，2020）
相思	$W = 0.324 \times D^{2.156}$	（Luo et al.，2020）
常绿落叶林	树干：$W = 0.551287 + 0.004034 \times D^3$ 枝：$0.7361 + 0.04034 \times D^2$ 叶：$W = -1.3657 + 0.4336 \times D$ 根：$W = -0.1193 + 0.09373 \times D^2$	（Luo et al.，2020）
落叶阔叶林	树干：$W = 0.1793 \times (-0.619 + D)^2$ 枝：$W = -0.8228 + 0.421 \times D$ 叶：$W = -0.01156 + 0.0070544 \times D^3$ 根：$W = a \times (b + D)^2$	（Luo et al.，2020）

注：W 为单木生物量（kg），D 为胸径（cm），H 为树高（m）；a、b 为不同森林类型下的常数。

其样地单位面积生物量计算公式如下:

$$B = \sum_{k=0}^{n} W / s$$

其中, B 为单位面积生物量 (t·hm^{-2}), n 为样地树种株数, W 为单木生物量 (t), s 为样地面积 (hm^2)。

(2) 遥感数据获取与处理

Landsat 8 OLI 和数字高程模型 (DEM) 来源于地理空间数据云, 分辨率为 30 m; 国产高分二号 (GF-2) 为从云南巡天卫星科技有限公司购买获得, 分辨率为 4 m; Sentinel 2A 为从 GEE (Google Earth Engine) 云计算平台下载得到, 元谋县 2A 级地表反射率产品分辨率为 10 m; 气候因子来源于 WorldClim, 包括年均降水和年均气温, 分辨率为 1 km。将获得的遥感数据在 ENVI5.3 软件中进行大气校正、辐射定标、裁剪等预处理工作, 最终得到地表反射率产品。

(3) 特征变量的提取

利用 GF-2、Sentinel 2A、Landsat 8 OLI 遥感影像数据导入 ENVI5.3 中完成对植被指数的计算 (Schlerf, 2005; Miura, 2006; Hashemi, 2013), 及其单波段、纹理特征的提取; 利用 DEM 数据在 ArcGIS 10.7 中的"表面分析模块"提取出坡向和坡度数据。样地坐标与影像坐标均为高斯-克吕格投影坐标 (CGCS2000_3_Degree_GK_Zone_34), 然后利用 ArcGIS 10.7 中的"多值提取至点"功能, 完成各森林样地遥感变量及其气候因子统计值的提取, 提取的变量如表 4-5 所示。

表 4-5　变量名称

影像	变量名称
GF-2	单波段、NDVI (归一化植被指数)、EVI (增强植被指数)、GNDVI (绿色通道植被指数)、DVI (差分植被指数)、SAVI (土壤调节植被指数)、波段组合
Sentinel 2A	单波段、RVI (比值植被指数)、DVI (差分植被指数)、WDVI (加权差植被指数)、IPVI (红外植被指数)、PVI (垂直植被指数)、NDVI (归一化植被指数)、NDVI45 (4 波段和 5 波段的归一化植被指数)、GNDVI (绿色通道植被指数)、IRECI (倒红边叶绿素指数)、SAVI (土壤调节植被指数)、TSAVI (转化土壤调节植被指数)、MSAVI (改良土壤调节植被指数)、S2REP (Sentinel-2 红边位置植被指数)、PEIP (红边感染点指数)、ARVI (大气阻抗植被指数)、PSSRa (色素特异性简单比叶绿素指数)、MTCI (叶绿素指数)、MCARI (改良叶绿素吸收比指数)
Landsat 8 OLI	单波段、NDVI (归一化植被指数)、ND43 (3 波段和 4 波段的归一化植被指数)、ND67 (6 波段和 7 波段的归一化差值植被指数)、ND563 (3 波段和 5 波段、6 波段的归一化差值植被指数)、DVI (差分植被指数)、SAVI (土壤调节植被指数)、RVI (比值植被指数)、B (亮度植被指数)、G (绿度植被指数)、W (温度植被指数)、ARVI (大气阻抗植被指数)、MV17 (中红外温度植被指数)、MSAVI (改良土壤调节植被指数)、VIS234 (波段 2、3、4 线性组合)、ALBEDO (多波段线性组合)、SR (简单比值指数)、SAV12 (改良植被指数)、MSR (优化简单比植被指数)、KT1 (缨帽变换)、PC1-A (主成分变换)、PC1-B (主成分变换)、PC1-P (主成分变换)

影像	变量名称
GF-2/Sentinel 2A/ Landsat 8 OLI	纹理特征（3×3、5×5、7×7、9×9 窗口）
DEM	海拔、坡度、坡向
环境因子	年均降水、年均气温
林分因子	森林类型、优势树种

（4）特征变量的选择

最终，在 R 语言中调用 Boruta 程序包，将原始特征与阴影特征聚合为特征矩阵进行训练，然后以阴影特征的特征重要性分数为参考分，根据重要性得分给特征变量排序，对各特征变量进行筛选。

（5）模型构建与评价

将样地单位面积森林生物量与相应的特征变量，利用 R 语言的 caret 包实现随机森林模型、支持向量机（SVM）、决策树（DT）、梯度提升机（GBM）模型的构建。堆叠集成算法模型的构建，并用 caretEnsemble 包实现对模型的 Stacking 集成。采用 K 折交叉验证对模型进行检验评价，K 取 10。采用决定系数（R^2）和均方根误差（RMSE）对模型进行评价。

$$R^2 = 1 - \frac{\sum_{i=1}^{n}(y_i - \hat{y}_i)^2}{\sum_{i=1}^{n}(y_i - \overline{y}_i)^2}$$

$$\text{RMSE} = \sqrt{\frac{\sum_{i=1}^{n}(\hat{y}_i - y_i)^2}{n}}$$

式中，n 为观测个数；y_i 为实测值；$\hat{y}_i$ 为估测值。

（6）森林生物量反演估算

以森林资源二类调查数据小班面为单位提取遥感变量值，基于所构建模型进行反演估算并完成制图。

4.2.7　森林生物量碳汇估算

森林生物量和生产力受优势种、林龄、气候等多重因素及其相互作用的影响，要准确计算区域尺度森林生物量和生产力比较困难。我国森林资源清查体系已有 40 多年的历史，在此期间积累了大量丰富的以省为总体的森林资源清查数据，中国由于有大量固定的森林资源清查数据，通过建立蓄积量-生物量两者的相互关系来推算生物量成为一种合理可行的方法（方精云等，1996）。

区域尺度生物量的估算主要采用换算因子连续函数法（Fang et al., 2001），已被证明可以实现由样地实测到区域估算的尺度转换，且精度相对较高。生物量换算因子连续函数法为单一不变的生物量平均换算因子转为关于蓄积量的函数关系，可估算大尺度森林生物量，是目前估算区域尺度或国家尺度的森林生物量最常用的方法之一。采用通过王斌（2009）和罗天祥（1996）收集整理的全国 1266 个样地资料建立的蓄积量与生物量之间的双曲线函数关系，估算中国林分生物量和生物量增量（表 4-6）。

$$B = \frac{V}{a + bV}$$

式中，B 为单位面积生物量（10^6 g·hm^{-2}）；V 为单位面积蓄积量（$\text{m}^3\text{·hm}^{-2}$）；$a$、$b$ 为对应林分类型常数。

$$\text{ABI} = \frac{B}{cA + dB}$$

式中，ABI 是生物量增量（$10^6 \text{ g·hm}^{-2}\text{·a}^{-1}$）；$A$ 和 B 是林分年龄和林分生物量（10^6 g·hm^{-2}）；c 和 d 是特定森林类型的常数。

4.2.8　森林土壤碳密度模型制图

目前，国内外土壤有机碳储量的估算方法有生命地带类型法、森林类型法、土种法、气候参数法、碳拟合法、模型法、相关关系估算法、统计估算法、土壤类型法等。其中，相关关系估算法是通过分析土壤有机碳蓄积量与采样点的各种环境变量、气候变量和土壤属性之间的相关关系，建立一定的数学统计关系，从而实现在有限数据基础上计算土壤有机碳蓄积量的目的，具有准确、方便和简单等优点（徐明等，2017）。现有文献中与土壤有机碳含量建立相关关系的主要因子有降水、温度、土壤厚度、土壤质地、海拔高度和容重等。然而它们的相关关系并非普遍适用于不同的地方，主要控制因素是不同的，各种相关性表现不一，因此文献中确定的统计关系需要得到检验和验证才能进行应用。

1. 调查方法及样品采集

采用土钻法调查林地土壤有机碳，紧密结合森林资源连续清查样地布设，找到样地西南角后详细记录样地基本情况因子。由样地西南角开始测设样地四角点（4 个点）、样地边界中心点（4 点）、样地中心点（1 个点）共计 9 个取样点，按照土壤层次 0～20 cm、20～40 cm、40～60 cm、60～100 cm 分四层土壤分别取样。除去石块、杂草等杂物，依次称各调查样点各层次土壤净重，然后将各调查样地分不同层次充分混匀后取 500 g 样品放入布袋中带回用于有机碳含量测定，取 100 g 样品用于测定土壤含水量和校正石砾含量（四层土壤样品分别装入）。

表 4-6　不同森林类型生物量与蓄积量之间的函数关系

林分类型	N	生物量与蓄积量关系	R	生物量与群落生长量关系	R	n	生物量与年调落量关系	R
柏木林	10	$B=V/(1.0202+0.0022V)$	0.9605[a]	$ABI=B/(0.1132A+0.0745B)$	0.9018[a]	10	$L=B/(9.8381+0.1337B)$	0.7508[b]
落叶松林	39	$B=V/(1.1111+0.0016V)$	0.9571[a]	$ABI=B/(0.1885A+0.0728B)$	0.7980[a]	39	$L=B/(16.734+0.0577B)$	0.9267[a]
华山松林	43	$B=V/(1.2390+0.0013V)$	0.9546[a]	$ABI=B/(0.3080A+0.0138B)$	0.9475[a]	43	$L=B/(7.5272+0.1102B)$	0.7469[a]
马尾松林	46	$B=V/(1.4254+0.0004V)$	0.9587[a]	$ABI=B/(0.4046A+0.0098B)$	0.9674[a]	46	$L=B/(15.451+0.0225B)$	0.9319[a]
其他暖性松林	41	$B=V/(1.3624-0.0003V)$	0.9951[a]	$ABI=B/(0.2423A+0.0581B)$	0.9475[a]	41	$L=B/(18.905+0.0422B)$	0.9847[a]
油松林	147	$B=V/(1.0529+0.0020V)$	0.9679[a]	$ABI=B/(0.3520A+0.0161B)$	0.9760[a]	147	$L=B/(11.177+0.1501B)$	0.8689[a]
樟子松林	7	$B=V/(1.2544+0.0030V)$	0.9129[b]	$ABI=B/(0.1405A+0.1203B)$	0.9740[a]	7	$L=4.20\pm0.3538$	
杉木林	70	$B=V/(1.2917+0.0022V)$	0.9541[a]	$ABI=B/(0.4598A+0.0069B)$	0.9691[a]	48	$L=B/(10.132+0.0874B)$	0.7783[a]
						22	$L=B/(8.7239+0.0418B)$[d]	0.9618[a]
云冷杉林	154	$B=V/(1.3667+0.0012V)$	0.9228[a]	$ABI=B/(0.2267A+0.0526B)$	0.8482[a]	35	$L=B/(27.204+0.0812B)$	0.9580[a]
						119	$L=3.34\pm0.9277$[c]	
针阔混交林	13	$B=V/(1.1731+0.0018V)$	0.9686[a]	$ABI=B/(0.1038A+0.0761B)$	0.9087[a]	13	$L=3.46\pm0.9597$	
落叶阔叶林	59	$B=V/(0.6539+0.0038V)$	0.9335[a]	$ABI=B/(0.2393A+0.0495B)$	0.9565[a]	59	$L=B/(18.246+0.0366B)$	0.8627[a]
常绿阔叶林	222	$B=V/(0.7883+0.0026V)$	0.8567[a]	$ABI=B/(0.2503A+0.0226B)$	0.8885[a]	222	$L=B/(20.507+0.0383B)$	0.9104[a]
阔叶混交林	13	$B=V/(0.5788+0.0020V)$	0.9201[a]	$ABI=B/(0.3018A+0.0331B)$	0.8219[a]	13	$L=B/(9.1028+0.0575B)$	0.8746[a]
高山栎林	8	$B=V/(0.7823+0.0014V)$	0.9111[b]	$ABI=B/(0.2989A+0.0117B)$	0.9469[b]	8	$L=B/(34.845+0.0283B)$	0.9003[b]
杨桦林	119	$B=V/(0.8115+0.0019V)$	0.9501[a]	$ABI=B/(0.3080A+0.0138B)$	0.9429[a]	119	$L=B/(16.722+0.0324B)$	0.9236[a]
热带林	8	$B=V/(0.6809+0.0006V)$	0.9972[a]	$ABI=B/(0.1797A+0.0344B)$	0.6499[c]	8	$L=B/(8.0976+0.0540B)$	0.8118[b]

注：N 表示各林分类型生物量和群落生长量的样本量；n 表示各林分类型年调落量的样本量；R 表示相关系数；a 表示 $p<0.001$；b 表示 $p<0.05$；c 表示 $p<0.1$；d 表示仅适用于贵州省；e 表示仅适用于中国的西南部；L 表示年调落量。

2. 室内分析测定

首先剔除土壤以外的侵入体（如植物残根、昆虫尸体和砖头石块等）和新生体（如铁锰结核和石灰结核等），尽快风干，风干土样用木棍压碎后先过 10 目（2 cm 筛孔），再以四分法取适量样品磨细过 60 目（0.2 cm 筛孔）或 100 目（0.15 cm 筛孔）。

土壤质地的测定：使用激光粒度分析仪 Mastersizer 2000（0.2～2000 μm）测定 2 cm 以下土壤颗粒组成，根据颗粒组成结合中国土壤颗粒成分分级标准定义土壤质地名称。

pH 测定：水溶液浸提-电位法（参照 LY/T 1239—1999）水土比 2.5∶1，与中国生态系统研究网络要求的水土比一致，因为不同的水土比会影响到测定结果，也可以按送检单位要求测定。

土壤有机碳的测定：土壤有机碳采用稀盐酸去除无机碳后，用 C/N 元素分析仪（德国元素公司的 Vario MAX）使用直接燃烧法测定。

3. 数据整理与模型建立

根据不同森林类型生物量回归模型及含碳率参数计算得到样地地上碳密度，建立土壤有机碳密度与样地地上碳密度、相关气象因子、空间信息的回归模型。并利用地统计的方法将残差值进行空间地统计的分析，利用克里金（Kriging）插值对残差进行修正。

残差表示回归模型不能解释的部分利用地统计分析残差是否具有空间自相关，克里金插值是一种空间局部估计的方法，建立在变异函数理论及结构分析的基础之上，在有限区域内对区域化变量取值，进行无偏最优估计，通过空间的相关性对残差进行修正从而改进模型。

（1）生物量回归模型

森林以样木、样地生物量调查资料为基础，结合森林资源连续清查样地调查因子，通过不同回归模型的比选分别建立：

①不同优势树种乔木胸径、树高和交互因子项（D^2H）与空间位置信息的单株立木树高模型组；

②实测生物量样木胸径、树高和交互因子项与生物量回归模型组。

（2）植物含碳率参数

在实验室内利用燃烧法（碳氮分析仪 Vario MAX）分析测定不同植物不同器官的含碳率，建立不同优势乔木树种叶和凋落物含碳率和含氮率库。

（3）土壤有机碳密度模型

采用回归模型估计法，根据野外样方土壤剖面各层土重和土壤含碳率计算得到样地中样地土壤碳密度，建立土壤有机碳密度与样地地上碳密度、相关气象因子、空间信息的回归模型。

①相关性分析：先将采样测得的土壤有机碳含量与气候、地形等因子进行相关性排序，以求更好地模拟土壤有机碳的空间分布特点，选择跟土壤有机碳相关性大的因子进行模型的建立；

②建立回归模型：选取多因子采用"逐步回归"的方法得到最优回归模型；

③模型验证：利用森林土壤碳密度，计算对应森林样地调查的地下碳库作为调试模型的基础数据。在此基础上进行模型的调试和验证，使模型的生长能够和实测生长相一致。

4.2.9　森林生态系统土壤碳汇估算

由于土壤系统关键碳过程及其稳定性变化的认识不足，目前森林固碳评价结果存在很大的不确定性，在估算上仍存在一些问题。由于方法、时间和空间尺度的差异结果难以比较，因此迫切需要基于可比和一致的方法加强大规模的土壤固碳研究。

方精云等基于国家森林资源清查首次对中国植被碳汇进行了科学评价（Fang et al.，2001）。在此基础上进一步系统研究森林土壤碳汇可以更准确估算中国森林碳汇（Wang et al.，2022），基于样本样地、文献和国家森林资源清查的数据以及不同森林类型的体积、生物量、年凋落量和土壤呼吸之间的函数关系，基于碳平衡原理评价中国森林土壤固碳。

根据森林生态系统碳平衡原理（于贵瑞，2003）：$NBP = NEP - NR = \Delta C_{biomass} + \Delta C_{soil}$，其中 NEP 代表一个生态系统碳的净增减等于净初级生产量（NPP）减去通过异养呼吸（R_h）损失的碳，NR 表示光合作用产生的非呼吸代谢消耗，NBP 表示一个地区植被和土壤碳的净增减，等于 NEP 减去 NR。$\Delta C_{biomass}$ 代表现有森林植被生物量的增量，可根据国家森林资源清查数据计算（Fang et al.，2001）；ΔC_{soil} 代表土壤固碳量，如果 $\Delta C_{biomass}$ 和 NR 的值小于 NEP，则土壤为碳汇，否则为碳源。因此，在中国森林的土壤固碳量难以直接估算的情况下，可以考虑在正确估算 NEP、$\Delta C_{biomass}$ 和 NR 的基础上，根据碳平衡原则进行间接估算（$\Delta C_{soil} = NEP - NR - \Delta C_{biomass}$）。

1. 净初级生产和净生态系统生产的估算

基于中国 98 个主要森林类型和树种的 1285 个异速生长方程、4622 个常规清查地块和 793 个代表中国广泛森林类型和样地条件的额外参考样地，罗天祥（1996）利用现有的林分胸径和树高信息计算了每个地块的树茎、树枝、树叶和根的生物量和净生产力。通过计算同一林区不同样地的平均值获得了 1266 个样地，并利用它们来评估中国主要森林类型的 NPP 分布模式。

在罗天祥的工作基础上，王斌等（2009）建立了不同森林类型的体积、生物量、群落生长量和年凋落量之间的关系，估计了中国森林的 NPP 和 NEP。在这里NPP 是通过群落生长量和年凋落量之和来估计的，森林生物量和生物量增量的估算参考 4.2.7 节。

$$L = \frac{1}{e/B + f}$$

其中，L 是年凋落量（$10^6 \, \mathrm{g \cdot hm^{-2} \cdot a^{-1}}$）；$B$ 是生物量（$10^6 \, \mathrm{g \cdot hm^{-2}}$）；$e$ 和 f 是特定森林类型的常数（表 4-6）。

使用年落叶量来估计中国不同森林类型的土壤呼吸量。根据以往的研究中年凋落量、土壤呼吸（R_s）和异养呼吸（R_h）之间的关系，可以估算出不同地区的森林的 NEP（NEP = NPP–R_h）。

成熟的森林（45 年的年龄）：

$$R_s = 287 + 2.80 \times L \qquad (R^2 = 0.62, \quad P < 0.01)$$

年轻的森林（＜45 岁）：

$$R_s = 139 + 4.16 \times L \qquad (R^2 = 0.81, \quad P < 0.01)$$

R_h 和 R_s 之间的关系：

$$\ln(R_h) = 1.22 + 0.73\ln(R_s) \qquad (R^2 = 0.81, \quad P < 0.001)$$

其中，R_s 为土壤呼吸（$\mathrm{g \, C \cdot m^{-2} \cdot a^{-1}}$）；$R_h$ 为异养呼吸（$\mathrm{g \, C \cdot m^{-2} \cdot a^{-1}}$）；$L$ 为年凋落量（$\mathrm{g \, C \cdot m^{-2} \cdot a^{-1}}$）。

2. 非呼吸代谢消耗（NR）估算

NR 主要是指自然和人类干扰造成的碳损失，如收割、火灾、动物觅食、植物病虫害、森林产品等（Fang et al.，2001）。森林产品主要储存在经济林中（不属于"林分"类别），此处不考虑这些产品；动物觅食、植物病虫害造成的碳损失相对较小，难以估计；因此这里只考虑了收割和火灾造成的碳损耗。

森林采伐造成的碳损失可以根据单位面积生物量和体积的比率（B/V）以及年平均采伐量来估计，不同地区的 B/V 可以根据第 7 次国家森林资源清查数据进行计算，年平均收割可以从《中国林业统计年鉴》中获得。森林火灾造成的碳损失可以根据不同地区的森林碳密度、火灾燃烧效率和森林火灾面积来计算（见附表 4-2～4-6）。

3. 生物量增量（$\Delta C_{biomass}$）和土壤碳汇能力估算

使用体积–生物量法、森林存量数据和表 4-6 中列出的参数，计算不同地区每种森林类型的森林生物量，根据两次森林样方调查估算年生物量增量。

$$\Delta C_{biomass} = \sum_{i=1}^{n}(CD_{bi} \times A_{bi} - CD_{ai} \times A_{ai})/5$$

式中，$\Delta C_{\text{biomass}}$ 是现有森林植被生物量的增量；CD_{bi} 是后一期次各地区（n）森林碳密度；A_{bi} 是后一期次各地区森林面积；CD_{ai} 是前一期次各地区（n）森林碳密度；A_{ai} 是后一期次各地区森林面积。

通过以上步骤分别计算 NEP、NR 和 $\Delta C_{\text{biomass}}$ 值，根据公式 $\Delta C_{\text{soil}} = \text{NEP} - \text{NR} - \Delta C_{\text{biomass}}$ 估算土壤的碳汇能力。

4.2.10 森林生物量碳汇潜力估算

1. 森林生物量计算

（1）根据地块实测获取生物量密度

$$\text{BEF} = a + \frac{b}{x}$$

$$D_{\text{biomass}} = \text{BEF} \times x$$

式中，x 为某类型某林龄组的蓄积量密度；D_{biomass} 为生物量密度；a、b 为某一森林类型的常数；BEF 为生物量换算因子。用该方法计算的生物量密度，即为该森林类型在该林龄组的平均生物量密度（徐冰等，2010）。

（2）利用遥感手段获取大范围地区森林生物量密度

参考 4.2.6 节获取森林生物量密度。

2. 确定生物量密度与林龄的关系

依据森林资源清查对不同森林类型林龄等级的划分标准（表 4-7），确定森林类型的林龄分段方法，以林龄段的中值代表该林龄组的平均林龄，利用 Logistic 生长方程来拟合各森林类型生物量（徐冰等，2010）。

$$D_{\text{biomass}} = \frac{w}{1 + ke^{-at}}$$

其中，D_{biomass} 为生物量密度；t 为林龄；w、k、a 为常数（表 4-8）。

表 4-7 各树种林龄等级的划分

森林类型	地区	起源	龄组划分/年				
			幼龄林	中龄林	近熟林	成熟林	过熟林
红松、云杉、柏木	北部	天然	≤60	61～100	101～120	121～160	≥161
	北部	人工	≤40	41～60	61～80	81～120	≥121
	南部	天然	≤40	41～60	61～80	81～120	≥121
	南部	人工	≤20	21～40	41～60	61～80	≥81

森林类型	地区	起源	龄组划分/年				
			幼龄林	中龄林	近熟林	成熟林	过熟林
落叶松、冷杉、樟子松	北部	天然	≤40	41～80	81～100	101～140	≥141
	北部	人工	≤20	21～30	31～40	41～60	≥61
	南部	天然	≤40	41～60	61～80	81～120	≥121
	南部	人工	≤20	21～30	31～40	41～60	≥61
油松、马尾松、云南松、思茅松、华山松	北部	天然	≤30	31～50	51～60	61～80	≥81
	南部	人工	≤20	21～30	31～40	41～60	≥61
	南部	天然	≤20	21～30	31～40	41～60	≥61
	南部	人工	≤10	11～20	21～30	31～50	≥51
杨、柳、桉、檫、楝	北部	人工	≤10	11～15	16～20	21～30	≥31
	南部	人工	≤5	6～10	11～15	16～25	≥26
桦、榆、木荷、枫香、珙	北部	天然	≤30	31～50	51～60	61～80	≥81
	北部	人工	≤20	21～30	31～40	41～60	≥61
	南部	天然	≤20	21～40	41～50	51～70	≥71
	南部	人工	≤10	11～20	21～30	31～50	≥51
栎、柞、槠、栲、樟、楠	南北部	天然	≤40	41～60	61～80	81～120	≥121
椴、水、胡、黄、硬阔	南北部	人工	≤20	21～40	41～50	51～70	≥71

表 4-8　生物量密度与林龄的 Logistic 曲线拟合参数

编号	优势树种	w	k	a	R^2
0	合计	201.19	6.7273	0.0617	0.988
1	红松	218.56	7.9541	0.0360	0.950
2	冷杉	357.50	4.3454	0.0211	0.920
3	云杉	274.47	5.7382	0.0295	0.983
4	铁杉	203.06	4.8039	0.0201	0.963
5	柏木	155.72	10.5681	0.0443	0.912
6	落叶松	130.20	2.6594	0.0696	0.981
7	樟子松	201.71	10.8787	0.1059	0.930
8	赤松	49.14	2.3436	0.0985	0.665
9	黑松	60.00	3.3600	0.0823	0.655
10	油松	87.98	12.2360	0.1144	0.977
11	华山松	91.06	3.2828	0.0678	0.873
12	油杉	67.22	0.6470	0.0238	0.765

编号	优势树种	w	k	a	R^2
13	马尾松	81.67	2.1735	0.0522	0.996
14	云南松	147.88	5.3342	0.0736	0.731
15	思茅松	95.71	2.0674	0.0878	0.832
16	高山松	162.21	3.6259	0.0578	0.966
17	杉木	69.61	2.4369	0.0963	0.963
18	柳杉	111.63	2.5125	0.1113	0.939
19	水杉	140.00	12.3200	0.2046	0.577
20	水曲柳、胡桃楸、黄柏	212.83	8.0670	0.0607	0.994
21	樟树	120.00	5.4000	0.0566	0.394
22	楠木	206.99	9.1857	0.0615	0.900
23	栎类	197.09	8.4907	0.0422	0.992
24	桦木	163.34	7.4789	0.0516	0.990
25	硬阔类	160.99	10.3130	0.0492	0.990
26	椴树类	266.71	7.8232	0.0586	0.957
27	檫木	210.00	24.9900	0.1708	0.878
28	桉树	89.87	7.1493	0.1432	0.898
29	木麻黄	156.02	6.4432	0.0698	0.804
30	杨树	70.76	1.4920	0.1434	0.934
31	桐类	110.42	4.0946	0.0505	0.876
32	软阔类	132.24	5.2755	0.1302	0956
33	杂木	199.15	20.7297	0.3534	0.975
34	针叶混	158.94	20.8042	0.1017	0.949
35	针阔混	290.96	8.5774	0.0560	0.993
36	阔叶混	237.57	12.2721	0.1677	0.980

3. 森林生物量碳库的预测

$$C_{\Delta t} = \sum_{i=1}^{n} \sum_{j=1}^{n} c \times A_{ij} \times B_{ij} = \sum_{i=1}^{n} \sum_{i=1}^{n} c \times A_{ij} \times \frac{w_i}{1 + k_i e^{-a_i(t_{ij} + \Delta t)}}$$

式中，$C_{\Delta t}$ 为现有森林在 Δt 年后的总碳库；i、j 分别为森林类型和林龄组的编号；c 为碳转换系数，取 0.5（徐冰等，2010；陈青青等，2012）；A_{ij} 为第 i 个森林类型第 j 个林龄组现有森林的面积（可从森林资源二类调查数据去推测）；

B_{ij} 为第 i 个森林类型第 j 个林龄组的生物量密度；w_i、k_i、a_i 为第 i 个森林类型生物量密度与林龄 Logistic 曲线的常数；t_{ij} 为第 i 个森林类型第 j 个林龄组目前的平均林龄（可从森林资源二类调查数据去推测）；Δt 为预测年距森林生物量密度获取时间跨度。

4.3　灌丛调查点

4.3.1　灌丛样地的调查指标

灌木调查数据主要包括样方编号、样方长、样方宽、物种中文名、物种学名、最大高度、平均高度、最大基径、平均基径、冠幅 a、冠幅 b、株丛数、盖度以及样地位置经纬度、坡向、坡度等，用于记录森林样方调查中灌木层调查数据和灌丛（无乔木层覆盖）样方调查数据。

4.3.2　灌丛样地的调查方法

1. 样地布设原则

样地布设过程中综合考虑以下四个原则：地带性（纬度地带性、垂直地带性）、代表性（灌丛类型、地域特点与人为干扰）、可操作性、与其他课题的衔接性。基于以上原则在设计过程中常采用分层随机抽样方法来布设样地。

2. 样地选择及设置

选择合适的位置开展灌丛生物量调查。在选择样地时应充分考虑反映各地区灌丛分布的现状，样地所在斑块至少要达到 1 hm²。因植被变化实地调查时部分计划样地可能难以找到，此时可选分布最广的灌丛类型作为调查区域的代表性灌丛。调查时应区分寒性、温性、暖性、热性灌丛类型的物候节律，选择适宜的 3 节进行调查。

（1）样地选择原则

在调查网格中选择适当的地点是样地调查的关键，在样地选择时应遵循以下原则：①群落内部的物种组成、群落结构和生境相对均匀；②群落面积足够使样地四周能够有 10 m 以上的缓冲；③除依赖于特定生境的群落外一般选择平（台）地或缓坡上相对均一的坡面，避免坡顶、沟谷或复杂地形。

（2）样地设置

样地位置选好后在有代表性的地段设置坡面面积为 5 m×5 m（灌木荒漠为

10 m×10 m）的样方，每个样地设置 3 个重复样方，重复样方边缘两两之间最小距离 5 m，最大距离不超过 50 m。

3. 灌丛生态系统样地调查与取样

（1）灌丛样地调查分类

灌丛在外貌上介于森林和草地之间，其结构复杂。为了对灌丛群落进行有针对性的调查，将所有的灌丛类型划分为三类。类型 A（森林型）：分枝明确、枝干可数。类型 B（草地型）：分枝不明确、枝干不可数。类型 C（荒漠型）：冠幅离散、完全贴近地面生长。对于上述不同类型的灌丛其群落及生物量调查方法有别。

（2）灌丛样品野外取样与前期处理

灌丛样品包括植物样品和土壤样品。植物样品主要包括植物地上、地下和凋落物部分。植物活体样品（地上、地下部分）需要分器官（根、茎秆、叶、当年生小枝、花果等）分别获取，在取样过程中茎秆和根系样品需根据不同大小级按比例获取。样品在采取后应装入布袋中尽快在恒温烘箱中烘干，一般直接在 65℃下使样品干燥至适于研磨或粉碎为止（一般为 24～48h）。如条件不允许可用简易吹风机吹风 10 h 后，尽快运回实验室；在有电力供应的条件下，可以利用微波炉杀青。一般在收集 1 m×1 m 的小样方的凋落物后，尽快风干，挑除杂质，再按粗大枝条、枝条、叶、皮、花果等进行归类，分别称重和取样。每个植物样品质量要求相当于干重约 100 g，总量不够 100 g 时全量取样。所有样品采集完成后填写调查卡片（见附表 5-1）。

（3）土壤调查

土壤样品包括土壤环刀样品和土壤土柱/土钻样品。所有土壤样品都按 0～10 cm、10～20 cm、20～30 cm、30～50 cm、50～70 cm、70～100 cm 深分层取样，土壤环刀样品取样后直接装入塑料自封袋称重风干，并及时运回实验室。土钻样品需分层混合均匀后取样，总量超过 100 g 时取相当于干重的 100 g。土柱样品要求相当于干重的 100 g，取样后直接装入塑料自封袋或布袋称重风干，并及时运回实验室。所有分层样品取样前需尽量挑除大的石砾、根系及其他杂质，注意混合过程中勿过度挤压使土壤过度破碎，而应轻轻沿土壤原有纹理分开以尽量保持土壤结构。

（4）灌木地上生物量调查

①类型 A。

由于该类型的灌丛其外貌与森林较为相似，因此其地上生物量的获取与森林树木生物量的获取方式类似，由标准株法获得。在样方外邻近样方的位置对优势种（在此处优势种是指从最优势开始排序累积基面积达到 90%的物种）按照不同等级的基茎选取 3～5 株标准株（丛），测量其基径、高度、枝下高和冠幅，并在收割后按器官分别称重并取样。

如同一省区该群系类型的样地数量较多，可适当减少其优势种标准株的采伐量，但每种的标准株数量不应少于 30 株。在标准株采伐过程中要兼顾不同大小的灌木，以形成梯度；如样地优势种在其他样地已经采集足够多的标准株，则该样地可不采伐标准株，但仍需采集优势种分器官的植物样品。除优势种采伐标准株外，应收集所有灌木物种的植物分器官样品，以研究植物营养元素含量。

②类型 B。

此类型群落与草地类型相似，因此其生物量调查可比照草地生物量获取的方式，其地上生物量由收获法获得。在每个样方中选取不小于 1 m×1 m 代表性样方收割其生物量，并将优势种分种、分器官称重，并取样带回实验室烘干称重。

③类型 C。

此类型生物量调查采用标准株法。在样方外邻近样方的位置对优势种（在此处优势种是指从最优势开始排序累积基面积达到 90%的物种）按照不同冠幅等级每个等级选取 3～5 株标准株（丛），测量其高度（平均高、最大高）和冠幅，并在收割后按器官分别称重取样。如同一省区该群系类型的样地数量较多，可适当减少其优势种标准株的采伐量，但每种的标准株数量不应少于 30 株。在标准株采伐过程中要兼顾不同冠幅大小的灌木，以形成梯度；如样地优势种在其他样地已经采集足够多的标准株，则该样地可不采伐标准株，但仍需采集优势种分器官的植物样品。除优势种采伐标准株外，应收集所有灌木物种的植物分器官样品，以研究植物营养元素含量。

④草本层。

对于所有类型的草本层，其生物量获取的方式一致。在每个样方中对其中 1 m×1 m 的小样方进行收获，并对优势种进行分种称重并采样带回实验室烘干测干重。对于高寒灌丛，其草本层生物量极低，且分布均匀的草本层生物量的收获面积可适当减小到 0.5 m×0.5 m。

（5）灌木层地下生物量调查

①类型 A。

灌木层地下生物量主要通过地上、地下生物量之间的相关生长计算。利用标准株（丛）的收割量建立地上、地下生物量之间的关系，以此推算地下生物量。收获时根系尽量收集完整并记录各标准株的根深和根长；如根系过深（超过 2 m）则采 2 m 深，并估算剩余根系生物量后进行校正。根系挖出后清除所有非根系物质，称重并取样装入布袋中保存，带回实验室烘干称重，以构建地上生物量与地下生物量之间的关系。

②类型 B。

此类型群落的灌木层地下生物量由收获法获得。在上述地上生物量的收割样方 1 m×1 m 中挖取同一范围内的所有根系,将优势种的根系与其他种的根系进行区分称重,并取样带回实验室烘干称重。

③草本层。

在草本层地上生物量收获的小样方（1 m×1 m）中对其草本植物根系进行收获称重,并取样装入布袋称其干重。

4.3.3 灌丛生态系统碳密度计算

1. 灌木层碳密度计算

灌丛上生物量的调查主要通过标准法获得,因此其地上生物量可以通过标准株法计算或采用附表 4-7 中国灌木异速生长方程计算。灌木层生物量的计算步骤如下。

①利用样方外邻近样方处所采标准株（丛）的基径与株高（或者其他生长因子最终计算方法,将通过分析各生长因子与生物量［Biomass,B（kg）］之间的关系来选择最优方案）与收割干重生物量之间建立关系。

$$B = a_i(D^2 \times H)$$

②对样方内所调查物种 i 植株 j 的体积进行计算:

$$V = D_{ij} \times H_{ij}$$

式中,D_{ij}、H_{ij} 分别为物种 i 植株 j 的基径和株高。

③利用公式 $B = a_i(D^2 \times H)$ 所获取的关系计算物种 i 植株 j 的生物量为

$$AGB_{ij} = a_{ij} \times (D_{ij}^2 \times H_{ij})$$

④样方内物种 i 的地上生物量为该物种所有植株（$j = 1, \cdots, n$）的生物量之和:

$$AGB_i = \sum AGB_{ij} = \sum [a_i \times (D_{ij}^2 \times H_{ij})]$$

⑤样方灌木层的地上生物量为不同物种（$i = 1, \cdots, n$）地上生物量之和:

$$AGB_s = \sum AGB_i = \sum \sum AGB_{ij} = \sum \sum [a_i \times (D_{ij}^2 \times H_{ij})]$$

2. 土壤有机碳密度

样方的土壤有机碳密度（单位面积的土壤有机碳含量）可以由以下两种方法获得。

①对于实际深度的土壤剖面以累加法计算土壤有机碳密度,土壤剖面有机碳

密度的计算模型如下：

$$SOCD = (1 - \theta_i) \times \beta_i \times C_i \times T_i / 100$$

其中，SOCD 为土壤剖面有机碳密度（kg·m^{-2}）；θ_i 为第 i 层砾石含量（体积%）；β_i 为第 i 层土壤容重（g·cm^{-3}）；C_i 为第 i 层土壤有机碳含量（g·kg^{-1}）；T_i 为第 i 层土层厚度（cm）。

②通过积分法将土壤有机碳密度统一到 1 m 深度时的土壤有机碳含量。具体步骤为：先在分层土壤有机碳含量与土壤深度之间建立函数关系，然后将该函数在 0～1 m 积分获得 1 m 深度土壤在单位面积的有机碳密度。

4.3.4　碳储量评估方法

碳储量的计算主要是将基于样地所测定的碳密度通过尺度推演到区域尺度，进而计算各种生态系统的区域碳库。

1. 累加法

以群系（面积较小的群系合并到物种组成相似的群系中）为基础，依据 1∶100 万中国植被图进行计算。

生态系统碳库（C，kg）为

$$C = \sum C_{\text{plot}_i} \times A_i$$

生物量碳库（biomass carbon pool，BC，kg）为

$$BC = CD_i \times A_i$$

土壤有机碳库（SOC，kg）为

$$SOC = CD_{SOC_i} \times A_i$$

上述式中，C_{plot_i} 为各群系的样地碳密度；CD_i 为生物量碳密度；CD_{SOC_i} 为土壤有机碳密度；A_i 为植被或土壤分布面积。

草本层地上、地下生物量均由收获法获得。因此草本层地上、地下生物量为其收获量干重 AGB_g。

在计算过程中由于群系类型的分布面积以及各种类型的详细分布位置难以确定，可通过以下方式来计算不同类型的面积：①将群系合并到群系组属同一群系组的各地平均碳密度作为同一群系组的平均碳密度；②利用调查所获得的样方资料获得灌丛植被-环境（气候、土壤）关系；③利用遥感课题所提供的灌丛空间分布结果与气候-土壤空间分布图，以及现有的中国植被图（1∶100 万），并尽量收

集各地大比例尺植被图，结合野外调查的植被-环境（气候、土壤）关系确定基于群系组层次的灌丛分布图，并以此为基础获得各群系组的面积与分布位置；④依据上述公式分别计算灌丛植被和土壤碳库。

2. 遥感推算法

建立各部分（地上地下、生物量密度-土壤碳密度等）之间的相关生长关系。通过 MODIS-EVI 建立 EVI 与地上生物量之间的关系，并进一步建立 EVI 与地下生物量土壤碳密度之间的关系，或利用模型估算地上生物量，提取灌丛分布区域，计算中国灌丛的碳库。

4.4 草地调查点

4.4.1 调查点布设

1. 草地类型划分

按照《中国草地类型的划分标准和中国草地类型分类系统》，全国天然草地草原类型依据热量带和水分状况划分为 18 大类：温性草甸草原类、温性草原类、温性荒漠草原类、高寒草甸草原类、高寒草原类、高寒荒漠草原类、温性草原化荒漠类、温性荒漠类、高寒荒漠类、暖性草丛类、暖性灌草丛类、热性草丛类、热性灌草丛类、干热稀树灌草丛类、低地草甸类、山地草甸类、高寒草甸类、沼泽类（表 4-9）。参照全国草调的样地布设方法，选取调查区典型草地样地在草长盛期开展调查。调查可尽量选择全国草调样地，利用草调数据，对于不在草调样地的调查点则需补全相关数据。

表 4-9　中国草地类型分类系统及定义

序号	草原类型	定义
1	温性草甸草原类	发育于温带，湿润度（伊万诺夫湿润度，下同）0.6～1.0，年降水量 400～500 mm 的半湿润地区，由多年生中旱生草本植物为主，并有较多旱中生植物参与组成的草地类型。
2	温性草原类	发育于温带，湿润度 0.3～0.6、年降水量 250～400 mm 的半干旱地区，由多年生旱生草本植物为主组成的草地类型。
3	温性荒漠草原类	发育于温带，湿润度 0.13～0.3、年降水量 150～250 mm 的干旱地区，以多年生旱生丛生小禾草原成分为主，并有一定数量旱生和强旱生小半灌木、半灌木荒漠成分参与组成的草地类型。
4	高寒草甸草原类	发育于高山（或高原）亚寒带、寒带，湿润度 0.6～1.0、年降水量 300～400 mm 的寒冷半湿润地区，由耐寒的多年生旱中生或中旱生草本植物为主组成的草地类型。

续表

序号	草原类型	定义
5	高寒草原类	发育于高山(或高原)亚寒带和寒带,湿润度 0.3～0.6、年降水量 250～400 mm 的半干旱地区,由多年生旱生草本植物为主组成的草地类型。
6	高寒荒漠草原类	发育于高山(或高原)亚寒带和寒带,湿润度 0.13～0.3、年降水量 100～200 mm 的寒冷干旱地区,由强旱生、丛生小禾草为主,并有强旱生小半灌木参与组成的草地类型。
7	温性草原化荒漠类	发育于温带,湿润度 0.1～0.13、年降水量 100～150 mm 的强干旱地区,以强旱生半灌木和灌木荒漠成分为主,又有一定旱生草本或半灌木草原成分参与组成的草地类型。
8	温性荒漠类	发育于温带,湿润度小于 0.1、年降水量小于 100 mm 的极干旱地区,由超旱生灌木和半灌木为优势种,一年生植物较发育的草地类型。
9	高寒荒漠类	发育于高山(或高原)亚寒带和寒带,湿润度小于 0.1、年降水量小于 100 mm 的极干旱地区,由超旱生灌木和半灌木为优势种,一年生植物较发育的草地类型。
10	暖性草丛类	发育于暖温带(或山地暖温带),湿润度大于 1.0、年降水量大于 600 mm 的森林区,森林破坏后由次生喜暖的多年生中生或旱中生草本植物为优势种,其间散生有少量阳性乔、灌木植被基本稳定的草地类型,其乔、灌木郁闭度之和小于 0.1。
11	暖性灌草丛类	发育于暖温带(或山地暖温带),湿润度大于 1.0、年降水量大于 600 mm 的森林区,森林破坏后以次生喜暖的多年生中生或旱中生草本为主,并保留有一定数量原有植被中的乔、灌木植被,相对稳定的草地类型,其灌木郁闭度为 0.1～0.4 或乔、灌木郁闭度之和为 0.1～0.3。
12	热性草丛类	发育于亚热带、热带,湿润度大于 1.0、年降水量大于 700 mm 的森林区,森林破坏后由次生热性多年生中生或旱中生草本植物为优势种,其间散生少量阳性乔、灌木植被,基本稳定的草地类型,其乔、灌木郁闭度之和小于 0.1。
13	热性灌草丛类	发育于亚热带和热带,湿润度大于 1.0、年降水量大于 700 mm 的森林区,森林破坏后以次生热性多年生中生或旱中生草本为主,并保留有一定数量原有植被中的乔、灌木植被,相对稳定的草地类型,其灌木郁闭度为 0.1～0.4 或乔、灌木郁闭度之和为 0.1～0.3。
14	干热稀树灌草丛类	发育于干燥的热带和极端干热的亚热带河谷底部,年降水量大于 700 mm,雨季湿润度大于 1.0,旱季少雨,干燥森林破坏后次生为旱中生、多年生草本植物为优势种,其间散生少量阳性乔、灌木,其乔、灌木郁闭度之和小于 0.4,植被很稳定的草地类型。
15	低地草甸类	发育于温带、亚热带、热带的河漫滩、海岸滩涂、湖盆边缘、丘间低地、谷地、冲积扇前缘等地形部位,地下水位小于 0.5 m、排水不良或有短期积水,主要受地表径流或地下水影响而形成的隐域性草地,以多年生湿中生或中生草本为优势种组成的草地类型。
16	山地草甸类	发育于山地温带,湿润度大于 1.0、年降水量大于 500 mm 的森林区域,林间、林缘或山地草原垂直带之上或森林植被破坏后次生的以多年生中生草本植物为优势种组成的草地类型。
17	高寒草甸类	发育于高山(或高原)亚寒带、寒带,湿润度大于 1.0、年降水量大于 400 mm 的寒冷湿润地区,以耐寒、多年生中生草本植物为优势种,或有中生高寒灌丛参与组成的草地类型。
18	沼泽类	发育于排水不良的平原洼地、山间谷地、河流源头、湖泊边缘等地形部位,在季节性积水或常年积水的条件下,形成以多年生湿生或沼生植物为优势种的隐域性草地类型。

2. 调查点布设原则

选择全国草调样地，在草长盛期开展野外调查工作。草地调查点根据调查区实际情况综合考虑区域特点，控制典型草地类型，按比例设置草丛、灌草丛、高大灌草丛及涉草地调查点。

4.4.2　调查因子

（1）植被因子

包括草本植物和灌木的调查，其中草地类型、主要草种、株丛数、丛径、高度、盖度、多样性等指标以草调数据为准，现场调查地上生物量、凋落物和地下生物量。

（2）土壤调查

现场调查土壤类型、温度、湿度、容重；取样测试分析土壤pH、总碳、有机碳、全氮、机械组成等理化指标。

（3）人为活动因子调查

调查当地放牧状况等。

（4）环境因子调查

实际空间位置（经纬度、海拔、行政区划、地名）、地形（坡度、坡位、海拔、坡向）、地貌、降水（年、月、日平均降水与总降水）、气温（年、月平均温度，最低与最高温度，积温）、全年光照时间、湿度（月平均、年平均）等。数据以草调及资料收集数据为主。

4.4.3　现场调查

1. 样地样方设置

样方是能够代表样地信息特征的基本调查单元，样方调查监测评价数据是建立遥感模型、计算草原生物量（产草量）和草原植被覆盖度的重要参数。样方应设置在样地范围内，应能充分反映和代表监测区域内草原的真实情况，样方通常随机布设在样地内，应尽量具有代表性，要远离样地边界、道路、分布面积少的不均匀区域、小范围其他土地类型，通常应远离100 m以上。

（1）样方设置要求

①在样地内随机选择第一个样方，然后按照一定方向、距离依次安排第二个、第三个等其他样方。样方之间间隔在北方地区不少于 200 m，在南方地区不少于100 m，面积较小而间距无法满足条件的样地可根据样地大小来设置样方。

②如遇河流、围栏等障碍，可选择周围邻近地段草原类型相同、生境条件基本一致、具有与原定样方相似代表性的地点进行调查监测。

③为获得最接近真实的生物量，尽量在调查样地内分布面积最大、相对均匀的地段设置样方。

（2）样方种类、大小和数量

根据样地植被状况，将样方划分为三种类型，分别采取不同的调查监测方法。

①草本及矮灌木样方。

植被特征：样地内只有草本、矮灌木植物。一般草本为 80 cm 以下、矮灌木为 50 cm 以下且不形成大株丛。

样方大小：一般设为 1 m×1 m，若样地植被分布呈斑块状或者较为稀疏，应将样方扩大到 1 m×2 m 或 2 m×2 m。

设置数量：一般一个样地设置 3～5 个，样方植被分布均匀的样地设置 3 个样方，植被分布不均匀的样地设置 4～5 个样方。

②高大草本及灌木样方。

植被特征：样地内具有高大草本植物及灌木，通常形成株丛，有坚硬而家畜不能直接采食的枝条，且数量较多。高大草本植物的高度一般为 80 cm 及以上，或灌木高度一般为 50 cm 及以上。

样方大小：高大草本及灌木样方大小一般设为 10 m×10 m 或 5 m×20 m。

设置数量：一个样地内通常设置 1 个样方。

③特殊草灌样方。

植被特征：样地内高大草本植物物种单一、分布均匀，矮灌木成株丛分布。高大草本植物平均高度超过 80 cm 或矮灌木平均高度低于 50 cm。

样方大小：高大草本样方大小可设为 2 m×2 m，矮灌木样方大小可设为 10 m×10 m 或 5 m×20 m。

设置数量：一个样地内高大草本样方数量为 3～5 个；矮灌木样方通常设置 1 个。

如遇其他特殊情况可根据实际调整测定方法，但要进行详细说明。

2. 测定指标和方法

（1）工具

样方框（1 m×1 m）、整理箱、钢卷尺、剪刀、不同大小封口袋、不同大小信封、塑料袋、记号笔、铅笔、样方群落调查表、秤、烘箱。

（2）总盖度的测定

草地总盖度的测定使用目测法。

（3）植物物种名称

为方便外业操作，可以先使用植物的中文名、地方名来分别记载样方内中文名称，回室内再补充拉丁文名称。

（4）群落高度和物种平均高度测定

群落高度：使用钢卷尺测定样方内植物自然状态下最高点与地面的垂直高度，以 cm 表示。物种平均高度：每一物种随机选取 5 个株（丛），使用钢卷尺测量植物自然状态下最高点与地面的垂直高度，以 cm 表示。将数据填入调查卡片（见附表 5-2）中。

（5）物种株（丛）冠幅的测定

在每一个样方内，每一物种随机选取 5 个株（丛），分别测量株（丛）的长度、宽度和高度，使用钢卷尺实测，以 cm 表示。将数据填入调查卡片中。

（6）株（丛）数的测定

在每一个样方内，数出每一物种的株（丛）数目，对于有明显差异的需区分相对大小株（丛）测定并将数据填入调查卡片中。

（7）分种活体生物量的测定

样方内地面以上的所有绿色部分植物分物种齐地面剪下后，按样方编号和物种分类分别装进信封袋做好标记。在 65℃烘干至恒重后称干重，并将干重数据填入调查卡片中，数据记录时保留小数点后两位。对不能识别的植物种类应采集标本，注明标本采集号以备鉴定和查对。

（8）分种样方照片和优势植物种照片

对分种样方进行拍照，该照片的命名与样方命名一致。在每个样地选择 3～5 个优势种进行拍照，分别命名为"样地名＋植物种中文名"。

3. 生物量调查

（1）地上当年生生物量

①草甸、草丛样地。

在样地内针对选择的 3 个能够代表整个样地草原植被、地形及土壤等特征的 1 m×1 m 样方，齐地割剪（1/2 或 1/4）地上生物量（编号：草调样地编号＋DS），剥离枯落物，现场称鲜重并填写调查卡片（见附表 5-2），取样返回室内于 65℃烘干至恒重后称干重，数据精确至小数点后两位。并送化验室测试总碳、全氮含量，结果记录至调查卡片。

②灌草丛样地。

区分灌草丛样地和高大灌草丛样地，其中灌草丛样地调查方法同草丛样地（编号：草调样地编号＋灌草 DS）。

③高大灌草丛样地。

对于主要植物为高度 80 cm 及以上的高大草本，或 50 cm 及以上灌木的高大灌草丛样地，在样地典型位置设置 10 m×10 m（或 5 m×20 m）样方，针对样方内主要高大灌木调查株丛数、丛径和当年生生物量。其中，株丛数区分物种进行调查，株丛大小有明显差异时，需区分大小株丛分别调查；丛径的调查选择典型株丛测量冠幅直径，株丛大小有明显差异时，需区分大小株丛分别调查，丛径数据结果取两组垂直方向冠幅直径的平均值（精确至小数点后两位）；割剪相应大株丛和小株丛当年生枝条（编号：草调样地编号 + 灌木名 DNS），现场称鲜重后，带回室内于 65℃烘干至恒重后测干重，数据精确至小数点后两位；干样送化验室测试总碳、全氮含量。所有数据结果记录至调查卡片（见附表 5-2）。

在 100 m² 高大草灌样方内，当存在草本（包括高度大于等于和小于 80 cm 的草本）及矮灌木植被特征时，需在高大草灌样方内设置 3 个 1 m×1 m 的草灌样方进行调查，方法同草丛样地。

注：草丛及灌草丛样方可根据草地类型实际情况调整样方大小，并做好记录。草甸草原草本样方大小为 0.5 m×0.5 m，典型草原草本样方大小为 1 m×1 m，半荒漠、荒漠草本样方大小可以增加为 2 m×2 m，所有数据最终需折算为 1 m×1 m 样方数据填报调查卡片（见附表 5-2）。

（2）地下生物量

①草本和矮灌丛：在调查地上生物量的相应位置取 1 m² 样方（1/2 或 1/4）的植物根系（编号：草调样地编号 + 草本/灌木名 + GX + 1/2/3），将附着在根系上的土壤抖落后称鲜重，带回室内于 65℃烘干至恒重后称干重，送化验室分析测试总碳含量。

②高大灌木：方法参照林地调查点林下灌木标准株法，建立草地高大灌木标准株，建立地下生物与地上生物量的函数关系（地上部编号：草调样地编号 + 灌木名 + YP/DNZ/LZ；地下部样品编号：草调样地编号 + 灌木名 + GX + 深度）。每个（二级项目）区域至少建立 2 套草地灌木标准株，每套草地灌木标准株的调查株数不少于 30 株（大、中、小灌丛各 10 株左右），可结合面上和重点区的草地调查工作共同完成草地灌木标准株的建立，每套标准株在面上草地调查点完成的株数不少于 20 株，结合区域特点适当增加或减少草地灌木标准株套数。

4. 凋落物调查

收集地上生物量调查样方中的凋落物和立枯物，小心去掉凋落物上附着的黏土后称重，按样方分别装入信封内（编号：草调样地编号 + DLW + 1/2/3），于 65℃烘干至恒重后称干重，并将鲜重和干重数据填入调查卡片，数据记录时保留小数点后两位。样品送化验室测试总碳、全氮含量。

5. 土壤调查

（1）土壤采样点的确定

土壤采样以控制整个草地调查样地为宜。为了提高估算典型草地土壤碳的精确度，根据计算碳储量的需要，考虑到实际工作中设定的最低样方数量不能完全覆盖大部分草地，因此对于面积较大的典型草地需要增加土壤采样点。此外由于气候因素同类草地土壤在不同区域间也会有较大差距，因而对于面积大分布广的类型要在不同区域间增加土壤采样点。

（2）土壤样品的采集

在每个林地调查样地内，需要采集 1 个表土混合样（0～20 cm）、4 个深层混合样（20～40 cm、40～60 cm、60～80 cm、80～100 cm），并测定每层的土壤容重。最表层（0～20 cm）由于含有机碳量高，土质疏松，而且变异性大，需独立采样。直接使用深 20 cm、内径＞3 cm 的土钻在样地内随机选取 6 个点，取出小土体混合成一个混合样（编号：草调样地编号＋TR＋20 cm）。取表层样过程中需注意两点，一是尽量保持每个小土体的完整性，二是在野外应将样品袋打开让水分尽早蒸发。4 个深层混合样（20～40 cm、40～60 cm、60～80 cm、80～100 cm）的采集：在林地调查点样地中随机选择不少于 3 个位置挖掘 1 m 深的土壤剖面，在每个剖面面朝下坡位的一面上采集 20～40 cm、40～60 cm、60～80 cm、80～100 cm 的土壤样，同层 3 个样均匀混合成 1 个混合样（编号：草调样地编号＋TR＋深度），送化验室分析测试理化性质（土壤有机碳、总碳、全氮、pH、机械组成），数据记录至调查卡片（见附表 5-3）。

对于面积较大的典型草地，需在样地之外补采 1 个表层土壤样。使用深 20 cm、内径＞3 cm 的土钻，远离调查样方随机选取 6～8 个点，取出小土体混合成一个土壤加强样（编号：草调样地编号＋TRJQY）。

（3）土壤容重测定

结合样地内的土壤剖面，沿剖面按 20 cm 间距测定土壤容重，一般采用环刀法，在每个间距内采 3～4 个环刀样。在最表层 0～20 cm 由于土质疏松，而且含土壤有机碳量高，需要取更多的样以准确估算土壤容重，规定将最表层 0～20 cm 再划分为 0～10 cm、10～20 cm 两个层次采集环刀样，每个层次采集 3 个环刀样。每个环刀样独立装一袋，带回室内测定土壤容重，用于计算土壤的总碳储量。

6. 调查时间

野外调查选择植物生长高峰期时进行，测定时间以当地草地群落进入产草量高峰期为宜。

①东北中温带草原区：一般在 7 月中旬至 8 月下旬为宜。

②内蒙古中温带草原区：东部地区一般在 7 月中旬至 8 月下旬为宜，西部地区在 8 月上旬至 9 月中旬为宜。

③北方暖温带草原区：一般在 7 月中旬至 8 月下旬为宜。

④青藏高原高寒草地植被区：一般在 7 月中旬至 8 月下旬为宜。

⑤新疆草地植被区：一般在 7 月中旬至 8 月下旬为宜。

⑥蒙甘宁荒漠及沙地区：一般在 8 月上旬至 9 月中旬为宜。

⑦南方草丛区：一般在 8 月上旬至 9 月中旬为宜。

4.4.4　草地资源碳储量的估算

草地资源碳储量的估算采用面积累计法（Ravindranath and Ostwald，2007）：以草地为基本单元，根据中国草地类型图和 1∶100 万中国植被图提供的各草地型面积数据以及国土"三调"数据，采用面积加权累积的方法计算全国草地固碳现状。草地资源碳储量由植被碳储量和土壤碳储量组成，计算公式为

植被碳储量（CS_{veg}）$= \sum(D_p \times B_p + D_l \times B_l + D_r \times B_r)_i \times A_i$；

土壤碳储量（CS_{soil}）$= \sum(BD_{soil} \times D_{soil})_i \times A_i$；

生态系统碳储量（CS_{tot}）$= CS_{veg} + CS_{soil}$。

其中，CS 为碳储量，D_p 和 B_p 表示地上活体植物碳密度和生物量；D_l 和 B_l 表示凋落物碳密度和生物量；D_r 和 B_r 表示根系碳密度和生物量；BD_{soil} 表示土壤容重；D_{soil} 表示土壤有机碳含量；A_i 表示各草地型的面积；$i(1, 2, \cdots)$表示草地型数量。

4.4.5　草地资源碳汇现状的估算

可采用两种库差别法（stock difference method）估算草地资源碳汇现状。

1. 不同时间序列

采用不同时间序列上生态系统碳库的变化来估算，此方法也是 IPCC 报告中使用的方法。与 20 世纪 80 年代草原普查、土壤普查等历史数据相结合，利用此次面上调查数据与相同地理位置或相同草地类型的碳储量数据，计算出不同草地类型的年固碳速率或年变化率。这需要各二级项目收集并整理本区域草地生态系统植被和土壤碳储量数据，构建不同年代的各草地型植被和土壤碳储量数据库。在收集数据时要尽可能将样点的地理坐标、植被类型、植被地上地下生物量、土壤取样层次、取样方法、测定方法等相关信息收集全面，此数据库的构建对估算草地生态系统的固碳潜力也非常重要。

2. 不同空间序列

采用空间替代时间的方法，草场承包政策和退牧还草工程实施以来，草地特

别是北方草地有大量不同年代围封的草场，这些处于不同恢复时期的草地为研究退化草地恢复过程中的固碳速率和潜力提供了可能。

如图 4-11 所示，处在不同恢复时期的草地资源的固碳速率会有差别，随着恢复时间的延长，草地资源的碳储量增加，但固碳速率会下降。草地土壤初始含碳量以及管理方式导致土壤碳输入量的变化，都会显著影响生态系统的土壤的碳平衡点以及固碳速率。而 IPCC 在对草地固碳速率进行估算时，并未对不同退化演替阶段和管理方式进行区分。本节利用地带性的、人为干扰相对较少的草地类型与处在不同退化系列和演替系列的草地类型间碳储量的差异，来计算不同退化阶段的草地生态系统固碳速率。这种方法有一个重要的前提假设，即不同退化系列的草地在退化前的植被和土壤类型是相同的，因此各区域在选择调查样地时要特别考虑它们之间的相关性。

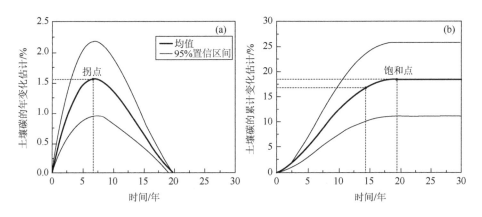

图 4-11　不同恢复时期草地的固碳速率

4.4.6　草地资源碳汇潜力的估算

1. 草地利用强度和退化面积的统计与估算

将北方草地每个片区所收集到的各个县历年草地资源普查数据、产草量、载畜量结合遥感反演数据，估算出每个草地型未退化、轻度退化、中度退化和重度退化的面积。在调查中应注意南方草丛和灌草丛，要区分原生和次生草丛和灌草丛。根据中国植被图说明文件中的记载，草丛广泛分布于亚热带及热带荒山荒地，除在海滩、河滩及陡崖处有原生群落外，在大多数情况下草丛是由森林、灌丛等群落经破坏后形成的次生植被，是一种植被的逆行演替现象。因此，为了估算南方草丛固碳潜力，在南方片区的面上调查过程中，需要收集并统计在其片区各个县的各类草丛的分布面积，及所对应的演替顶级灌丛或森林群落。

2. 基准点的确定

（1）理论最大碳储量（CS_{the_max}）

根据气候、土壤和植被状况，确定各草地型的理论最大碳储量。

（2）现实最大碳储量（CS_{rel_max}）

以各草地型在不同时间序列或空间序列上存在的现实最大碳储量作为该草地型的现实最大碳储量。按照以下时间序列：

①20 世纪 80 年代草原普查的数据；

②碳专项草地调查数据；

③2020～2021 年全国草调数据；

④2021 年全国草原碳储量 1 km×1 km 空间分布数据；

⑤野外台站的长期监测数据（ChinaFLUX 共享数据）；

⑥其他数据（2000 年以来青藏高原、内蒙古高原等典型地区研究数据，第二次青藏高原科考数据等）。

3. 碳汇潜力的估算

主要通过时间序列法和空间序列法计算不同情境下、不同类型草地的碳汇潜力。在此基础上，结合草地类型关系图和草地退化演替进程，准确估算我国草地生态系统的理论固碳潜力、现实固碳潜力和可实现固碳潜力。

（1）北方草地

①理论固碳潜力（CS_{Pthe}）$= \sum\sum (CS_{the\_max} - CS_{rel})_{ij} \times A_{ij}$

其中，CS_{the_max} 表示理论最大碳储量（以理论最大碳储量作为基准点）；CS_{rel} 表示现实碳储量；i 表示草地型；j 表示退化程度，包括未退化、轻度退化、中度退化和重度退化；A_{ij} 表示不同退化程度 i 型草地面积。

②现实固碳潜力（CS_{Prel}）$= \sum\sum (CS_{rel\_max} - CS_{rel})_{ij} \times A_{ij}$

其中，CS_{rel_max} 表示现实最大碳储量（以历史上和现实中存在的最大碳储量作为基准点）；CS_{rel} 表示现实碳储量；i 表示草地型；j 表示退化程度，包括轻度退化、中度退化和重度退化；A_{ij} 表示不同退化程度 i 型草地面积。

③可实现固碳潜力（CS_{Pach}）$= \sum\sum (CS_{ach} - CS_{rel})_{ij} \times A_{ij}$

其中，CS_{ach} 表示可实现的最大碳储量（以轻度退化草地碳储量作为基准点）；CS_{rel} 表示现实碳储量；i 表示草地型；j 表示退化程度，包括中度退化和重度退化；A_{ij} 表示不同退化程度 i 型草地面积。

（2）南方草丛

①理论固碳潜力（CS_{Pthe}）$= \sum\sum (CS_{the\_max} - CS_{rel})_i \times A_i$

其中，CS_{the_max} 表示理论最大碳储量（以理论最大碳储量作为基准点）；CS_{rel} 表示现实碳储量；i 表示草地型。

②现实固碳潜力（CS_{Prel}）= $\sum\sum(CS_{rel\_max}-CS_{rel})_i \times A_i$

其中，CS_{rel_max} 表示现实最大碳储量（以地带性灌丛或森林植被平均碳储量作为基准点）；CS_{rel} 表示现实碳储量；i 表示草地型。

③现实固碳潜力（CS_{Prel}）= 可实现固碳潜力（CS_{Pach}）

其中，CS_{Prel} 表示现实碳储量；CS_{Pach} 表示可实现的最大碳储量（以轻度退化草地碳储量作为基准点）。

4.5 耕地调查点

4.5.1 样点布设

（1）中国农田种植制度区划

中国的农田主要连片分布在华北平原、松嫩平原、辽河平原、长江中下游平原、渭河平原、成都平原、珠江三角洲等地。根据熟制、作物类型、热量、水分、地貌及社会经济条件等不同情景，可将我国农田划分为三个熟制（一熟带、二熟带、三熟带）、12 个一级区与 38 个二级区，其中 12 个一级区如下。

①青藏高原喜凉作物一熟轮歇区。

该区域包括藏东南、青海中北部、川西、甘西南等区域，是典型高原农区，海拔 2600～4000 m。由于地势高寒，冷而干旱，以青稞、春小麦、豌豆、油菜等喜凉作物为主，一年一熟。该区域耕作粗放，生产水平低，部分耕地撂荒轮歇，复种指数为 90%，45% 的耕地实行灌溉。

②北部中高原半干旱喜凉作物一熟区。

该区域地处内蒙古高原南部和黄土高原西部，包括内蒙古东南、晋北高原、陇中、宁中南、青藏东部及陕北的长城沿线等地，海拔 1400～2200 m。由于气候冷凉、干旱，自然环境恶劣，农业生产水平低。一年一熟种植的主要作物有春小麦、青稞、胡麻、马铃薯、油菜等。人少地多，耕作粗放，历史上为草原牧区，复种指数为 90%。

③北部低高原易旱喜温作物一熟区。

该区域紧邻北部中高原半干旱喜凉作物一熟区的东南，包括内蒙古高原东南部、黄土高原东部等。主要包括内蒙古哲里木盟（今通辽市）、昭乌达盟（今赤峰市）、吉林白城地区（今白城市）、辽西朝阳和阜新部分地区、冀北长城沿线及晋北、陕北和陇东等，海拔 200～1200 m。气候温凉干旱，一年一熟，主要种植玉米、谷子、大豆、高粱、豌豆、春小麦、冬小麦等。复种指数为 100.8%，实行不规则的作物换茬与连茬，耕作较粗放。

④东北平原丘陵半湿润喜温作物一熟区。

该区域位于东北大平原及周围山前丘陵岗坡地，包括内蒙古呼伦贝尔盟（今呼伦贝尔市）东部及黑、吉、辽大部，海拔 300 m 以下，土地平坦，气候温和湿润。一年一熟种植的主要作物有玉米、大豆、春小麦、水稻、谷子、甜菜、向日葵等，是我国重要的农业与商品粮、豆类基地。复种指数为 99.7%，有玉米与大豆间作，轮作换茬较为普遍，如春小麦、大豆、玉米轮作。

⑤西北干旱灌溉一熟兼两熟区。

该区域包括西北的内蒙古河套灌区、宁夏引黄灌区、河西走廊及新疆内陆灌区。其光照资源较好，降水量少，灌溉农业发达，生产水平较高，套作较多，主要种植作物有小麦、玉米、水稻、棉花、甜菜、瓜类等。该区域属于干旱荒漠气候，降水量为 100～250 mm，均实行灌溉，是西北地区的农产品基地。复种指数为 97.2%，南疆地区可一年两熟，其他地区适于套种或复种，短期作物生产潜力较大。

⑥华北平原丘陵水浇地两熟旱地两熟一熟区。

该区域是我国最大的平原，包括黄河、淮河、海河流域中下游的京、津、冀、鲁、豫大部，苏北、皖北等地。以冬小麦-夏玉米、冬小麦-棉花等种植模式为主，黄河以南的旱地为二熟、以北为一熟，主要种植棉花、花生、大豆、甘薯、谷子等。复种指数为 149.2%，在水浇地及黄淮平原旱地广泛实行小麦与玉米（或大豆）一年两熟多套种，棉花、花生以一年一熟为主。

⑦西南中高原山地旱地两熟一熟水田两熟区。

该区域包括秦巴山地、川鄂湘黔丘陵山地、云贵高原与川西高原。海拔为500～3000 m，高原上山地、丘陵、盆地相间，农业立体性强。水田有油菜-中稻、小麦-中稻、少量两季稻；旱地有小麦/玉米、小麦/甘薯、油菜/玉米等。部分地区一年一熟，主要种植玉米、大豆、马铃薯、烤烟等。

⑧江淮平原丘陵麦稻两熟兼旱三熟区。

该区域包括苏、皖、豫的淮河以南，常州、合肥、荆门一线以北地区，属于北亚热带气候区，光、温、水资源丰富。旱田主要是小麦、油菜、甘薯、玉米等，水田主要是水稻、小麦、油菜。以一年两熟为主，主要有小麦-水稻两熟，旱地小麦/棉花、小麦-玉米两熟，部分地区可肥-稻-稻、油-稻-稻三熟，复种指数为 183.8%。

⑨四川盆地水旱两熟兼三熟区。

该区域包括四川盆地底部与边缘山地，气候暖热，属于中亚热带气候，以种植水稻、小麦、玉米、薯类、油菜、烟草、柑橘为主。水田以小麦-水稻、油菜-水稻、双季稻为主，旱地以小麦-玉米（甘薯）、小麦/棉花两熟及小麦/玉米/甘薯套种三熟为主，复种指数为 189.1%。

⑩长江中下游平原丘陵水田三熟两熟区。

该区域大体上位于>0℃、积温（5900±200）d·℃ [积温是指某一段时间内逐日平均气温≥10℃持续期间日平均气温的总和，一般以度·日（d·℃）为单位]，＞10℃、积温（5100±100）d·℃的界线以南，包括浙闽山地、南岭山地以北、武陵山地以东的广大平原丘陵。主要分布在沿长江中下游平原（太湖平原、皖中平原、鄱阳湖平原、江汉平原、洞庭湖平原）及其相连的丘陵低山（皖南丘陵与浙北山地、湘鄂赣交界山地），大部分区域的海拔在 200 m 以下，气候温暖湿润，水热资源丰富。该区域是我国农业的精华区，以水稻为主，复种指数为228.8%。

⑪东南丘陵山地水田旱地两熟三熟区。

该区域位于我国南部，以东西向的南岭山脉为主体，向西延伸到云南高原南部，向东延伸到浙闽山地的狭长地带，包括浙南、闽（闽南除外）、赣南、湘、粤北、桂北、黔南端、滇等。地貌大部分为缓丘陵低山，间隔分布山间盆地或谷地。耕地主要分布在海拔 800 m 的山间盆地、谷地或缓坡上，属于中亚热带温暖湿润气候，水热资源丰富。两熟为主，三熟为辅，复种指数为180%。东区以双季稻为主，旱田主要是甘薯、玉米、豆类及冬小麦。西区旱粮多于稻谷，稻谷以单季稻为主，旱粮主要为玉米、其次是小麦、薯类、豆类、杂粮。

⑫东南丘陵沿海平原晚三熟热三熟区。

该区域位于我国南端，最低纬度包括南岭山地以南，至沿海的闽南、粤桂、台湾及云南的西双版纳等，多分布于丘陵、三角洲、沿海平原台地和河谷地带，属于南亚热带。以水稻为主，冬季可种喜温作物，一月平均气温高于 15℃的南部可种甘薯、小豆、玉米等，以北可种植烟草、蔬菜等。该区域的复种指数类型多样，包括浙闽山地、南岭山地以北、陵山地以东的广大平原丘陵。主要分布在沿长江中下游平原（太湖平原、皖中平原、鄱阳湖平原、江汉平原、洞庭湖平原）及其相连的丘陵低山（皖南丘陵与浙北山地、湘鄂赣交界山地），大部分区域的海拔在 200 m 以下，气候温暖湿润，水热资源丰富。该区域是我国农业的精华区，以种植水稻为主，复种指数为228.8%。

（2）耕地调查点布设原则

根据熟制区划，在以耕地为主的栅格单元中，选择典型作物，考虑不同土壤类型布设耕地调查点，调查点靠近当地全国第二次、第三次土壤剖面调查点。对于形状比较规整的图斑，如圆形、方形、三角形等，一般选择其几何中心作为样点位置；对于形状不规则的图斑如树枝形、S 形等，一般选择其最宽处的中心作为样点位置，得到样点空间分布图。

4.5.2　调查因子

（1）农作物调查

调查作物的类型、分布。

（2）土壤剖面调查

现场调查土壤类型、温度、湿度、容重；测试分析土壤有机碳、总碳、全氮、全磷、pH、机械组成等理化指标。

（3）人为干扰因子调查

调查秸秆还田、耕种方式、施肥量、熟制等。

（4）环境因子调查

实际空间位置（经纬度、海拔、行政区划、地名）、地形（坡度、坡位、海拔、坡向）、地貌、降水（年、月、日平均降水与总降水）、气温（年、月平均温度，最低与最高温度，积温）、全年光照时间、湿度（月平均、年平均）等。数据以资料收集数据为主。

4.5.3　现场调查

1. 土壤调查

（1）土壤采样点的确定

土壤采样以控制整个耕地调查样地为宜。为了提高估算不同作物类型土壤碳的精确度，根据计算碳储量的需要，考虑到实际工作中设定的最低样点数量难以完全覆盖大部分耕地样地，因此对于大面积种植的作物样地需要增加土壤采样点。此外，由于气候因素，同类作物的土壤在不同区域间也会有相当大的差距，因而对于面积大分布广的类型，要在不同区域间增加土壤采样点。当存在不同土壤类型时，则针对相同作物类型的不同土壤类型展开调查工作。

（2）土壤样品的采集

在每个耕地调查样地内，需要采集 1 个表土混合样（0～20 cm）、2 个深层混合样（20～40 cm，40～100 cm），并测定每层的土壤容重。最表层（0～20 cm）由于含有机碳量高，土质疏松，而且变异性大，人为扰动大，需独立采样。直接使用深 20 cm、内径＞3 cm 的土钻，在样地内随机选取 6 个点，取出小土体混合成一个混合样（编号：省市名＋耕地 1/2/…/6＋TR＋20 cm）。取表层样过程中需注意两点，一是尽量保持每个小土体的完整性，二是在野外应将样品袋打开让水分尽早蒸发。2 个深层混合样（20～40 cm、40～100 cm）的采集：在耕地调查点样地中随机选择不少于 3 个位置，挖掘 1 m 深的土壤剖面，舍弃 0～20 cm 的土壤，在每个剖面面朝正南方的一面上采集 20～40 cm、40～100 cm 的土壤样，同层 3 个样均匀混合成 1 个混合样（编号：省市名＋耕地 1/2/3＋TR＋深度），送化验室分析测试理化性质（土壤有机碳、总碳、全氮、pH、机械组成），数据记录至调查卡片（见附表 5-3）。

对于面积较大的典型作物耕地，需在样地之外补采 1 个表层土壤样。使用深 20 cm、内径＞3 cm 的土钻随机选取 6～8 个点，取出小土体混合成一个土壤加强样（编号：省市名 + 耕地 1/2/3 + TRJQY）。

（3）土壤容重测定

结合样地内的土壤剖面，沿剖面按 20 cm 间距测定土壤容重，一般采用环刀法，在每个间距内采 3～4 个环刀样，同时使用便携式仪器（土壤三参仪）现场测试每层土壤温度、湿度、电导率，记录至调查卡片（见附表 5-4）。在最表层 0～20 cm，由于土质疏松，而且含土壤有机碳量高，人为扰动大，需要取更多的样以准确估算土壤容重。规定将最表层 0～20 cm 再划分为 0～10 cm 和 10～20 cm 两个层次采集环刀样，每个层次采集 3 个环刀样。每个环刀样独立装一袋，带回室内测定土壤容重，用于计算土壤的总碳储量。

2. 作物留茬生物量

对于每年收割的作物（如水稻等），结合土壤剖面的挖掘现场调查留茬量。获取单位面积留茬生物量，并换算至亩取样（编号：省市名 + 耕地 1/2/3 + 作物名 + DX）分析碳含量。

4.5.4　农田生态系统碳汇计算

考虑人工管理农田的碳投入，收集整理《中国农业年鉴》各地区农业生产主要能源与物资消耗。

参 考 文 献

陈青青，徐伟强，李胜功，等，2012. 中国南方 4 种林型乔木层地上生物量及其碳汇潜力[J]. 科学通报，57（13）：1119-1125.

方精云，陈安平，赵淑清，等，2002. 中国森林生物量的估算：对 Fang 等 Science 一文（Science，2001，291：2320-2322）的若干说明[J]. 植物生态学报，26（2）：243-249.

方精云，刘国华，徐嵩龄，1996. 我国森林植被的生物量和净生产量[J]. 生态学报，16（05）：497-508.

国务院第三次全国土壤普查领导小组办公室，2022. 第三次全国土壤普查技术规程[S/OL].[2023-09-13].https://nyncj.beijing.gov.cn/nyj/snxx/ztzl/dscqgtrpc/gcgf/436227608/20230915090309063664.pdf.

罗天祥，1996. 中国主要森林类型生物生产力格局及其数学模型[D]. 中国科学院研究生院（国家计划委员会自然资源综合考察委员会）.

全国草原资源调查监测技术规范编写组，2021. 2021 年度全国草原资源调查监测技术方案[S].中国地质调查局自然资源综合调查指挥中心.

全国森林资源标准化技术委员会，2020. 森林资源连续清查技术规程：GB/T 38590-2020[S].北京：中国标准出版社.

全国自然资源与国土空间规划技术委员会，2021.岩溶碳循环调查与碳汇效应评价指南：DZ/T 0375-2021[S]. 北京：地质出版社.

生态系统固碳项目技术规范编写组，2015. 生态系统固碳观测与调查技术规范[M]. 北京：科学出版社.

王斌,刘某承,张彪,2009. 基于森林资源清查资料的森林植被净生产量及其动态变化研究[J]. 林业资源管理,（01）：35-43.

胥辉，张子翼，欧光龙，等，2019. 云南省森林生物量和碳储量估算及分布研究[M]. 昆明：云南科技出版社.

徐冰，郭兆迪，朴世龙，等，2010. 2000~2050 年中国森林生物量碳库：基于生物量密度与林龄关系的预测[J]. 中国科学：生命科学，40（07）：587-594.

徐明，等，2017. 森林生态系统碳计量方法与应用[M]. 北京：气象出版社.

于贵瑞，2003. 全球变化与陆地生态系统碳循环和碳蓄积[M]. 北京：气象出版社.

于贵瑞，赵新全，刘国华，2018.中国陆地生态系统增汇技术途径及其潜力分析[M]. 北京：科学出版社.

余杰，等，2021. 2021 年度全国森林资源调查云南省操作细则[S]. 中国地质调查局昆明自然资源综合调查中心.

中国生态系统研究网络科学委员会，2007. 陆地生态系统生物观测规范[M]. 北京：中国环境科学出版社.

中国植被编辑委员会，1980. 中国植被[M]. 北京：科学出版社.

中华人民共和国农业部畜牧兽医司，全国畜牧兽医总站，1996. 中国草地资源[M]. 北京：中国科学技术出版社.

Fang J，Chen A，Peng C，et al.，2001. Changes in Forest Biomass Carbon Storage in China between 1949 and 1998[J]. Science，292（5525）：2320-2322.

Hashemi S A，Chai M M F，Bayat S，2013. An Analysis of Vegetation Indices in Relation to Tree Species Diversity using by Satellite Data in the Northern Forests of Iran[J]. Arabian Journal of Geosciences，6：3363-3369.

Luo Y，Wang X，Ouyang Z，et al.，2020. A Review of Biomass Equations for China's Tree Species[J]. Earth System Science Data，12（1）：21-40.

Miura T，Huete A，Yoshioka H，2006. An Empirical Investigation of Cross-sensor Relationships of NDVI and Red/Near-Infrared Reflectance using EO-1 Hyperion Data[J]. Remote Sensing of Environment，100（2）：223-236.

Ravindranath N H，Ostwald M，2007. Carbon Inventory Methods：Handbook for Greenhouse Gas Inventory，Carbon Mitigation and Roundwood Production Projects[M].Dordrecht：Springer.

Schlerf M，Atzberger C，Hill J，2005. Remote Sensing of Forest Biophysical Variables using HyMap Imaging Spectrometer Data[J]. Remote Sensing of Environment，95（2）：177-194.

Tang X，Zhao X，Bai Y，et al.，2018. Carbon Pools in China's Terrestrial Ecosystems：New Estimates based on an Intensive Field Survey[J]. Proceedings of the National Academy of Sciences，115（16）：4021-4026.

Wang B，Liu M，Zhou Z，2022. Preliminary Estimation of Soil Carbon Sequestration of China's Forests during 1999-2008[J]. Journal of Resources and Ecology，13（1）：17-26.

附表 4-1 中国树种异速生长方程

省份	树种	树木部位	一元异速生长方程参数			备注
			a	b	r^2	
吉林	针叶林	干	0.0425	2.5971	0.99	
		枝	0.0177	2.0585	0.97	
		叶	0.0618	1.4771	0.9	
		根	0.0364	2.2529	0.92	
	阔叶林	干	0.2266	2.1699	0.97	
		枝	0.0121	2.5685	0.99	
		叶	0.0229	1.9485	0.96	
		根	0.0781	2.0255	0.96	
	针阔叶混交林	干	0.1353	2.3001	0.95	
		枝	0.0151	2.3411	0.96	
		叶	0.0328	1.7671	0.93	
		根	0.0428	2.21	0.93	
辽宁	针叶林	干	0.0617	2.4331	0.99	
		枝	0.0205	2.3525	0.7	
		叶	0.0147	2.1783	0.91	
		根	0.1036	1.6805	0.86	
	阔叶林	干	0.2045	2.2661	0.99	
		枝	0.0067	3.009	0.91	
		叶	0.0153	2.3057	0.86	
		根	0.3426	1.6164	0.9	
	针阔叶混交林	干	0.2053	2.183	0.84	
		枝	0.0241	2.4688	0.83	
		叶	0.0245	2.1648	0.83	
		根	0.2333	1.6791	0.81	
黑龙江	针叶林	干	0.0579	2.4541	0.97	
		枝	0.0103	2.3647	0.82	
		叶	0.0065	2.4872	0.7	
		根	0.0041	2.7113	0.95	
	阔叶林	干	0.1623	2.2977	0.95	
		枝	0.0148	2.4369	0.93	
		叶	0.0194	1.886	0.8	
		根	0.0364	2.2986	0.98	

续表

省份	树种	树木部位	一元异速生长方程			备注
			a	b	r^2	
黑龙江	针阔叶混交林	干	0.1542	2.19	0.9	
		枝	0.0185	2.2312	0.83	
		叶	0.0081	2.3418	0.74	
		根	0.0212	2.2348	0.77	
内蒙古	针叶林	干	0.0614	2.4343	0.96	
		枝	0.0047	2.6724	0.96	
		叶	0.0073	2.1417	0.92	
		根	0.0411	2.2702	0.9	
	阔叶林	干	0.1007	2.2754	0.93	
		枝	0.0124	2.4067	0.87	
		叶	0.0118	1.8617	0.6	
		根	0.0458	2.1379	0.91	
	针阔叶混交林	干	0.087	2.3197	0.94	
		枝	0.0092	2.4703	0.89	
		叶	0.01	1.9844	0.7	
		根	0.0447	2.156	0.91	
青海、西藏	针叶林	干	0.0428	2.7299	0.79	
		枝	0.0082	3.0796	0.67	
		叶	0.0197	2.4249	0.64	
		根	0.0506	1.9861	0.54	
	阔叶林	干	0.0444	2.3811	0.98	
		枝	0.0091	2.8084	0.95	
		叶	0.0084	2.4005	0.89	
		根	0.0197	2.4689	0.97	
	针阔叶混交林	干	0.033	2.7797	0.81	
		枝	0.0069	3.1117	0.71	
		叶	0.0128	2.53	0.68	
		根	0.0385	2.0629	0.61	
山西	针叶林	干	0.0527	2.4638	0.98	
		枝	0.0217	2.2352	0.9	
		叶	0.0255	2.0502	0.93	
		根	0.0785	1.9313	0.98	

续表

省份	树种	树木部位	一元异速生长方程			备注
			a	b	r^2	
山西	阔叶林	干	0.1232	2.2044	0.92	
		枝	0.0261	2.4484	0.85	
		叶	0.0125	2.2649	0.89	
		根	0.031	2.6978	0.59	
	针阔叶混交林	干	0.1177	2.11	0.9	
		枝	0.0344	2.12	0.81	
		叶	0.024	1.99	0.87	
		根	0.1037	1.847	0.82	
陕西	针叶林	干	0.0556	2.4201	0.98	
		枝	0.0446	1.9545	0.95	
		叶	0.0286	2.221	0.97	
		根	0.0339	2.22	0.98	
	阔叶林	干	0.1449	2.0845	0.96	
		枝	0.0134	2.4995	0.74	
		叶	0.0106	2.204	0.87	
		根	0.0513	2.1989	0.93	
	针阔叶混交林	干	0.0627	2.3707	0.97	
		枝	0.027	2.268	0.91	
		叶	0.0221	2.1633	0.87	
		根	0.0352	2.2628	0.97	
山东	针叶林	干	0.3407	1.6784	0.77	
		枝	0.0855	1.9456	0.69	
		叶	0.0974	1.7273	0.48	
		根	0.0781	2.0118	0.83	
	阔叶林	干	0.0482	2.5367	0.92	
		枝	0.0109	2.6142	0.95	
		叶	0.0023	2.7744	0.95	
		根	0.0656	2.0588	0.95	
	针阔叶混交林	干	0.757	15，956	0.73	
		枝	0.0471	1.9909	0.41	
		叶	0.1098	1.4228	0.18	
		根	0.068	1.9407	0.62	

续表

省份	树种	树木部位	一元异速生长方程			备注
			a	b	r^2	
北京	针叶林	干	0.178	2.0170	0.91	
		枝	0.02	2.5230	0.83	
		叶	0.049	2.0010	0.83	
		根	0.011	2.5490	0.75	
	阔叶林	干	0.103	2.2110	0.96	
		枝	0.015	2.5840	0.91	
		叶	0.015	2.0930	0.8	
		根	0.097	2.2730	0.49	
	针阔叶混交林	干	0.123	2.1490	0.95	
		枝	0.016	2.5930	0.88	
		叶	0.015	2.2830	0.72	
		根	0.126	1.9420	0.37	
河北、天津	针叶林	干	0.148	2.0215	0.96	
		枝	0.0705	1.9611	0.76	
		叶	0.0726	1.8135	0.63	
		根	0.0065	2.9114	0.85	
	阔叶林	干	0.0852	2.3273	0.99	
		枝	0.0072	2.7308	0.9	
		叶	0.0132	2.0190	0.9	
		根	0.0782	1.9179	0.93	
	针阔叶混交林	干	0.1333	2.0818	0.96	
		枝	0.0381	2.1692	0.77	
		叶	0.0399	1.9381	0.57	
		根	0.0122	2.6645	0.84	
河南	针叶林	干	0.0283	2.6268	0.95	
		枝	0.0227	2.1989	0.84	
		叶	0.0741	1.5627	0.77	
		根	0.0294	2.283	0.97	
	针阔叶混交林	干	0.0991	2.2757	0.92	
		枝	0.0214	2.2363	0.9	
		叶	0.0291	1.8656	0.87	
		根	0.1708	1.7316	0.88	

续表

省份	树种	树木部位	一元异速生长方程			备注
			a	b	r²	
宁夏、新疆	针叶林	干	0.126	2.123	0.93	
		枝	0.0915	1.8968	0.64	
		叶	0.7645	1.6632	0.9	
		根	0.0986	1.8806	0.86	
	阔叶林	干	0.6441	1.4953	0.99	
		枝	1.0675	1.1005	0.99	
		叶	0.7179	0.6963	0.99	
		根	0.8626	1.0875	0.98	
	针阔叶混交林	干	0.304	1.644	0.78	
		枝	0.4159	1.3624	0.59	
		叶	0.2104	1.547	0.71	
		根	0.2534	1.5442	0.85	
甘肃	针叶林	干	0.05	2.4043	0.99	
		枝	0.0154	2.5052	0.97	
		叶	0.0275	2.01	0.87	
		根	0.0113	2.5901	0.98	
	阔叶林	干	0.0527	2.4912	0.99	
		枝	0.0036	3.0278	0.89	
		叶	0.006	2.1451	0.67	
		根	0.1142	1.8986	0.94	
	针阔叶混交林	干	0.0528	2.4011	0.99	
		枝	0.0107	2.6348	0.94	
		叶	0.0162	2.1444	0.78	
		根	0.0291	2.2801	0.92	
重庆	针叶林	干	0.061	2.476	0.99	
		枝	0.018	2.446	0.98	
		叶	0.007	2.397	0.98	
		根	0.008	2.621	0.99	
	阔叶林	干	0.0731	2.5795	0.88	
		枝	0.032	2.3399	0.99	
		叶	0.0265	1.9052	0.75	
		根	0.0334	2.5276	0.92	

省份	树种	树木部位	一元异速生长方程			备注
			a	b	r^2	
重庆	针阔叶混交林	干	0.021	2.817	0.81	
		枝	0.005	2.84	0.76	
		叶	0.003	2.603	0.87	
		根	0.0061	2.8077	0.99	
上海	阔叶林	干	0.0752	2.263	0.98	
		枝	0.0088	2.925	0.99	
		叶	0.0001	3.2927	0.98	
		根	0.0229	2.5317	0.99	
	针阔叶混交林	干	0.0834	2.254	0.99	
		枝	0.0165	2.5231	0.99	
		叶	0.0144	2.2725	0.99	
		根	0.0473	2.161	0.99	
江苏	针叶林	干	0.085	2.231	0.92	
		枝	0.032	2.001	0.7	
		叶	0.218	1.293	0.4	
		根	0.003	3.239	0.57	
	阔叶林	干	0.461	1.849	0.83	
		枝	0.395	1.484	0.87	
		叶	0.092	1.774	0.92	
		根	0.088	1.835	0.79	
	针阔叶混交林	干	0.094	2.3	0.84	
		枝	0.033	2.177	0.66	
		叶	0.101	1.667	0.64	
		根	0.063	2.028	0.57	
四川	针叶林	干	0.5324	1.7381	0.9	
		枝	0.0181	2.356	0.97	
		叶	0.0473	1.8867	0.9	
		根	0.5838	1.4641	0.58	
	阔叶林	干	0.378	1.917	0.92	
		枝	0.052	2.368	0.9	
		叶	0.053	1.739	0.96	
		根	0.0913	2.0273	0.99	

省份	树种	树木部位	一元异速生长方程			备注
			a	b	r²	
四川	针阔叶混交林	干	0.5157	1.745	0.9	
		枝	0.0764	2.0595	0.76	
		叶	0.0426	1.8967	0.91	
		根	0.6761	1.4439	0.59	
广西	针叶林	干	0.075	2.225	0.98	
		枝	0.016	2.184	0.98	
		叶	0.02	2.02	0.96	
		根	0.019	2.236	0.96	
	阔叶林	干	0.054	2.606	0.94	
		枝	0.026	2.166	0.75	
		叶	0.034	1.652	0.63	
		根	0.01	2.431	0.88	
	针阔叶混交林	干	0.09	2.257	0.9	
		枝	0.026	2.082	0.84	
		叶	0.02	1.953	0.81	
		根	0.013	2.352	0.92	
安徽	针叶林	干	0.104	2.218	0.97	
		枝	0.025	2.206	0.83	
		叶	0.012	2.358	0.9	
		根	0.04	2.062	0.94	
	阔叶林	干	0.082	2.32	0.97	
		枝	0.037	2.223	0.89	
		叶	0.018	2.055	0.85	
		根	0.019	2.562	0.92	
	针阔叶混交林	干	0.097	2.249	0.97	
		枝	0.026	2.249	0.84	
		叶	0.014	2.242	0.87	
		根	0.03	2.237	0.89	
江西	针叶林	干	0.176	2.109	0.97	
		枝	0.003	2.8	0.99	
		叶	0.039	2.033	0.95	
		根	0.077	2.039	0.93	

续表

省份	树种	树木部位	一元异速生长方程			备注
			a	b	r^2	
湖北	针叶林	干	0.197	1.929	0.97	
		枝	0.028	2.521	0.94	
		叶	0.085	1.844	0.73	
		根	0.058	2.119	0.89	
	阔叶林	干	0.112	2.323	0.98	
		枝	0.027	2.408	0.94	
		叶	0.02	2.047	0.71	
		根	0.039	2.413	0.96	
	针阔叶混交林	干	0.122	2.263	0.96	
		枝	0.027	2.428	0.94	
		叶	0.024	2.029	0.67	
		根	0.041	2.361	0.93	
湖南	针叶林	干	0.0356	2.6824	0.99	
		枝	0.0699	1.9937	0.99	
		叶	0.1338	1.4202	0.95	
		根	0.0102	2.6152	0.99	
	阔叶林	干	0.067	2.442	0.97	
		枝	0.029	2.324	0.9	
		叶	0.058	1.37	0.95	
		根	0.011	2.822	0.82	
	针阔叶混交林	干	0.066	2.449	0.97	
		枝	0.03	2.315	0.9	
		叶	0.054	1.456	0.77	
		根	0.011	2.801	0.82	
福建	针叶林	干	0.021	2.898	0.99	
		枝	0.014	2.342	0.91	
		叶	0.068	1.577	0.8	
		根	0.014	2.517	0.99	
	阔叶林	干	0.119	2.297	0.97	
		枝	0.124	1.76	0.93	
		叶	0.025	1.927	0.95	
		根	0.057	2.193	0.92	

续表

省份	树种	树木部位	一元异速生长方程			备注
			a	b	r²	
福建	针阔叶混交林	干	0.03	2.774	0.98	
		枝	0.023	2.199	0.86	
		叶	0.055	1.648	0.82	
		根	0.02	2.429	0.95	
贵州	针叶林	干	0.0307	2.7275	0.95	
		枝	0.0021	3.0511	0.85	
		叶	0.0554	1.6871	0.82	
		根	0.0645	1.9145	0.84	
	针阔叶混交林	干	0.0789	2.4588	0.96	
		枝	0.0004	3.5397	0.93	
		叶	0.0507	1.7014	0.85	
		根	0.0015	3.0508	0.83	
浙江	针叶林	干	0.0407	2.6178	0.98	
		枝	0.0083	2.3895	0.95	
		叶	0.1517	1.537	0.61	
		根	0.0305	2.063	0.69	
	阔叶林	干	0.2562	1.9908	0.94	
		枝	0.1187	1.7757	0.81	
		叶	0.0161	2.0046	0.84	
		根	0.1525	1.8958	0.99	
	针阔叶混交林	干	0.0401	2.6307	0.98	
		枝	0.0168	2.1726	0.89	
		叶	0.0482	1.8939	0.63	
		根	0.0734	1.831	0.6	
广东	针叶林	干	0.0398	2.6348	0.9	
		枝	0.0066	2.8165	0.83	
		叶	0.0403	1.8925	0.58	
		根	0.136	1.755	0.68	
	阔叶林	干	0.0763	2.5022	0.94	
		枝	0.0189	2.4996	0.78	
		叶	0.008	2.6528	0.8	
		根	0.0067	2.8327	0.98	

续表

省份	树种	树木部位	一元异速生长方程			备注
			a	b	r^2	
广东	针阔叶混交林	干	0.0542	2.5449	0.89	
		枝	0.0097	2.6923	0.81	
		叶	0.0302	2.0212	0.62	
		根	0.0551	2.0671	0.73	

资料来源: Luo Y，Wang X，Ouyang Z，2018. A China's Normalized Tree Biomass Equation Dataset[J]. PANGAEA.

附表 4-2　2015 年损失碳情况

1. 2015 年收割损失

中国 2015 年主要林产工业产品产量统计

产品名称						单位	产量
木竹加工制品							
区域	损失林木		区域	损失林木		万 m³	7 430.38
	成林蓄积量/m³	幼林株数/万株		成林蓄积量/m³	幼林株数/万株		
全国合计	228 786	5 558	河南	—	—		
北京	—	—	湖北	156	5		
天津	—	—	湖南	4 370	21		
河北	72	—	广东	18 816	38		
山西	11 730	2	广西	32 221	882		
内蒙古	20 205	2 085	海南	13 752	33		
辽宁	3 880	422	重庆	146	—		
吉林	3 904	7	四川	12 113	1 826		
黑龙江	—	—	贵州	5 136	29		
上海	—	—	云南	23 303	79		
江苏	—	—	西藏	—	—		
浙江	7 808	33	陕西	5	2		
安徽	28	—	甘肃	—	—		
福建	66 660	57	青海	—	7		
江西	3 055	21	宁夏	10	1		
山东	1 181	4	新疆	236	5		
一、锯材							
1. 普通锯材						万 m³	7 253.76
2. 特种锯材						万 m³	67.28
3. 枕木及其他锯材						万 m³	109.35
二、木片、木粒加工产品						万实积 m³	4 285.8
三、人造板						万 m³	28 679.52
（一）胶合板						万 m³	16 546.25

中国 2015 年主要林产工业产品产量统计

产品名称	单位	产量
木竹加工制品		
1. 木胶合板	万 m³	15 344.48
2. 竹胶合板	万 m³	493.13
3. 其他胶合板	万 m³	708.64
（二）纤维板	万 m³	6 618.53
1. 木质纤维板	万 m³	6 412.83
（1）硬质纤维板	万 m³	596.71
（2）中密度纤维板	万 m³	5 768.83
（3）软质纤维板	万 m³	47.29
2. 非木质纤维板	万 m³	205.7
（三）刨花板	万 m³	2 030.19
1. 木质刨花板	万 m³	1 998.15
其中：定向刨花板（OSB）	万 m³	91.92
2. 非木质刨花板	万 m³	32.03
（四）其他人造板	万 m³	3 484.56
其中：细木工板	万 m³	2 075.96
四、其他加工材	万 m³	891.54
1. 改性木材	万 m³	184.27
2. 指接材	万 m³	409.16
五、木竹地板	万 m²	77 355.85
1. 实木地板	万 m²	12 979.36
2. 实木复合木地板	万 m²	24 182.59
3. 浸渍纸层压木质地板（强化木地板）	万 m²	28 987.91
4. 竹地板（含竹木复合地板）	万 m²	10 195.35
5. 其他木地板（含软木地板、集成材地板等）	万 m²	1 010.64
林产化学产品		
一、松香类产品	t	1 742 521
1. 松香	t	1 531 163
2. 松香深加工产品	t	211 358
二、松节油类产品	t	263 209
1. 松节油	t	213 142

中国 2015 年主要林产工业产品产量统计

产品名称	单位	产量
林产化学产品		
2. 松节油深加工产品	t	50 067
三、樟脑	t	13 427
其中：合成樟脑	t	13 005
四、冰片	t	2 002
其中：合成冰片	t	1 185
五、栲胶类产品	t	7 584
1. 栲胶	t	7 584
2. 栲胶深加工产品	t	—
六、紫胶类产品	t	3 344
1. 紫胶	t	2 747
2. 紫胶深加工产品	t	597
七、木竹热解产品	t	1 630 536
八、木质生物质成型燃料	t	485 100

2. 2015 年竹类收割损失

地区	木材及竹材采伐产品				小杂竹/万 t
	大径竹合计/万根	村及村以下各级组织和农民个人生产的大径竹	毛竹	其他	
全国合计	235 466.06	136 463.32	136 748.93	98 717.11	1 125.25
北京	—	—	—	—	—
天津	—	—	—	—	—
河北	—	—	—	—	—
山西	—	—	—	—	—
内蒙古	—	—	—	—	—
内蒙古集团	—	—	—	—	—
辽宁	—	—	—	—	—
吉林	—	—	—	—	—
吉林集团	—	—	—	—	—
长白山集团	—	—	—	—	—

续表

地区	木材及竹材采伐产品				
	大径竹合计/万根				小杂竹/万 t
		村及村以下各级组织和农民个人生产的大径竹	毛竹	其他	
黑龙江	—	—	—	—	—
龙江集团	—	—	—	—	—
上海	—	—	—	—	0.05
江苏	408	210.3	261.51	146.49	4.88
浙江	19 744.69	12 799.18	18 960.04	784.65	51.37
安徽	15 724.15	5 745.1	12 673.65	3 050.5	64.17
福建	71 532	70 062	46 572	24 960	221.39
江西	18 550.57	4 342.5	17 079.07	1 471.5	15.37
山东	—	—	—	—	—
河南	153.89	135.89	153.89	—	15.13
湖北	3 123.76	1 290.74	2 343.13	780.63	10.55
湖南	6 398.59	3 288.24	5 564.83	833.75	9.5
广东	12 753.7	6 301.48	4 093.83	8 659.86	194.99
广西	52 627.28	22 369.73	17 504.77	35 122.5	70.15
海南	829.48	46.3	37.99	791.49	0.13
重庆	7 692.41	674.77	970.52	6 721.89	63.35
四川	8 163.39	4 979.94	1 476.01	6 687.38	330.93
贵州	1 657.09	400.14	1 310.73	346.36	6.17
云南	15 501.28	3 779.02	7 198.73	8 302.55	65.56
西藏	—	—	−1	—	—
陕西	605.78	38	548.24	57.55	1.41
甘肃	—	—	—	—	0.15
青海	—	—	—	—	—
宁夏	—	—	—	—	—
新疆	—	—	—	—	—
新疆兵团	—	—	—	—	—
大兴安岭	—	—	—	—	—

3. 2015 年木材收割损失

（单位：万 m³）

地区	木材及竹材采伐产品																非商品材		
	商品材																	农民自用材采伐量	农民烧材采伐量
	合计	其中		原木	薪材	按来源分		按用途分				按生产单位分					合计		
		热带木材	针叶木材			天然林	人工林	直接用原木	加工用材	造纸用材	其他	系统内国有企业单位生产的木材	系统内国有林场、事业单位生产的木材	系统外企、事业单位采伐自营林地的木材	乡（镇）集体企业及单位生产的木材	村及村以下各级组织和农民个人生产的木材			
全国合计	7218.21	1098.85	1403.39	6546.35	671.86	527.79	6690.42	1797.26	4122.45	831.08	467.43	419.5	1302.86	366.77	538.88	4590.2	2961.56	733.43	2228.14
北京	12.92	—	0.18	7.81	5.11	0.04	12.88	11.28	1.08	—	0.56	—	0.02	1.06	1.29	10.55	11.28	11.18	0.1
天津	17.04	—	—	17.04	—	—	17.04	—	—	—	17.04	—	—	—	—	17.04	—	—	—
河北	80.45	—	2.56	63.87	16.57	8.58	71.87	9.03	62.35	0.62	8.45	—	29.24	0.02	2.9	48.29	17.03	2.71	14.32
山西	14.1	—	1.05	10.16	3.94	4.44	9.67	8.52	0.93	—	4.65	0.29	6.98	—	0.17	6.66	0.96	0.78	0.18
内蒙古	142.62	—	43.52	136.32	6.3	73.59	69.03	30.46	65.24	3.46	43.46	78.07	8.11	2.22	1.73	52.49	5.45	4.99	0.46
内蒙古集团	77.97	—	41.39	75.98	2	70.4	7.57	16.04	18.59	2.6	40.74	77.97	—	—	—	—	—	—	—
辽宁	165.92	—	23.28	145.83	20.09	4.92	161	88.72	68	2.23	6.97	14.06	42.73	0.15	38.43	70.55	30.83	12.18	18.64
吉林	287.87	—	32.64	284.5	3.37	169.39	118.48	112.73	165.06	0.27	9.81	126.56	73.69	9.65	20.77	57.21	—	—	—
吉林集团	41.96	—	2.5	41.74	0.22	37.24	4.72	1.66	37.4	—	2.9	41.96	—	—	—	—	—	—	—
长白山集团	58.16	—	6	58.1	0.06	57.66	0.5	4.49	51.64	0.01	2.03	58.16	—	—	—	—	—	—	—
黑龙江	156.77	—	23.23	148.11	8.67	60.44	96.34	98.88	46.24	4.34	7.32	6.86	95.23	1.81	6.06	46.82	7.15	7.12	0.03

续表

地区	商品材 合计	其中 热带木材	其中 针叶木材	原木	薪材	按来源分 天然林	按来源分 人工林	按用途分 直接用原木	按用途分 加工用材	按用途分 造纸用材	按用途分 其他	按生产单位分 系统内国有企业单位生产的木材	按生产单位分 系统内国有林场、事业单位生产的木材	按生产单位分 系统外企、事业单位采伐自营林地的木材	按生产单位分 乡(镇)集体企业及单位生产的木材	按生产单位分 村及村以下各级组织农民个人生产的木材	非商品材 合计	非商品材 农民自用材采伐量	非商品材 农民烧材采伐量
龙江集团	4.01	—	0.12	3.63	0.38	0.93	3.08	3.18	0.44	0.37	0.02	4.01						—	—
上海	—	—	—	—	—	—	—	—	—	—	—	—	—	—	—	—	—	—	—
江苏	131.82	—	0.71	122.59	9.23	0.01	131.81	34.37	89.96	3.86	3.62	—	14.31	8.61	23.34	85.56	16.06	11.97	4.08
浙江	123.68	—	73.81	121.69	1.99	—	123.68	46	67.27	0.79	9.63	0.04	12.35	0.26	14.81	96.22	24.24	6.11	18.14
安徽	457.96	—	88.03	399.29	58.67	20.62	437.35	175.64	252.48	8.78	21.07	0.95	39.82	3.07	21.59	392.54	108.9	54.31	54.58
福建	496.99	—	203.58	448.14	48.86	8.54	488.46	151.23	296.67	14.59	34.5	54.29	81.14	8.39	34.64	318.53	1029.01	91.03	937.98
江西	232.16	—	190.76	217.73	14.43	30.29	201.87	72.27	139.75	8.83	11.3	14.69	73.74	10.89	16.81	116.03	65.53	16.69	48.85
山东	364.01	—	0.44	310.5	53.51	—	364.01	74.1	257.88	16.08	15.95	1.53	6.81	0.15	14.09	341.43	18.43	12.22	6.21
河南	228.88	—	0.06	205.65	23.23	0.17	228.72	9.71	199.26	3.37	16.55	0.64	7.09	5.2	10.74	205.22	74.8	40.58	34.21
湖北	227.13	—	23.97	187.89	39.24	7.64	219.49	39.81	176.88	7.51	2.93	1.59	13.81	5.66	14.27	191.81	99.83	45.87	53.96
湖南	262.75	—	60.83	243.4	19.35	7.52	255.23	88.62	144.22	18.62	11.29	15.85	40.37	11.69	36.7	158.14	88.92	23.36	65.57
广东	790.83	127.9	149.91	711.74	79.09	9.24	781.59	280.66	371.57	106.02	32.58	5.4	92.08	75.83	42.43	575.09	8.01	0.79	7.21
广西	2105.72	800.6	256.49	1940.1	165.62	11.4	2094.32	121.67	1306.89	528.48	148.68	7.26	582.52	157.12	124.58	1234.24	544.57	195.96	348.61
海南	124.47	124.47	1.52	107.83	16.64	0.2	124.27	28.05	42.15	34.17	20.11	39.76	1.34	27.05	13.56	42.76	4.44	2.35	2.08

续表

木材及竹材采伐产品

地区	商品材 合计	其中 热带木材	其中 针叶木材	原木	薪材	按来源分 天然林	按来源分 人工林	按用途分 直接用原木	按用途分 加工用材	按用途分 造纸用材	按用途分 其他	按生产单位分 系统内国有企业单位生产的木材	按生产单位分 系统内国有林场、事业单位生产的木材	按生产单位分 系统外企、事业单位采伐自营林地的木材	按生产单位分 乡(镇)集体企业及单位生产的木材	按生产单位分 村及村以下各级组织和农民个人生产的木材	非商品材 合计	非商品材 农民自用材采伐量	非商品材 农民烧材采伐量
重庆	50.08	—	11.47	39.57	10.51	5.72	44.37	13.98	14.89	12.97	8.24	—	11.07	0.77	14.33	23.91	16.6	9.53	7.07
四川	169.72	—	33.7	150.46	19.26	1.17	168.55	85.48	75.7	0.54	8	1.47	15.3	6.31	15.36	131.29	96.51	28.14	68.36
贵州	175.28	—	87.17	168.35	6.93	6.88	168.4	52.86	110.17	9.78	2.47	1.25	21.71	3.69	25.73	122.89	13.3	4.54	8.76
云南	348.47	45.87	92.21	309.54	38.93	90.79	257.68	131.7	151.26	45.61	19.91	37.99	26.09	26.15	42.98	215.26	576.75	104.82	471.93
西藏	4.16	—	—	4.16	—	4.16	—	—	4.16	—	—	—	4.16	—	—	—	45.09	20.24	24.86
陕西	6.82	—	1.36	5.87	0.95	0.14	6.68	3.03	3.56	0.12	0.11	0.22	0.73	0.04	0.62	5.21	50.52	19.57	30.94
甘肃	3.35	—	0.03	3.35	—	0.24	3.11	1.6	0.88	—	0.87	0.05	0.94	0.06	0.42	1.88	0.58	0.46	0.12
青海	1.25	—	—	1.18	0.07	0.2	1.05	0.26	0.92	0.06	0.01	—	—	0.05	—	1.2	1.24	1.2	0.04
宁夏	1.05	—	—	0.78	0.27	1.05	—	—	0.78	—	0.27	0.03	—	0.75	0.05	0.22	0.4	0.4	—
新疆	33.93	—	0.88	32.88	1.04	1.49	32.44	26.61	6.25	—	1.06	10.64	1.49	0.14	0.48	21.19	5.16	4.32	0.83
新疆兵团	10.64	—	—	10.64	—	—	10.64	8.56	2.08	—	—	10.64	—	—	—	—	—	—	—
大兴安岭	—	—	—	—	—	—	—	—	—	—	—	—	—	—	—	—	—	—	—

附表 4-3 2016 年损失碳情况

1. 2016 年火灾损失

<table>
<tr><th rowspan="2"></th><th colspan="2">损失林木</th></tr>
<tr><th>成林蓄积量/m³</th><th>幼林株数/万株</th></tr>
<tr><td>全国合计</td><td>60 846</td><td>13 765</td></tr>
<tr><td>北京</td><td>—</td><td>12 526</td></tr>
<tr><td>天津</td><td>—</td><td>—</td></tr>
<tr><td>河北</td><td>56</td><td>4</td></tr>
<tr><td>山西</td><td>570</td><td>2</td></tr>
<tr><td>内蒙古</td><td>—</td><td>38</td></tr>
<tr><td>辽宁</td><td>4 360</td><td>18</td></tr>
<tr><td>吉林</td><td>391</td><td>12</td></tr>
<tr><td>黑龙江</td><td>—</td><td>—</td></tr>
<tr><td>上海</td><td>—</td><td>—</td></tr>
<tr><td>江苏</td><td>—</td><td>—</td></tr>
<tr><td>浙江</td><td>6 417</td><td>22</td></tr>
<tr><td>安徽</td><td>3 006</td><td>4</td></tr>
<tr><td>福建</td><td>4 921</td><td>25</td></tr>
<tr><td>江西</td><td>1 856</td><td>23</td></tr>
<tr><td>山东</td><td>718</td><td>1</td></tr>
<tr><td>河南</td><td>35</td><td>4</td></tr>
<tr><td>湖北</td><td>696</td><td>379</td></tr>
<tr><td>湖南</td><td>3 654</td><td>17</td></tr>
<tr><td>广东</td><td>3 908</td><td>8</td></tr>
<tr><td>广西</td><td>12 038</td><td>560</td></tr>
<tr><td>海南</td><td>656</td><td>4</td></tr>
<tr><td>重庆</td><td>370</td><td>1</td></tr>
<tr><td>四川</td><td>2 550</td><td>20</td></tr>
<tr><td>贵州</td><td>492</td><td>6</td></tr>
<tr><td>云南</td><td>12 086</td><td>50</td></tr>
<tr><td>西藏</td><td>—</td><td>—</td></tr>
</table>

损失林木		
	成林蓄积量/m³	幼林株数/万株
陕西	2 036	5
甘肃	—	32
青海	—	4
宁夏	3	—
新疆	27	—

2. 2016 年收割损失

全国主要林产工业产品产量		
产品名称	单位	产量
木竹加工制品		
一、锯材	万 m³	7 716.14
1. 普通锯材	万 m³	7 384.66
2. 特种锯材	万 m³	174.59
3. 枕木及其他锯材	万 m³	156.89
二、木片、木粒加工产品	万实积 m³	4 576.12
三、人造板	万 m³	30 042.22
（一）胶合板	万 m³	17 755.61
1. 木胶合板	万 m³	16 381.78
2. 竹胶合板	万 m³	640.24
3. 其他胶合板	万 m³	733.59
（二）纤维板	万 m³	6 651.22
1. 木质纤维板	万 m³	6 443.97
（1）硬质纤维板	万 m³	517.62
（2）中密度纤维板	万 m³	5 904.38
（3）软质纤维板	万 m³	21.97
2. 非木质纤维板	万 m³	207.25
（三）刨花板	万 m³	2 650.1
1. 木质刨花板	万 m³	2 572.1
其中：定向刨花板（OSB）	万 m³	91
2. 非木质刨花板	万 m³	78

全国主要林产工业产品产量		
产品名称	单位	产量
木竹加工制品		
（四）其他人造板	万 m³	2 985.29
其中：细木工板	万 m³	1 667.04
四、其他加工材	万 m³	1 023.09
1. 改性木材	万 m³	146.83
2. 指接材	万 m³	452.99
五、木竹地板	万 m²	83 798.66
1. 实木地板	万 m²	14 808.23
2. 实木复合木地板	万 m²	24 968.97
3. 浸渍纸层压木质地板（强化木地板）	万 m²	31 621.5
4. 竹地板（含竹木复合地板）	万 m²	11 585.94
5. 其他木地板（含软木地板、集成材地板等）	万 m²	814.02
林产化学产品		
一、松香类产品	t	1 838 691
1. 松香	t	1 490 777
2. 松香深加工产品	t	347 914
二、松节油类产品	t	273 765
1. 松节油	t	224 698
2. 松节油深加工产品	t	49 067
三、樟脑	t	14 271
其中：合成樟脑	t	13 773
四、冰片	t	6 901
其中：合成冰片	t	6 830
五、栲胶类产品	t	4 969
1. 栲胶	t	4 169
2. 栲胶深加工产品	t	800
六、紫胶类产品	t	4 965
1. 紫胶	t	4 282
2. 紫胶深加工产品	t	683
七、木竹热解产品	t	1 766 646
八、木质生物质成型燃料	t	810 261

3. 2016 年木竹类收割损失（1）

地区	锯材 合计	锯材 普通锯材	锯材 特种锯材	锯材 枕木及其他锯材	木片、木粒加工产品	木竹加工制品 总计	人造板 胶合板 合计	胶合板 木胶合板	胶合板 竹胶合板	胶合板 其他胶合板	纤维板 合计	纤维板 木质纤维板 小计	纤维板 木质纤维板 硬质纤维板	纤维板 木质纤维板 中密度纤维板	纤维板 木质纤维板 软质纤维板	纤维板 非木质纤维板	刨花板 合计	刨花板 木质刨花板 小计	刨花板 木质刨花板 其中:定向刨花板(OSB)	刨花板 非木质刨花板
全国合计	7716.14	7384.66	174.59	156.89	4576.12	30042.22	17755.61	16381.78	640.24	733.59	6651.22	6443.97	517.62	5904.38	21.97	207.25	2650.1	2572.1	91	78
北京	—	—	—	—	—	—	—	—	—	—	—	—	—	—	—	—	—	—	—	—
天津	—	—	—	—	—	11.17	1.25	1.25	—	—	9.92	9.92	—	9.92	—	—	—	—	—	—
河北	152.82	152.75	—	0.07	15.36	1715.06	811.62	810.87	—	0.75	534.04	534.04	5.21	528.65	0.19	—	308.23	301.7	—	6.52
山西	13.02	12.99	—	0.03	20.96	46.41	8.11	1.38	—	6.73	17.54	17.54	—	17.54	—	—	5.45	5.45	—	—
内蒙古	1028.46	1028.27	—	0.19	6.47	42.38	26.76	26.76	—	—	1.64	1.64	0.01	1.63	—	—	0.15	0.15	—	—
内蒙古集团	—	—	—	—	—	—	—	—	—	—	—	—	—	—	—	—	—	—	—	—
辽宁	292.69	284.29	5.91	2.49	113.88	283.16	131.62	123.05	—	8.57	61.25	61.25	9.56	51	0.7	—	25.02	25.02	—	—
吉林	147.59	144.07	2.73	0.78	52.92	371.22	177.66	96.21	—	81.45	102.75	102.75	—	102.75	—	—	38.59	38.59	—	—
吉林集团	0.22	0.22	—	—	0.47	145.18	0.18	0.18	—	—	102.35	102.35	—	102.35	—	—	36.95	36.95	—	—
长白山集团	1.16	1.09	0.08	—	0.09	1.27	0.81	0.81	—	—	0.4	0.4	—	0.4	—	—	—	—	—	—
黑龙江	629.85	626.19	3.15	0.51	57.02	457.39	304.9	303.04	—	1.86	86.82	86.82	1.38	85.44	—	—	46.71	46.71	—	—

续表

地区	锯材				木片、木粒加工产品	人造板														
	合计	普通锯材	特种锯材	枕木及其他锯材		总计	胶合板 合计	木胶合板	竹胶合板	其他胶合板	纤维板 合计	纤维板 小计	木质纤维板 硬质纤维板	木质纤维板 中密度纤维板	木质纤维板 软质纤维板	非木质纤维板	刨花板 合计	木质刨花板 小计	其中:定向刨花板(OSB)	非木质刨花板
龙江集团	12.16	12.16	—	—	1.25	9.61	3.28	3.28	—	—	0.29	0.29	0.29	—	—	—	3.11	3.11	—	—
上海	—	—	—	—	—	1.67	1.67	1.67	—	—	—	—	—	—	—	—	—	—	—	—
江苏	285.89	285.35	0.4	0.14	166.07	5609.77	3896.4	3863.55	1.34	31.51	768.23	768.23	34.4	732.27	1.56	—	678.14	677.98	0.08	0.16
浙江	330.61	299.57	28.37	2.67	35.6	567.53	195.6	95.25	98.10	2.25	96.05	95.94	2.08	93.66	0.2	0.10	9.46	9.2	3.82	0.26
安徽	453.23	440.95	2.75	9.53	172.34	2296.38	1634.24	1551.01	57.43	25.8	347.10	347.1	46.55	300.55	—	—	152.64	152.41	—	0.23
福建	242.71	229.13	13.58	—	101.18	981.15	565.93	336.54	226.89	2.49	189.49	189.49	0.95	188.53	—	—	36.26	36.26	—	—
江西	227.93	209.28	4	14.66	131.84	498.95	206.98	84.54	94.02	28.42	131.08	130.48	42.43	87.5	0.55	0.6	42.45	40.13	0.38	2.32
山东	1339.55	1253.57	83.63	2.34	2167.36	7480.69	5157.4	4885.95	—	271.45	1410.14	1223.46	261.58	951.41	10.47	186.68	528.86	525.16	8.51	3.7
河南	255.4	254.74	0.05	0.61	275.27	1793.19	842.27	743.73	—	98.54	380.34	380.34	11.32	361.77	7.25	—	130.85	130.85	23.4	—
湖北	225.47	222.32	3.13	0.02	87.09	736.6	217.07	201.06	5.19	10.82	397.11	383.95	23.73	360.16	0.06	13.16	79.58	77.73	52.34	1.85
湖南	413.27	396.69	8.41	8.17	99.29	566.29	306.79	193.72	86.7	26.37	56.28	56.28	—	56.28	—	—	29.21	29.21	—	—
广东	188.69	188.06	0.48	0.15	216.64	1389.18	668.53	653.15	3.31	12.06	501.01	501.01	32.24	468.77	—	—	205.42	172.99	—	32.43
广西	896.17	789.82	11.23	95.13	671.5	3668.32	2137.69	2043.39	5.54	88.76	838.61	838.61	15	823.61	—	—	187.4	187.4	1.57	—
海南	67.43	67.36	—	0.08	41.58	29.71	17.69	17.69	—	—	3	3	—	3	—	—	9.01	9.01	—	—

续表

地区	木竹加工制品																			
	锯材				木片、木粒加工产品	人造板														
	合计	普通锯材	特种锯材	枕木及其他锯材		总计	胶合板				合计	纤维板					合计	刨花板		
							合计	木胶合板	竹胶合板	其他胶合板		小计	木质纤维板			非木质纤维板		木质刨花板		非木质刨花板
													硬质纤维板	中密度纤维板	软质纤维板			小计	其中:定向刨花板(OSB)	
重庆	41.91	38.71	—	3.19	27.94	126.05	39.67	33.12	5.76	0.78	49.36	47.79	0.52	47.28	—	1.57	28.38	22.38	—	6
四川	179.79	170.55	0.78	8.47	52.11	877.03	211.05	140.12	47.06	23.87	488.3	483.17	28.67	453.5	1	5.13	63.71	39.38	0.10	24.33
贵州	93.7	80.19	6.01	7.51	17.34	102.17	52.43	41.71	6.55	4.17	7.66	7.66	—	7.66	—	—	8.23	8.23	0.8	—
云南	191.4	191.4	—	—	35.81	311.9	124.97	116.05	2.36	6.57	114.54	114.54	0.67	113.87	—	—	35.5	35.5	—	—
西藏	2.22	2.22	—	—	—	—	—	—	—	—	—	—	—	—	—	—	—	—	—	—
陕西	7.83	7.67	—	0.16	6.71	59.69	10.09	9.7	—	0.39	48.29	48.29	1.32	46.97	—	—	0.86	0.66	—	0.2
甘肃	0.88	0.88	—	—	0.12	5.28	0.83	0.83	—	—	4.44	4.44	—	4.44	—	—	—	—	—	—
青海	—	—	—	—	—	—	—	—	—	—	—	—	—	—	—	—	—	—	—	—
宁夏	—	—	—	—	1.46	1.05	—	—	—	—	—	—	—	—	—	—	—	—	—	—
新疆	7.48	7.48	—	—	0.44	12.82	6.41	6.41	—	—	6.2	6.2	—	6.2	—	—	—	—	—	—
新疆兵团	0.51	0.51	—	—	—	—	—	—	—	—	—	—	—	—	—	—	—	—	—	—
大兴安岭	0.14	0.14	—	—	2.27	0.02	—	—	—	—	—	—	—	—	—	—	—	—	—	—

4. 2016年木竹收割损失（2）

地区	木竹加工制品											林产化学产品					
	人造板		其他加工材			木竹地板						松香类产品			松节油类产品		
	其他人造板		合计	改性木材	指接材	合计	实木地板	实木复合木地板	浸渍纸层压木质地板（强化木地板）	竹地板（含竹木复合地板）	其他木地板（含软木地板、集成材地板等）	合计	松香	松香深加工产品	合计	松节油	松节油深加工产品
	合计	其中：细木工板															
全国合计	2 985.29	1 667.04	1 023.09	146.83	452.99	83 798.66	14 808.23	24 968.97	31 621.5	11 585.94	814.02	1 838 691	1 490 777	347 914	273 765	224 698	49 067
北京	—	—	—	—	—	—	—	—	—	—	—	—	—	—	—	—	—
天津	—	—	—	—	—	111.59	—	111.59	—	—	—	—	—	—	—	—	—
河北	61.17	48.4	16.09	9.64	—	70.09	70.09	—	—	—	—	—	—	—	—	—	—
山西	15.32	2.64	0.27	0.27	—	0.13	—	—	—	—	0.13	—	—	—	—	—	—
内蒙古	13.84	13.39	—	—	—	6.8	1.8	5	—	—	—	—	—	—	—	—	—
内蒙古集团	—	—	—	—	—	—	—	—	—	—	—	—	—	—	—	—	—
辽宁	65.26	2.41	14.05	—	13.75	2 766.62	867.38	1 185.03	712	—	2.2	—	—	—	—	—	—
吉林	52.22	48.22	3.48	0.03	3.03	3 622.32	326.44	3 174.34	120.1	—	1.44	—	—	—	—	—	—
吉林集团	5.7	5.7	—	—	—	415.51	—	415.51	—	—	—	—	—	—	—	—	—
长白山集团	0.05	0.05	—	—	—	186.95	5.92	131.03	50	—	—	—	—	—	—	—	—
黑龙江	18.96	16.42	4.65	0.10	4.47	2 109.98	1 945.66	99.97	6.2	—	58.15	—	—	—	—	—	—
龙江集团	2.94	2.88	1.06	—	1.06	28.87	8.78	—	6.2	—	13.89	—	—	—	—	—	—

续表

地区	人造板 合计	人造板 其中:细木工板	其他加工材 合计	其他加工材 改性木材	其他加工材 指接材	合计	木竹地板 实木地板	木竹地板 实木复合木地板	木竹地板 浸渍纸层压木质地板(强化木地板)	木竹地板 竹地板(含竹木复合地板)	木竹地板 其他木地板(含软木地板、集成材地板等)	松香类产品 合计	松香类产品 松香	松香类产品 松香深加工产品	松节油类产品 合计	松节油类产品 松节油	松节油类产品 松节油深加工产品
上海	—	—	—	—	—	598.74	569.33	—	22.4	7.01	—	—	—	—	—	—	—
江苏	267.01	81.59	2.7	2.2	—	31 798.75	2 480.89	6 903.28	21 646.21	768.37	50	9 600	9 600	—	—	—	—
浙江	266.43	266.43	102.36	—	89.22	11 206.51	4 102.61	6 069.43	8.55	975.91	191.45	21 200	3 700	17 500	5 500	—	5 500
安徽	162.41	98.86	19.11	0.63	5.07	7 919.97	617.93	1 349.7	4 840.61	920.28	—	7 685	7 685	—	1 898	1 898	—
福建	189.48	159.44	132.89	0.89	131.65	3 178.71	433.44	210.91	—	2 534.16	0.2	138 216	109 818	28 398	13 677	11 609	2 068
江西	118.44	93.47	88.26	20.88	57.86	7 282.86	217.65	542.88	591.54	5 880.39	50.4	127 063	111 900	15 163	56 965	25 020	31 945
山东	384.29	200.16	242.66	40.71	49.46	4 124.36	400.95	3 412.56	243.69	2.11	65.05	—	—	—	—	—	—
河南	439.74	131.41	0.04	—	—	1 289.83	1 192.46	61.62	35.75	—	—	—	—	—	—	—	—
湖北	42.84	42.82	14.97	4.01	3.45	3 242.59	46.87	636.92	2 485.73	27.69	45.39	29 310	29 310	—	1 392	1 392	—
湖南	174.01	138.78	22.36	0.89	20.87	1 538.64	413.73	210.33	504.89	387.56	22.14	38 540	23 070	15 470	6 124	3 824	2 300
广东	14.21	9.81	3.4	—	0.7	1 119.85	534.82	329.36	—	4.37	251.3	203 380	152 429	50 951	30 607	28 986	1 621
广西	504.62	259.65	299.81	49.64	40.06	577.45	79.9	437.54	—	—	60	1 044 141	869 764	174 377	125 995	120 435	5 560
海南	—	—	17	13	4	16.56	3	10	—	3.56	—	591	591	—	134	134	—
重庆	8.65	0.12	5.64	2.24	3.4	7.13	4.79	0.3	—	2.04	—	1 077	1 077	—	—	—	—
四川	113.97	21.72	19.5	—	13.97	866.03	411.89	126.97	303.71	10.10	13.36	300	300	—	25	25	—
贵州	33.84	18.24	4.99	1.5	3.39	113.56	50.37	0.05	—	62.19	0.94	13 895	11 509	2 386	1 253	1 253	—

续表

地区	木竹加工制品												林产化学产品					
	人造板		其他加工材			木竹地板						松香类产品			松节油类产品		
	其他人造板		合计	改性木材	指接材	合计	实木地板	实木复合木地板	浸渍纸层压木质地板（强化木地板）	竹地板（含竹木复合地板）	其他木地板（含软木地板、集成材地板等）	合计	松香	松香深加工产品	合计	松节油	松节油深加工产品
	合计	其中：细木工板															
云南	36.9	11.53	8.87	0.18	8.64	229.27	36.11	91.16	100.12	—	1.88	203 493	159 824	43 669	30 195	30 122	73
西藏	—	—	—	—	—	—	—	—	—	—	—	—	—	—	—	—	—
陕西	0.44	0.34	—	—	—	0.31	0.11	—	—	0.2	—	200	200	—	—	—	—
甘肃	—	—	—	—	—	—	—	—	—	—	—	—	—	—	—	—	—
青海	—	—	—	—	—	—	—	—	—	—	—	—	—	—	—	—	—
宁夏	1.05	1.05	—	—	—	—	—	—	—	—	—	—	—	—	—	—	—
新疆	0.21	0.14	—	—	—	—	—	—	—	—	—	—	—	—	—	—	—
新疆兵团	—	—	—	—	—	—	—	—	—	—	—	—	—	—	—	—	—
大兴安岭	0.02	0.02	—	—	—	—	—	—	—	—	—	—	—	—	—	—	—

5. 2016 年木材收割损失（3）

地区	林产化学产品											
	樟脑		冰片		栲胶类产品			紫胶类产品			木竹热解产品	木质生物质成型燃料
	合计	其中:合成樟脑	合计	其中:合成冰片	合计	栲胶	栲胶深加工产品	合计	紫胶	紫胶深加工产品		
全国合计	14 271	13 773	6 901	6 830	4 969	4 169	800	4 965	4 282	683	1 766 646	810 261
北京	—	—	—	—	—	—	—	—	—	—	—	—
天津	—	—	—	—	—	—	—	—	—	—	—	—
河北	—	—	—	—	990	990	—	—	—	—	46 136	14 000
山西	—	—	—	—	—	—	—	—	—	—	1 250	—
内蒙古	—	—	—	—	—	—	—	—	—	—	—	80 000
内蒙古集团	—	—	—	—	—	—	—	—	—	—	—	—
辽宁	—	—	—	—	—	—	—	—	—	—	3 200	—
吉林	—	—	—	—	—	—	—	—	—	—	8 166	1 139
吉林集团	—	—	—	—	—	—	—	—	—	—	—	—
长白山集团	—	—	—	—	—	—	—	—	—	—	—	929
黑龙江	—	—	—	—	—	—	—	—	—	—	1 790	—
龙江集团	—	—	—	—	—	—	—	—	—	—	—	—
上海	—	—	—	—	—	—	—	—	—	—	—	—
江苏	—	—	—	—	—	—	—	—	—	—	8 000	—
浙江	—	—	—	—	—	—	—	—	—	—	160 013	204 130
安徽	—	—	—	—	—	—	—	—	—	—	89 333	264 213
福建	13 010	13 010	—	—	—	—	—	27	27	—	427 169	—
江西	477	13	51	30	—	—	—	—	—	—	162 728	18 600
山东	—	—	—	—	—	—	—	—	—	—	21 121	—
河南	—	—	—	—	1 000	1 000	—	—	—	—	15 200	—
湖北	—	—	—	—	—	—	—	—	—	—	300	73 912
湖南	104	70	6 100	6 100	—	—	—	23	23	—	158 227	96 658
广东	—	—	—	—	—	—	—	186	186	—	13 404	86
广西	—	—	—	—	2 123	2 123	—	3 255	3 255	—	61 769	19 984
海南	—	—	—	—	—	—	—	—	—	—	216	—
重庆	—	—	—	—	—	—	—	—	—	—	6 034	—
四川	680	680	—	—	—	—	—	—	—	—	13 500	—
贵州	—	—	50	—	800	—	800	—	—	—	489 480	36 135
云南	—	—	700	700	56	56	—	1 474	791	683	69 217	—
西藏	—	—	—	—	—	—	—	—	—	—	—	—

地区	林产化学产品											木竹热解产品	木质生物质成型燃料
	樟脑		冰片		栲胶类产品			紫胶类产品					
	合计	其中：合成樟脑	合计	其中：合成冰片	合计	栲胶	栲胶深加工产品	合计	紫胶	紫胶深加工产品			
陕西	—	—	—	—	—	—	—	—	—	—		—	—
甘肃	—	—	—	—	—	—	—	—	—	—		—	—
青海	—	—	—	—	—	—	—	—	—	—		—	—
宁夏	—	—	—	—	—	—	—	—	—	—		—	—
新疆	—	—	—	—	—	—	—	—	—	—		—	—
新疆兵团	—	—	—	—	—	—	—	—	—	—		—	—
大兴安岭	—	—	—	—	—	—	—	—	—	—		10 393	1 404

附表 4-4　2017 年损失碳情况

1. 2017 年火灾损失

	损失林木	
	成林蓄积量/m³	幼林株数/万株
全国合计	60 846	13 765
北京	—	12 526
天津	—	—
河北	56	4
山西	570	2
内蒙古	—	38
辽宁	4 360	18
吉林	391	12
黑龙江	—	—
上海	—	—
江苏	—	—
浙江	6 417	22
安徽	3 006	4
福建	4 921	25
江西	1 856	23
山东	718	1

续表

	损失林木	
	成林蓄积量/m³	幼林株数/万株
河南	35	4
湖北	696	379
湖南	3 654	17
广东	3 908	8
广西	12 038	560
海南	656	4
重庆	370	1
四川	2 550	20
贵州	492	6
云南	12 086	50
西藏	—	—
陕西	2 036	5
甘肃	—	32
青海	—	4
宁夏	3	—
新疆	27	—

2. 2017 年收割损失

全国主要林产工业产品产量		
产品名称	单位	产量
木材及竹材采伐产品		
一、商品材	万 m³	8 398.17
其中：热带木材	万 m³	1 098.85
其中：针叶木材	万 m³	1 403.39
1. 原木	万 m³	6 546.35
2. 薪材	万 m³	671.86
按来源分		
1. 天然林	万 m³	527.79
2. 人工林	万 m³	6 690.42
按生产单位分		
1. 系统内国有企业单位生产的木材	万 m³	419.5
2. 系统内国有林场、事业单位生产的木材	万 m³	1 302.86

续表

全国主要林产工业产品产量		
产品名称	单位	产量
3. 系统外企、事业单位采伐自营林地的木材	万 m³	366.77
4. 乡（镇）集体企业级单位生产的木材	万 m³	538.88
5. 村及村以下各级组织和农民个人生产的木材	万 m³	4 590.20
二、非商品材	万 m³	2 961.56
1. 农民自用材	万 m³	733.43
2. 农民烧材	万 m³	2 228.14
三、竹材		
（一）大径竹	万根	272 012.90
其中：村及村以下各级组织和农民个人生产的大径竹	万根	136 463.32
1. 毛竹	万根	136 748.93
2. 其他	万根	98 717.10
（二）小杂竹	万根	1 125.25
锯材产量	万 m³	8 602.37
人造板产量	万 m³	29 485.87
1. 胶合板	万 m³	17 195.21
2. 纤维板	万 m³	6 297.00
3. 刨花板	万 m³	2 777.77
4. 其他人造板	万 m³	3 215.89
木竹地板产量	万 m³	82 568.31
松香类产品产量	t	1 664 982.00
栲胶类产品产量	t	4 667.00
紫胶类产品产量	t	7 098.00

3. 2017 年竹类收割损失

地区	木材及竹材采伐产品				
	大径竹合计/万根				小杂竹/万 t
		村及村以下各级组织和农民个人生产的大径竹	毛竹	其他	
全国合计	272 012.9	136 463.32	136 748.93	98 717.11	1 125.25
北京	—	—	—	—	—
天津	—	—	—	—	—
河北	—	—	—	—	—
山西	—	—	—	—	—
内蒙古	—	—	—	—	—
内蒙古集团	—	—	—	—	—

续表

地区	木材及竹材采伐产品				
	大径竹合计/万根				小杂竹/万 t
		村及村以下各级组织和农民个人生产的大径竹	毛竹	其他	
辽宁	—	—	—	—	—
吉林	—	—	—	—	—
吉林集团	—	—	—	—	—
长白山集团	—	—	—	—	—
黑龙江	—	—	—	—	—
龙江集团	—	—	—	—	—
上海	—	—	—	—	0.05
江苏	213.82	210.3	261.51	146.49	4.88
浙江	20 826.25	12 799.18	18 960.04	784.65	51.37
安徽	15 724.72	5 745.1	12 673.65	3 050.5	64.17
福建	84 883	70 062	46 572	24 960	221.39
江西	19 077.14	4 342.5	17 079.07	1 471.5	15.37
山东	—	—	—	—	—
河南	133.22	135.89	153.89	—	15.13
湖北	3 825.89	1 290.74	2 343.13	780.63	10.55
湖南	16 257.52	3 288.24	5 564.83	833.75	9.5
广东	20 401.24	6 301.48	4 093.83	8 659.86	194.99
广西	52 331.62	22 369.73	17 504.77	35 122.5	70.15
海南	959.86	46.3	37.99	791.49	0.13
重庆	10 544.42	674.77	970.52	6 721.89	63.35
四川	9 427.10	4 979.94	1 476.01	6 687.38	330.93
贵州	4 080.07	400.14	1 310.73	346.36	6.17
云南	12 857.04	3 779.02	7 198.73	8 302.55	65.56
西藏	—	—	−1	—	—
陕西	470	38	548.24	57.55	1.41
甘肃	—	—	—	—	0.15
青海	—	—	—	—	—
宁夏	—	—	—	—	—
新疆	—	—	—	—	—
新疆兵团	—	—	—	—	—
大兴安岭	—	—	—	—	—

4. 2017年木材收割损失

地区	商品材					按来源分		按用途分				按生产单位分					非商品材		
	合计	其中 热带木材	针叶木材	原木	薪材	天然林	人工林	直接用原木	加工用材	造纸用材	其他	系统内国有企业单位生产的木材	系统内国有林场、事业单位生产的木材	系统外企、事业单位采伐自营林地的木材	乡（镇）集体企业及单位产的木材	村及村以下各级组织和农民个人生产的木材	合计	农民自用材采伐量	农民烧材采伐量
全国合计	8398.17	1098.85	1403.39	6546.35	671.86	527.79	6690.42	1797.26	4122.45	831.08	467.43	419.5	1302.86	366.77	538.88	4590.2	2961.56	733.43	2228.14
北京	12.74	—	0.18	7.81	5.11	0.04	12.88	11.28	1.08	—	0.56	—	0.02	1.06	1.29	10.55	11.28	11.18	0.1
天津	14.7	—	—	17.04	—	—	17.04	—	—	—	17.04	—	—	—	—	17.04	—	—	—
河北	78.7	—	2.56	63.87	16.57	8.58	71.87	9.03	62.35	0.62	8.45	—	29.24	0.02	2.9	48.29	17.03	2.71	14.32
山西	21.81	—	1.05	10.16	3.94	4.44	9.67	8.52	0.93	—	4.65	0.29	6.98	—	0.17	6.66	0.96	0.78	0.18
内蒙古	83.52	—	43.52	136.32	6.3	73.59	69.03	30.46	65.24	3.46	43.46	78.07	8.11	2.22	1.73	52.49	5.45	4.99	0.46
内蒙古集团	5.62	—	41.39	75.98	2	70.4	7.57	16.04	18.59	2.6	40.74	77.97	—	—	—	—	—	—	—
辽宁	194.49	—	23.28	145.83	20.09	4.92	161	88.72	68	2.23	6.97	14.06	42.73	0.15	38.43	70.55	30.83	12.18	18.64
吉林	185.63	—	32.64	284.5	3.37	169.39	118.48	112.73	165.06	0.27	9.81	126.56	73.69	9.65	20.77	57.21	—	—	—
吉林集团	19.63	—	2.5	41.74	0.22	37.24	4.72	1.66	37.4	—	2.9	41.96	—	—	—	—	—	—	—
长白山集团	12.09	—	6	58.1	0.06	57.66	0.5	4.49	51.64	0.01	2.03	58.16	—	—	—	—	—	—	—

续表

地区	木材及竹材采伐产品																		
	商品材																非商品材		
	合计	其中		原木	薪材	按来源分		按用途分				按生产单位分					合计	农民自用材采伐量	农民烧材采伐量
		热带木材	针叶木材			天然林	人工林	直接用原木	加工用材	造纸用材	其他	系统内国有企业单位生产的木材	系统内国有林场、事业单位生产的木材	系统外企、事业单位采伐自营林地的木材	乡（镇）集体企业及单位产的木材	村及村以下各级组织和农民个人生产的木材			
黑龙江	91.18	—	23.23	148.11	8.67	60.44	96.34	98.88	46.24	4.34	7.32	6.86	95.23	1.81	6.06	46.82	7.15	7.12	0.03
龙江集团	5.98	—	0.12	3.63	0.38	0.93	3.08	3.18	0.44	0.37	0.02	4.01	—	—	—	—	—	—	—
江苏	140.71	—	0.71	122.59	9.23	0.01	131.81	34.37	89.96	3.86	3.62	—	14.31	8.61	23.34	85.56	16.06	11.97	4.08
浙江	95.99	—	73.81	121.69	1.99	—	123.68	46	67.27	0.79	9.63	0.04	12.35	0.26	14.81	96.22	24.24	6.11	18.14
安徽	434.13	—	88.03	399.29	58.67	20.62	437.35	175.64	252.48	8.78	21.07	0.95	39.82	3.07	21.59	392.54	108.9	54.31	54.58
福建	524.06	—	203.58	448.14	48.86	8.54	488.46	151.23	296.67	14.59	34.5	54.29	81.14	8.39	34.64	318.53	1029.01	91.03	937.98
江西	233.18	—	190.76	217.73	14.43	30.29	201.87	72.27	139.75	8.83	11.3	14.69	73.74	10.89	16.81	116.03	65.53	16.69	48.85
山东	421.79	—	0.44	310.5	53.51	—	364.01	74.1	257.88	16.08	15.95	1.53	6.81	0.15	14.09	341.43	18.43	12.22	6.21
河南	246.03	—	0.06	205.65	23.23	0.17	228.72	9.71	199.26	3.37	16.55	0.64	7.09	5.2	10.74	205.22	74.8	40.58	34.21
湖北	200.43	—	23.97	187.89	39.24	7.64	219.49	39.81	176.88	7.51	2.93	1.59	13.81	5.66	14.27	191.81	99.83	45.87	53.96
湖南	327.62	—	60.83	243.4	19.35	7.52	255.23	88.62	144.22	18.62	11.29	15.85	40.37	11.69	36.7	158.14	88.92	23.36	65.57
广东	793.50	127.9	149.91	711.74	79.09	9.24	781.59	280.66	371.57	106.02	32.58	5.4	92.08	75.83	42.43	575.09	8.01	0.79	7.21
广西	3059.21	800.6	256.49	1940.1	165.62	11.4	2094.32	121.67	1306.89	528.48	148.68	7.26	582.52	157.12	124.58	1234.24	544.57	195.96	348.61

续表

木材及竹材采伐产品

地区	商品材																非商品材		
	合计	其中		原木	薪材	按来源分		按用途分				按生产单位分					合计	农民自用材采伐量	农民烧材采伐量
		热带木材	针叶木材			天然林	人工林	直接用原木	加工用材	造纸用材	其他	系统内国有企业单位生产的木材	系统内国有林场、事业单位生产的木材	系统外企、事业单位采伐自营林地的木材	乡（镇）集体企业及单位生产的木材	村及村以下各级组织和农民个人生产的木材			
海南	174.20	124.47	1.52	107.83	16.64	0.2	124.27	28.05	42.15	34.17	20.11	39.76	1.34	27.05	13.56	42.76	4.44	2.35	2.08
重庆	51.75	—	11.47	39.57	10.51	5.72	44.37	13.98	14.89	12.97	8.24	—	11.07	0.77	14.33	23.91	16.6	9.53	7.07
四川	223.56	—	33.7	150.46	19.26	1.17	168.55	85.48	75.7	0.54	8	1.47	15.3	6.31	15.36	131.29	96.51	28.14	68.36
贵州	248.55	—	87.17	168.35	6.93	6.88	168.4	52.86	110.17	9.78	2.47	1.25	21.71	3.69	25.73	122.89	13.3	4.54	8.76
云南	487.51	45.87	92.21	309.54	38.93	90.79	257.68	131.7	151.26	45.61	19.91	37.99	26.09	26.15	42.98	215.26	576.75	104.82	471.93
西藏	0.6	—	—	4.16	—	4.16	—	—	4.16	—	—	—	4.16	—	—	—	45.09	20.24	24.86
陕西	7.57	—	1.36	5.87	0.95	0.14	6.68	3.03	3.56	0.12	0.11	0.22	0.73	0.04	0.62	5.21	50.52	19.57	30.94
甘肃	2.36	—	0.03	3.35	—	0.24	3.11	1.6	0.88	—	0.87	0.05	0.94	0.06	0.42	1.88	0.58	0.46	0.12
青海	—	—	—	1.18	0.07	0.2	1.05	0.26	0.92	0.06	0.01	—	—	0.05	—	1.2	1.24	1.2	0.04
宁夏	—	—	—	0.78	0.27	1.05	1.05	—	0.78	—	0.27	0.03	—	0.75	0.05	0.22	0.4	0.4	—
新疆	42.67	—	0.88	32.88	1.04	1.49	32.44	26.61	6.25	—	1.06	10.64	1.49	0.14	0.48	21.19	5.16	4.32	0.83
新疆兵团	14.47	—	—	10.64	—	—	10.64	8.56	2.08	—	—	10.64	—	—	—	—	—	—	—

附表 4-5　2018 年损失碳情况

1. 2018 年火灾损失

	损失林木	
	成林蓄积量/m³	幼林株数/万株
全国合计	911 836	5 955
北京	—	—
天津	—	—
河北	281	—
山西	1 188	—
内蒙古	699 180	4 640
辽宁	10 281	14
吉林	7 521	3
黑龙江	86	1
上海	—	—
江苏	3	—
浙江	3 075	36
安徽	413	2
福建	7 452	17
江西	7 101	54
山东	816	4
河南	105	2
湖北	2 368	10
湖南	9 101	72
广东	17 338	705
广西	27 770	54
海南	219	—
重庆	904	1
四川	108 710	124
贵州	3 166	10
云南	4 589	168
西藏	—	—
陕西	105	19
甘肃	16	1
青海	—	10
宁夏	—	5
新疆	51	3

2. 2018 年收割损失

全国主要林产工业产品产量

产品名称	单位	产量
木竹加工制品		
一、锯材	万 m³	8 602.37
1. 普通锯材	万 m³	8 405.54
2. 特种锯材	万 m³	196.83
二、木片、木粒加工产品	万实积 m³	4 438.15
三、人造板	万 m³	29 485.87
（一）胶合板	万 m³	17 195.21
1. 木胶合板	万 m³	15 692.57
2. 竹胶合板	万 m³	572.06
3. 其他胶合板	万 m³	930.59
（二）纤维板	万 m³	6 297
1. 木质纤维板	万 m³	6 002.24
（1）硬质纤维板	万 m³	349.29
（2）中密度纤维板	万 m³	5 630.58
（3）软质纤维板	万 m³	22.37
2. 非木质纤维板	万 m³	294.76
（三）刨花板	万 m³	2 777.77
1. 木质刨花板	万 m³	2 750.6
其中：定向刨花板（OSB）	万 m³	134.26
2. 非木质刨花板	万 m³	27.16
（四）其他人造板	万 m³	3 215.89
其中：细木工板	万 m³	1 708.98
四、其他加工材	万 m³	1 356.89
1. 改性木材	万 m³	185.29
2. 指接材	万 m³	400.08
五、木竹地板	万 m²	82 568.31
1. 实木地板	万 m²	12 934.03
2. 实木复合木地板	万 m²	20 996.54
3. 浸渍纸层压木质地板（强化木地板）	万 m²	36 115.95
4. 竹地板（含竹木复合地板）	万 m²	11 947.83

续表

全国主要林产工业产品产量		
产品名称	单位	产量
木竹加工制品		
5. 其他木地板（含软木地板、集成材地板等）	万 m²	573.97
林产化学产品		
一、松香类产品	t	1 664 982
1. 松香	t	1 402 860
2. 松香深加工产品	t	262 122
二、松节油类产品	t	278 226
1. 松节油	t	230 354
2. 松节油深加工产品	t	47 872
三、樟脑	t	14 972
其中：合成樟脑	t	14 381
四、冰片	t	1 098
其中：合成冰片	t	960
五、栲胶类产品	t	4 667
1. 栲胶	t	3 867
2. 栲胶深加工产品	t	800
六、紫胶类产品	t	7 098
1. 紫胶	t	6 171
2. 紫胶深加工产品	t	927
七、林产天然香料	t	20 021
八、木竹热解产品	t	1 767 541
九、木质生物质成型燃料	t	872 859

3. 2018 年木竹类收割损失

地区	林产天然香料	木竹热解产品					木质生物质成型燃料
		合计	木炭	竹炭	木质活性炭	其他	
全国合计	20 021	1 767 541	872 940	348 892	462 437	83 272	872 859
北京	—	—	—	—	—	—	—
天津	—	—	—	—	—	—	—
河北	—	46 200	—	—	46 200	—	10 000

地区	林产天然香料	木竹热解产品					木质生物质成型燃料
		合计	木炭	竹炭	木质活性炭	其他	
山西	—	1 280	—	—	1 280	—	—
内蒙古	—	3 000	—	—	3 000	—	100 000
内蒙古集团	—	—	—	—	—	—	—
辽宁	—	—	—	—	—	—	—
吉林	—	4 232	1 094	—	3 138	—	210
吉林集团	—	—	—	—	—	—	—
长白山集团	—	—	—	—	—	—	—
黑龙江	—	1 785	1 785	—	—	—	15 000
龙江集团	—	—	—	—	—	—	—
上海	—	—	—	—	—	—	—
江苏	—	—	—	—	—	—	—
浙江	—	152 886	18 311	63 729	51 721	19 125	217 573
安徽	252	167 886	140 492	10 005	13 017	4 372	263 227
福建	—	412 158	4 822	191 805	183 531	32 000	56 741
江西	6 245	190 423	28 514	49 607	107 762	4 540	2 032
山东	—	22 238	7 988		14 250		—
河南	—	15 590	9 070		6 520	—	—
湖北	—	545	—	280	265	—	106 182
湖南	402	138 281	94 536	29 458	10 815	3 472	45 261
广东	850	10 281	9 264	—	1 017	—	87
广西	—	26 337	19 564	582	6 191	—	5 824
海南	—	232	221	11	—	—	—
重庆	—	4 005	2 860	1 145	—	—	—
四川	4 300	13 448	8 548	1 800	—	3 100	—
贵州	—	529 523	503 173	240	10 568	15 542	35 605
云南	7 972	22 275	21 548	230	457	40	12 000
西藏	—	—	—	—	—	—	—
陕西	—	—	—	—	—	—	—
甘肃	—	—	—	—	—	—	—
青海	—	—	—	—	—	—	—
宁夏	—	—	—	—	—	—	—
新疆	—	1 000	1 000	—	—	—	—
新疆兵团	—	1 000	1 000	—	—	—	—
大兴安岭	—	3 936	150	—	2 705	1 081	3 117

4. 2018 年木材香料收割损失

地区	松香类产品			松节油类产品			樟脑		冰片		栲胶类产品			紫胶类产品		
	合计	松香	松香深加工产品	合计	松节油	松节油深加工产品	合计	合成樟脑	合计	合成冰片	合计	栲胶	栲胶深加工产品	合计	紫胶	紫胶深加工产品
全国合计	1 664 982	1 402 860	262 122	278 226	230 354	47 872	14 972	14 381	1 098	960	4 667	3 867	800	7 098	6 171	927
北京	—	—	—	—	—	—	—	—	—	—	—	—	—	—	—	—
天津	—	—	—	—	—	—	—	—	—	—	—	—	—	—	—	—
河北	—	—	—	—	—	—	—	—	—	—	1 242	1 242	—	—	—	—
山西	—	—	—	—	—	—	—	—	—	—	—	—	—	—	—	—
内蒙古	—	—	—	—	—	—	—	—	—	—	—	—	—	—	—	—
内蒙古集团	—	—	—	—	—	—	—	—	—	—	—	—	—	—	—	—
辽宁	—	—	—	—	—	—	—	—	—	—	—	—	—	—	—	—
吉林	—	—	—	—	—	—	—	—	—	—	—	—	—	—	—	—
吉林集团	—	—	—	—	—	—	—	—	—	—	—	—	—	—	—	—
长白山集团	—	—	—	5 000	—	—	—	—	—	—	—	—	—	—	—	—
黑龙江	—	—	—	—	—	—	—	—	—	—	—	—	—	—	—	—
龙江集团	—	—	—	—	—	—	—	—	43	—	—	—	—	—	—	—
上海	9 600	9 600	—	—	—	—	—	—	—	—	—	—	—	—	—	—
江苏	19 000	1 500	17 500	5 000	—	5 000	—	—	—	—	—	—	—	—	—	—
浙江	9 160	9 160	—	2 396	2 396	—	—	—	—	—	—	—	—	—	—	—
安徽	137 535	108 772	28 763	18 321	16 274	2 047	13 510	13 510	—	—	—	—	—	—	—	—
福建	—	—	—	—	—	—	560	5	—	—	—	—	—	37	37	—
江西	124 595	116 028	8 567	55 566	22 050	33 516	—	—	—	—	—	—	—	—	—	—

续表

地区	松香类产品			松节油类产品			樟脑		冰片		栲胶类产品			紫胶类产品		
	合计	松香	松香深加工产品	合计	松节油	松节油深加工产品	合计	合成樟脑	合计	合成冰片	合计	栲胶	栲胶深加工产品	合计	紫胶	紫胶深加工产品
山东	—	—	—	—	—	—	—	—	—	—	—	—	—	—	—	—
河南	—	—	—	—	—	—	—	—	—	—	1 100	1 100	—	—	—	—
湖北	26 055	26 055	—	1 335	1 335	—	—	—	—	—	—	—	—	—	—	—
湖南	74 747	30 423	44 324	5 203	5 203	—	86	50	44	—	—	—	—	—	—	—
广东	155 828	101 831	53 997	33 193	31 599	1 594	—	—	—	—	—	—	—	702	702	—
广西	917 622	850 543	67 079	130 117	124 557	5 560	—	—	—	—	1 525	1 525	—	3 567	3 567	—
海南	779	779	—	190	190	—	—	—	—	—	—	—	—	—	—	—
重庆	1 120	1 120	—	—	—	—	—	—	—	—	—	—	—	—	—	—
四川	13 396	9 636	3 760	1 227	1 227	—	816	816	200	200	—	—	—	—	—	—
贵州	—	—	—	—	—	—	—	—	51	—	800	—	800	—	—	—
云南	175 345	137 213	38 132	25 678	25 523	155	—	—	760	760	—	—	—	2 792	1 865	927
西藏	—	—	—	—	—	—	—	—	—	—	—	—	—	—	—	—
陕西	200	200	—	—	—	—	—	—	—	—	—	—	—	—	—	—
甘肃	—	—	—	—	—	—	—	—	—	—	—	—	—	—	—	—
青海	—	—	—	—	—	—	—	—	—	—	—	—	—	—	—	—
宁夏	—	—	—	—	—	—	—	—	—	—	—	—	—	—	—	—
新疆	—	—	—	—	—	—	—	—	—	—	—	—	—	—	—	—
新疆兵团	—	—	—	—	—	—	—	—	—	—	—	—	—	—	—	—
大兴安岭	—	—	—	—	—	—	—	—	—	—	—	—	—	—	—	—

5. 2018 年水果收割损失

（单位：t）

地区	各类经济林产品总量	水果产品											干果产品							
		合计	苹果	柑橘	梨	葡萄	桃	杏	荔枝	龙眼	猕猴桃	其他水果	合计	板栗	枣（干重）	柿子（干重）	仁用杏（大扁杏等甜杏仁）	榛子	松子	其他干果
全国合计	187 811 618	157 378 578	40 822 036	33 158 629	18 984 171	14 332 998	15 309 969	2 656 300	2 308 026	1 863 125	2 011 568	25 931 756	11 160 441	2 364 548	5 624 741	1 054 526	115 268	128 994	119 588	1 752 776
北京	746 145	693 441	89 961	—	122 656	31 296	322 529	21 966	—	—	14	105 019	40 132	25 034	1 350	7 220	5 420	—	—	1 108
天津	320 792	317 013	52 255	—	52 619	85 145	64 267	1 873	—	—		60 854	2 166	1 751	415			—	—	
河北	15 220 133	13 681 754	3 713 901	—	5 126 490	1 763 379	2 094 036	402 027	—	—	1 254	580 667	1 210 746	381 294	558 396	204 354	38 664	9 587	—	18 451
山西	7 247 429	5 762 842	3 723 028	—	883 648	295 918	605 699	154 616	—	—	42	99 891	1 123 132	11 764	735 753	98 044	27 524	—	300	249 747
内蒙古	736 398	657 146	178 921	—	75 523	84 584	1 770	31 266	—	—		285 082	41 302	—	1 082		7 963	19 199	713	12 345
内蒙古集团	3 500	981										981	722					9	713	
辽宁	6 764 862	5 934 887	2 658 663	—	1 630 266	615 245	472 193	134 838	—	—	1 355	422 327	500 737	145 237	220 561	—	11 175	83 264	29 621	10 879
吉林	902 514	587 669	207 344	—	108 692	160 091	1 844	4 817	—	—		104 881	48 014	756	—	—	92	4 796	33 853	8 517
吉林集团	14 745	235	235										3 417						3 047	370
长白山集团	18 918	244	244										6 327						6 322	5
黑龙江	855 907	281 143	111 798		27 725	57 177	58	1 048	—	—		83 337	28 764					10 438	17 452	874
龙江集团	166 865	3 443	242		160	1 185						1 856	8 846					2 008	6 063	775
上海	292 632	292 455	15	109 127	31 357	78 360	64 553	80	—	—	1 504	7 459	—	—						
江苏	3 645 316	3 389 212	582 417	32 313	786 369	1 062 126	721 142	7 353	—	—	11 716	185 776	57 867	19 149	6 841	30 431				1 446
浙江	4 834 779	4 244 874		1 588 884	453 375	816 203	435 605		—	—	76 332	874 475	84 053	69 720	1 333	6 142				6 858
安徽	4 433 470	3 844 304	416 657	34 381	1 275 371	624 418	1 116 899	35 075	—	—	26 281	315 222	150 469	101 839	15 857	26 929	460	23		5 361
福建	7 208 203	5 476 002	95 842	2 438 871	236 189	176 740	287 992	3 301	169 713	274 944	11 308	1 781 102	164 211	118 596	4 860	40 270				485
江西	5 682 019	4 643 620	70	3 925 477	169 175	124 445	64 046		—	—	50 662	309 745	28 858	23 564	702	1 941				2 651
山东	19 559 973	18 340 214	9 416 797	—	1 452 605	1 247 422	4 292 354	281 855	—	—	14 841	1 634 340	823 011	271 215	293 118	80 599	125	365		177 589
河南	7 725 676	6 543 807	3 233 106	103 806	1 189 292	621 556	876 186	135 043	—	—	67 628	317 190	383 155	121 034	108 426	140 776	1 938			10 981
湖北	9 447 907	7 715 162	20 296	5 325 729	639 309	403 952	1 089 033	7 489	—	—	50 889	178 465	495 225	434 780	19 650	32 567	165			8 063
湖南	7 192 659	5 315 472		4 037 505	278 479	332 639	177 138	1 154	—	—	94 755	393 802	143 714	103 210	24 673	12 185				3 646
广东	11 132 542	10 371 713		2 632 688	93 028	2 598	73 094		1 247 847	843 134	4 433	5 474 891	68 516	25 922	2 100	36 366				4 128

续表

地区	各类经济林产品总量	水果产品											干果产品							
		合计	苹果	柑橘	梨	葡萄	桃	杏	荔枝	龙眼	猕猴桃	其他水果	合计	板栗	核桃（干重）	枣子（干重）	仁用杏（大扁杏等仁）	榛子	松子	其他干果
广西	15 048 556	13 227 401	19 092	5 744 137	350 268	443 126	319 868	481	682 455	570 800	8 078	5 089 096	242 986	106 729	9 289	108 085	—	—	—	18 883
海南	3 442 408	2 413 976	—	40 180	—	—	1 760	—	158 557	56 931	—	2 156 548	953 567	—	—	—	—	—	—	953 567
重庆	3 926 382	3 555 363	4 798	2 368 469	366 107	137 739	127 694	12 494	1 660	23 844	37 229	475 329	33 101	21 717	3 337	2 792	—	—	675	4 580
四川	8 014 897	6 653 399	658 892	3 245 034	768 368	403 862	481 773	148 084	22 038	75 511	262 009	587 828	79 936	49 758	7 468	6 089	—	—	10 510	6 111
贵州	2 872 027	1 958 173	117 859	417 682	335 160	310 314	340 997	3 050	1 219	1 051	81 129	349 712	123 838	84 033	3 249	6 402	222	—	5 615	24 317
云南	8 635 862	6 241 615	293 337	703 821	446 575	930 858	433 563	2 894	24 537	16 910	12 334	3 376 786	234 858	154 243	32 883	1 491	—	844	15 669	29 728
西藏	23 827	18 607	12 209	2 720	630	96	1 847	30	—	—	—	1 075	—	—	—	—	—	—	—	—
陕西	12 408 850	10 689 794	7 605 311	400 805	299 342	364 657	388 430	84 998	—	—	1 197 632	348 619	900 909	89 764	611 136	172 889	13 914	—	3 180	10 026
甘肃	7 941 862	7 185 671	5 741 074	7 000	400 003	440 626	252 784	200 727	—	—	143	143 314	182 394	3 439	140 351	7 562	1 903	15	1 229	27 895
青海	105 808	7 305	—	—	—	—	—	—	—	—	—	7 305	—	—	—	—	—	—	—	—
宁夏	819 196	581 220	371 008	—	19 736	122 284	10 383	49 144	—	—	—	8 665	107 589	—	102 043	—	2 265	—	—	3 281
新疆	10 607 895	6 753 324	1 497 385	—	1 365 814	2 596 142	190 432	930 597	—	—	—	172 954	2 905 957	—	2 751 260	—	3 438	—	—	151 259
新疆兵团	3 093 689	1 944 424	593 980	—	490 734	694 940	82 243	43 159	—	—	—	39 368	1 099 020	—	1 098 428	—	300	—	—	292
大兴安岭	14 692	—	—	—	—	—	—	—	—	—	—	—	1 234	—	—	—	—	463	771	—

6. 2018 年木材饮料、调料收割损失

（单位：t）

地区	林产饮料产品（干重）			林产调料产品（干重）					森林食品					森林药材								
	合计	毛茶	其他林产饮料产品	合计	花椒	八角	桂皮	其他林产调料产品	合计	竹笋干	食用菌（干重）	山野菜（干重）	其他森林食品（干重）	合计	银杏（白果）	山杏仁（苦杏仁）	杜仲	黄柏	厚朴	山茱萸	枸杞	沙棘
全国合计	2 539 415	2 272 439	266 976	775 221	438 361	172 910	96 021	67 929	3 840 972	858 083	2 166 319	405 045	411 525	3 195 966	192 530	80 825	217 666	61 797	234 531	50 904	410 608	61 727
北京	—	—	—	35	35	—	—	—	75	—	75	—	—	—	—	—	—	—	—	—	—	—
天津	—	—	—	—	—	—	—	—	—	—	—	—	—	—	—	—	—	—	—	—	—	—
河北	34	6	28	10 325	10 325	—	—	—	9 715	—	4 826	3 735	1 154	79 196	—	—	—	—	—	—	14 366	6 000
山西	—	—	—	14 294	14 294	—	—	—	54 411	—	43 362	33	11 016	60 133	—	35 808	—	—	—	1 438	—	6 215
内蒙古	—	—	—	—	—	—	—	—	12 360	—	9 868	2 129	363	25 497	—	7 994	—	—	—	—	15 230	150
内蒙古集团	—	—	—	—	—	—	—	—	873	—	235	638	—	924	—	—	—	—	—	—	—	—
辽宁	9 000	—	9 000	128	125	—	3	—	232 535	—	136 190	76 167	20 178	48 128	1 486	—	—	—	—	299	—	12
吉林	—	—	—	—	—	—	—	—	168 084	—	100 025	58 925	9 134	79 307	—	—	—	—	—	—	260	4 100
吉林集团	—	—	—	—	—	—	—	—	6 827	—	5 737	1 033	57	3 496	—	—	—	—	—	—	—	—
长白山集团	—	—	—	—	—	—	—	—	11 473	—	9 326	1 359	788	551	—	—	—	—	—	—	—	—
上海	3	3	—	—	—	—	—	—	174	174	—	—	—	—	—	—	—	—	—	—	—	—
黑龙江	3 736	—	3 736	—	—	—	—	—	457 590	—	361 066	49 174	47 350	84 470	—	340	—	—	—	—	—	2 259
龙江集团	—	—	—	—	—	—	—	—	124 156	—	77 105	39 043	8 008	30 420	—	—	—	—	—	—	61	—
江苏	12 965	12 965	—	—	—	—	—	—	58 336	746	55 775	1 665	150	124 385	89 603	—	—	—	—	—	—	—
浙江	168 081	164 272	3 809	—	—	—	—	—	236 155	186 580	47 107	2 435	33	18 439	2 073	—	557	—	1 898	4 040	—	—
安徽	130 491	122 585	7 906	893	313	—	199	381	122 555	35 628	59 910	10 046	16 971	44 231	2 505	53	2 031	200	731	396	93	—
福建	415 793	414 426	1 367	106	—	—	—	106	656 484	207 796	398 484	47 945	2 259	97 910	432	—	—	—	2 764	—	—	—
江西	91 711	91 164	547	280	4	35	24	217	167 310	54 374	50 449	7 679	54 808	64 182	285	71	4 707	96	3 549	35	—	—
山东	72 012	29 082	42 930	49 627	39 733	—	—	9 894	81 801	—	30 529	2 064	49 208	14 369	6 635	—	21	—	—	—	73	—
河南	21 572	20 761	811	26 283	26 248	—	—	35	275 809	1 097	226 337	37 930	10 445	208 065	3 647	140	21 226	26 369	—	30 409	1 990	—
湖北	300 736	297 976	2 760	2 550	1 916	59	8	567	300 230	22 154	183 932	23 021	71 123	278 032	32 816	15	23 004	—	15 193	456	1 834	—

续表

地区	林产饮料产品（干重）			林产调料产品（干重）					森林食品					森林药材								
	合计	毛茶	其他林产饮料产品	合计	花椒	八角	桂皮	其他林产调料产品	合计	竹笋干	食用菌（干重）	山野菜（干重）	其他森林食品（干重）	合计	银杏（白果）	山杏仁（苦杏仁）	杜仲	黄柏	厚朴	山茱萸	枸杞	沙棘
湖南	112 291	110 072	2 219	1 612	657	59	98	798	157 272	62 041	36 740	18 680	39 811	358 058	2 160	250	110 941	4 392	146 524	77	1	—
广东	96 955	96 120	835	58 881	—	5 360	53 128	393	76 993	57 503	18 249	303	938	77 722	903	—	48	—	—	—	—	—
广西	71 309	67 555	3 754	187 553	—	145 646	41 273	634	133 885	33 598	97 565	1 152	1 570	228 477	8 704	—	3 094	454	5 176	—	—	—
海南	974	32	942	20 171	—	—	—	20 171	18 017	686	100	—	17 231	24 740	—	—	—	—	—	—	—	—
重庆	38 120	28 637	9 483	71 100	69 626	412	180	882	45 236	29 148	10 093	2 478	3 517	130 145	2 886	—	11 664	7 974	6 720	332	256	20
四川	137 234	136 216	1 018	84 497	83 633	150	71	643	239 276	122 376	78 665	13 308	24 927	229 049	21 228	—	20 315	13 721	42 052	116	80	—
贵州	266 523	240 935	25 588	10 087	8 708	434	45	900	128 863	25 818	79 819	10 655	12 571	66 263	7 238	31	9 547	7 469	3 132	25	173	—
云南	489 945	367 524	122 421	115 678	62 008	20 535	891	32 244	124 725	13 495	84 166	21 874	5 190	240 495	164	—	155	599	10	—	—	—
西藏	48	48	—	13	13	—	—	—	52	—	35	16	1	3	—	—	—	—	—	—	3	—
陕西	77 273	70 686	6 587	83 227	82 842	220	101	64	66 086	4 859	44 856	10 772	5 599	139 002	9 617	14 083	10 124	451	6 676	13 510	106	6 800
甘肃	1 374	1 374	—	37 881	37 881	—	—	—	5 119	10	3 599	1 192	318	154 930	148	—	232	72	106	70	105 757	16 858
青海	5	—	5	—	—	—	—	—	—	—	—	—	—	96 400	—	—	—	—	—	—	95 000	1 400
宁夏	21 230	—	21 230	—	—	—	—	—	—	—	—	—	—	108 674	—	201	—	—	—	—	108 473	—
新疆	—	—	—	—	—	—	—	—	—	—	—	—	—	114 030	—	—	—	—	—	—	66 553	17 913
新疆兵团	—	—	—	—	—	—	—	—	—	—	—	—	—	24 484	—	—	—	—	—	—	21 859	2 625
大兴安岭	—	—	—	—	—	—	—	—	11 824	—	4 497	1 667	5 660	1 634	—	—	—	—	—	—	—	—

7. 2018年药材、油料收割损失

(单位: t)

地区	森林药材		木本油料						林产工业原料							
	五味子	其他森林药材	合计	油茶籽	核桃	油橄榄	油用牡丹籽	其他木本油料	合计	生漆	油桐籽	乌桕籽	五倍子	棕片	松脂	紫胶(原胶)
全国合计	34 829	1 850 549	6 974 034	2 431 647	4 171 386	61 879	35 016	274 106	1 946 991	18 145	370 083	25 689	20 198	61 429	1 443 868	7 579
北京	—	—	12 462	—	12 462	—	—	—	—	—	—	—	—	—	—	—
天津	—	—	1 613	—	1 613	—	—	—	—	—	—	—	—	—	—	—
河北	—	23 022	228 363	—	227 681	—	182	500	—	—	—	—	—	—	—	—
山西	—	44 486	232 617	—	231 553	—	188	876	—	—	—	—	—	—	—	—
内蒙古	—	10 117	93	—	—	—	—	93	—	—	—	—	—	—	—	—
内蒙古集团	—	924	—	—	—	—	—	—	—	—	—	—	—	—	—	—
辽宁	3 490	21 002	39 575	—	1 121	—	10	38 444	—	—	—	—	—	—	—	—
吉林	14 721	60 226	19 440	—	19 440	—	—	—	—	—	—	—	—	—	—	—
吉林集团	129	3 367	770	—	770	—	—	—	—	—	—	—	—	—	—	—
长白山集团	296	255	323	—	323	—	—	—	—	—	—	—	—	—	—	—
黑龙江	8 678	73 132	204	—	204	—	—	—	—	—	—	—	—	—	—	—
龙江集团	7 150	23 270	—	—	—	—	—	—	—	—	—	—	—	—	—	—
江苏	—	34 782	2 423	265	2 076	—	82	—	—	—	—	—	—	—	—	—
浙江	—	9 871	82 180	61 039	21 141	—	—	—	997	20	168	145	56	522	287	—
安徽	—	38 204	119 051	85 763	23 758	—	9 202	328	21 476	343	1 894	438	167	3 981	15 057	—
福建	18	94 714	242 766	155 172	11	—	—	87 583	154 931	155	26 972	94	42	18 177	105 171	3 851
江西	—	55 510	454 107	454 077	2	—	—	28	231 951	655	12 644	—	—	2 803	215 713	—
山东	—	7 569	178 939	—	168 048	—	9 741	1 150	—	—	—	—	—	—	—	—

续表

地区	森林药材		木本油料						林产工业原料							
	五味子	其他森林药材	合计	油茶籽	核桃	油橄榄	油用牡丹籽	其他木本油料	合计	生漆	油桐籽	乌桕籽	五倍子	棕片	松脂	紫胶（原胶）
河南	1 370	149 283	185 437	32 047	148 650	—	3 261	1 479	81 548	2 086	68 173	7 220	4 062	—	7	—
湖北	238	178 107	270 926	146 879	121 800	115	2 132	—	85 046	3 217	21 593	11 701	2 826	3 044	42 665	—
湖南	21	93 692	1 016 597	1 007 523	8 073	3	72	926	87 643	1 009	33 347	616	867	4 818	46 986	—
广东	—	76 771	129 815	125 195	—	—	—	4 620	251 947	—	7 469	1 034	—	3 871	238 825	748
广西	—	211 049	230 773	225 213	2 312	—	—	3 248	726 172	423	83 676	413	148	3 292	638 216	4
海南	—	24 740	3 499	3 439	—	—	—	60	7 464	—	—	—	—	—	7 464	—
重庆	36	100 257	44 542	9 131	29 495	1 634	813	3 469	8 775	1 400	4 310	479	1 890	614	82	—
四川	160	131 377	580 630	20 852	537 474	14 675	40	7 589	10 876	458	6 972	1 237	398	1 427	384	—
贵州	684	37 964	212 048	74 528	103 465	30	35	33 990	106 232	6 942	65 902	1 807	6 971	5 533	19 077	—
云南	40	239 527	1 046 133	14 237	1 015 728	209	—	15 959	142 413	518	15 475	298	108	10 022	113 016	2 976
西藏	—	—	5 104	—	5 104	—	—	—	—	—	—	—	—	—	—	—
陕西	5 306	72 329	423 330	16 287	336 099	42	8 694	62 208	29 229	885	21 436	207	2 472	3 311	918	—
甘肃	28	31 659	374 202	—	317 096	45 171	540	11 395	291	34	52	—	191	14	—	—
青海	—	—	2 098	—	2 098	—	—	—	—	—	—	—	—	—	—	—
宁夏	—	—	483	—	459	—	24	—	—	—	—	—	—	—	—	—
新疆	—	29 564	834 584	—	834 423	—	—	161	—	—	—	—	—	—	—	—
新疆兵团	—	—	25 761	—	25 740	—	—	21	—	—	—	—	—	—	—	—

附表 4-6　2019 年损失碳情况

1. 2019 年收割损失

全国主要林产工业产品产量		
产品名称	单位	产量
木材及竹材采伐产品		
一、商品材	万 m³	8 856.27
其中：热带木材	万 m³	1 403.45
其中：针叶木材	万 m³	1 602.02
1. 原木	万 m³	8 133.37
2. 薪材	万 m³	722.91
按来源分		
1. 天然林	万 m³	162.88
2. 人工林	万 m³	8 693.36
按生产单位分		
1. 系统内国有企业单位生产的木材	万 m³	266.03
2. 系统内国有林场、事业单位生产的木材	万 m³	1 037.77
3. 系统外企、事业单位采伐自营林地的木材	万 m³	375.14
4. 乡（镇）集体企业级单位生产的木材	万 m³	717.43
5. 村及村以下各级组织和农民个人生产的木材	万 m³	6 414.50
二、非商品材	万 m³	2 087.63
1. 农民自用材	万 m³	446.04
2. 农民烧材	万 m³	1 641.59
三、竹材		
（一）大径竹	万根	315 517.17
其中：村及村以下各级组织和农民个人生产的大径竹	万根	163 908.87
1. 毛竹	万根	169 512.51
2. 其他	万根	146 004.66
（二）小杂竹	万根	2 185.66

2. 2019 年竹类收割损失

地区	木材及竹材采伐产品				
	大径竹合计/万根				小杂竹/万 t
		村及村以下各级组织和农民个人生产的大径竹	毛竹	其他	
全国合计	315 517.17	163 908.87	169 512.51	146 004.66	2 185.66
北京	—	—	—	—	—
天津	—	—	—	—	—
河北	—	—	—	—	—
山西	—	—	—	—	—

续表

地区	木材及竹材采伐产品				小杂竹/万 t
	大径竹合计/万根				
		村及村以下各级组织和农民个人生产的大径竹	毛竹	其他	
内蒙古	—	—	—	—	—
内蒙古集团	—	—	—	—	—
辽宁	—	—	—	—	—
吉林	—	—	—	—	—
吉林集团	—	—	—	—	—
长白山集团	—	—	—	—	—
黑龙江	—	—	—	—	—
龙江集团	—	—	—	—	—
上海	—	—	—	—	—
江苏	445.38	41.13	444.99	0.39	2.98
浙江	20 246.48	13 462.81	19 588.6	657.87	53.70
安徽	15 631.74	4 657.09	12 865.12	2 766.62	200.51
福建	91 928	88 932	60 131	31 797.00	105.34
江西	21 365.64	4 506.96	18 213.55	3 152.10	39.47
山东	—	—	—	—	—
河南	118.24	80.94	118.24	—	8.05
湖北	3 744.01	3 096.92	2 834.23	909.78	10.74
湖南	19 802.07	10 702.86	17 852.96	1 949.11	26.38
广东	22 264.36	11 218.22	6 063.43	16 200.93	364.55
广西	63 609.76	17 942.02	16 767.47	46 842.29	81.11
海南	860.94	—	0.4	860.54	0.03
重庆	18 425.77	160.69	1 765.9	16 659.87	218.28
四川	17 750.10	3426.93	4 633.83	13 116.27	665.01
贵州	1 907.80	174.6	1 448.35	459.45	60.89
云南	16 771.61	5 429.7	6 163.42	10 608.19	347.94
陕西	645.27	76	621.02	24.25	0.63
甘肃	—	—	—	—	0.05
青海	—	—	—	—	—
宁夏	—	—	—	—	—
新疆	—	—	—	—	—
新疆兵团	—	—	—	—	—
大兴安岭	—	—	—	—	—

3. 2019 年木材收割损失

地区	木材及竹材采伐产品						
	商品材						
	合计	其中		原木	薪材	按来源分	
		热带木材	针叶木材			天然林	人工林
全国合计	8856.27	1403.45	1602.02	8133.37	722.91	162.88	8693.36
北京	13.79	—	0.03	13.46	0.33	—	13.79
天津	19.75	—	—	19.75	—	—	19.75
河北	87.42	—	6.50	70.78	16.64	0.01	87.41
山西	25.97	—	3.57	20.58	5.39	4.48	21.49
内蒙古	74.55	—	1.11	65.86	8.68	1.16	73.39
内蒙古集团	0.92	—	0.87	0.88	0.04	0.31	0.61
辽宁	170.96		56.71	149.74	21.22	8.71	162.25
吉林	165.46	—	30.78	162.75	2.72	15.57	149.89
吉林集团	22.27	—	5.37	21.82	0.46	2.38	19.89
长白山集团	12.55	—	4.54	12.41	0.14	3.35	9.2
黑龙江	70.58	—	13.16	63.35	7.23	1.46	69.12
龙江集团	1.42	—	1.17	1.33	0.09	0.16	1.26
上海	—	—	—	—	—	—	—
江苏	133.85	—	1.62	124.6	9.26	3.03	130.82
浙江	123.42	—	78.14	119.37	4.05	10.31	113.11
安徽	450.5	—	69.22	394.72	55.78	0.71	449.79
福建	580.22	—	257.03	527.15	53.07	11.83	568.38
江西	257	—	228.82	251.84	5.17	16.15	240.85
山东	474.26	—	0.29	407.44	66.82	—	474.26
河南	258.36	—	0.13	236.48	21.88	1.04	257.32
湖北	209.76	—	27.28	180.7	29.06	29.3	180.45
湖南	286.07	—	100.17	265.51	20.56	0.12	285.96
广东	859.91	150.59	123	782.26	77.65	0.07	859.84
广西	3174.82	1028.5	373.76	2946.07	228.75	9.41	3165.41
海南	198.41	146.89	1.5	193.68	4.72	0.02	198.38
重庆	59.53	—	5.78	47.79	11.74	8.42	51.1
四川	230.7	—	15.36	210.95	19.74	1.51	229.19
贵州	278.25	—	109.17	260.59	17.66	0.8	277.45

地区	木材及竹材采伐产品						
	商品材			原木	薪材	按来源分	
	合计	其中				天然林	人工林
		热带木材	针叶木材				
云南	550.71	77.47	86.36	518.35	32.36	31.79	518.92
西藏	—						
陕西		—	0.1	7.35	0.65	—	8
甘肃	4.45	—	—	4.2	0.25	0.55	3.9
青海	0.06	—	—	0.06	—	—	0.06
宁夏	—			—			
新疆	44.11	—	0.24	43.31	0.8	0.23	43.88
新疆兵团	8.24	—	0.24	8.24	—	—	8.24
大兴安岭	—	—	—	—	—	—	—

附表 4-7　中国灌木异速生长方程

灌木种	方程编号	灌木组织部分	预测变量	方程形式	系数 a	系数 b	系数 c	$R^2[R]$（建模拟合度）	$R^2[R]$（预测拟合度）
糯米条	式-1	地上	D^2H	$M = a(D^2H)^b$	0.0394	0.5334			0.8456
糯米条	式-2	根	D^2H	$M = a(D^2H)^b$	0.0249	0.8841			0.8734
糯米条	式-3	总植株	D^2H	$M = a + b \times D^2H$		0.0610		0.8180	0.8220
刺五加	式-4	地上	D_{10}	$M = aD_{10}^b$	13.873	2.433		0.691	
槭木	式-5	叶	D^2H	$M = a(D^2H)^b$	0.0100	0.7417			0.9345
槭木	式-6	干	D^2H	$M = a(D^2H)^b$	0.0192	0.8662			0.9693
槭木	式-7	地上	D^2H	$M = a(D^2H)^b$	0.0287	0.8554			0.9630
槭木	式-8	总植株	D^2H	$M = a(D^2H)^b$	0.0370	0.7960			0.9540
川杨桐	式-9	总植株	V_c	$M = aV_c^b$	287.598	0.888			
黄瑞木	式-10	叶	D^2H	$M = a + b \times D^2H$	0.0268	0.0018		0.2811	0.6895
黄瑞木	式-11	近年分支	D^2H	$M = a(D^2H)^b$	0.0052	0.5411			0.9472
黄瑞木	式-12	干	D^2H	$M = a + b \times D^2H$	0.0215	0.0219		0.7749	0.8901
黄瑞木	式-13	地上	D^2H	$M = a + b \times D^2H$	0.0491	0.0238		0.7580	0.8903
黄瑞木	式-14	根	M_a	$M = aM_a^b$	0.6900	0.8441			0.7694
黄瑞木	式-15	总植株	D^2H	$M = a + b \times D^2H$	0.1400	0.0440		0.5970	0.8180

续表

灌木种	方程编号	灌木组织部分	预测变量	方程形式	系数 a	系数 b	系数 c	$R^2[R]$（建模拟合度）	$R^2[R]$（预测拟合度）
红背山麻秆	式-16	叶	D^2H	$M = a + b \times D^2H$	0.0007	0.0051		0.8366	0.8278
红背山麻秆	式-17	干	D^2H	$M = a(D^2H)^b$	0.0327	0.8827			0.9182
红背山麻秆	式-18	地上	D^2H	$M = a(D^2H)^b$	0.0405	0.8573			0.9273
红背山麻秆	式-19	根	M_a	$M = aM_a^b$	0.2040	0.8015			0.8556
红背山麻秆	式-20	总植株	D^2H	$M = a(D^2H)^b$	0.0540	0.8400			0.9110
红背山麻秆	式-21	叶	D^2H	$M = a(D^2H)^b$	10.082	0.669		0.661	
红背山麻秆	式-22	干	D^2H	$M = a(D^2H)^b$	29.61	0.91		0.958	
红背山麻秆	式-23	地上	D^2H	$M = a(D^2H)^b$	41.477	0.846		0.94	
红背山麻秆	式-24	根	D^2H	$M = a(D^2H)^b$	20.94	0.621		0.61	
红背山麻秆	式-25	总植株	D^2H	$M = a(D^2H)^b$	66.451	0.732		0.925	
红背山麻秆	式-26	总植株	D^2H	$M = a + b \times D^2H$	1.262	0.002		0.941	
沙东青	式-27	叶	A_c	$M = a + b \times A_c$	−0.0145	0.2687		0.6299	0.8135
沙东青	式-28	干	V_c	$M = aV_c^b$	0.5442	0.6507			0.8004
沙东青	式-29	地上	A_c	$M = a + b \times A_c$	−0.0354	0.8806		0.8035	0.8612
沙东青	式-30	根	M_a	$M = aM_a^b$	0.3216	0.9295			0.9573
沙东青	式-31	总植株	A_c	$M = aA_c^b$	0.8360	0.8600			0.8770
沙东青	式-32	地上	A_c	$M = aA_c^b$	902.43	1.28		0.886	
沙东青	式-33	根	A_c	$M = aA_c^b$	271.48	1.03		0.814	
蒙古扁桃	式-34	叶	V_c	$M = a + b \times V_c$	0.0047	0.1286		0.8482	0.9097
蒙古扁桃	式-35	干	V_c	$M = a + b \times V_c$	0.0155	0.8496		0.8073	0.8101
蒙古扁桃	式-36	地上	V_c	$M = a + b \times V_c$	0.0201	0.9781		0.8245	0.8281
蒙古扁桃	式-37	根	M_a	$M = a + b \times M_a$	0.0071	0.5357		0.7132	0.8045
蒙古扁桃	式-38	总植株	A_c	$M = a + b \times A_c$		1.0690		0.7750	0.7920
蒙古扁桃	式-39	地上	V_c	$M = aV_c^b$	1005.17	0.98		0.882	
蒙古扁桃	式-40	根	V_c	$M = aV_c^b$	451.74	0.88		0.572	
长梗扁桃	式-41	叶	V_c	$M = aV_c^b$	0.3447	0.9094			0.8653
长梗扁桃	式-42	干	V_c	$M = a + b \times V_c$	−0.0080	6.2368		0.6671	0.8161
长梗扁桃	式-43	地上	V_c	$M = a + b \times V_c$	−0.0057	6.7039		0.6771	0.8188
长梗扁桃	式-44	根	A_c	$M = aA_c^b$	1.4634	0.9445			0.8113

续表

灌木种	方程编号	灌木组织部分	预测变量	方程形式	系数 a	系数 b	系数 c	$R^2[R]$（建模拟合度）	$R^2[R]$（预测拟合度）
长梗扁桃	式-45	总植株	V_c	$M = a + b \times V_c$	0.0690	11.2530		0.7270	0.8800
长梗扁桃	式-46	地上	C	$M = aC^b$	1803.12	2.54		0.504	
长梗扁桃	式-47	根	A_c	$M = aA_c^b$	1369.84	0.89		0.488	
假木贼	式-48	总植株	D^2H	$M = a(D^2H)^b$	15.422	0.7825		0.9892	
朱砂根	式-49	总植株	D	$M = a + b \times D + c \times D^2$	−2.804	−2.909	1.411	0.991	
山杏	式-50	叶	D^2H	$M = a(D^2H)^b$	0.0160	0.8205			0.8246
山杏	式-51	干	D^2H	$M = a(D^2H)^b$	0.0895	0.7219			0.9226
山杏	式-52	地上	D^2H	$M = a(D^2H)^b$	0.1114	0.7267			0.9202
山杏	式-53	根	D^2H	$M = a(D^2H)^b$	0.0798	0.8316			0.9525
山杏	式-54	总植株	D^2H	$M = a(D^2H)^b$	0.2080	0.7590			0.9550
山杏	式-55	地上	A_c、N	$M = aA_c^b N^c$	1.6518	1.0817	−0.6523	0.6718	
山杏	式-56	根	A_c、N	$M = aA_c^b N^c$	2.5807	0.7332	−0.351	0.3636	
山杏	式-57	地上	V_c	$M = aV_c^b$	523.13	1.11		0.91	
山杏	式-58	根	V_c	$M = aV_c^b$	418.79	1.16		0.926	
白莎蒿	式-59	总植株	H、A_a	$M = a + b \times H + c \times A_c$	−0.0471	0.2049	0.2114	[0.8748]	
黑沙蒿	式-60	地上	C	$M = aC^b$	30.968	0.022		0.645	
黑沙蒿	式-61	总植株	H、A_c	$M = a + b \times H + c \times A_c$	−0.049	0.1715	0.0538	[0.7716]	
黑沙蒿	式-62	叶	A_c	$M = aA_c^b$	0.234	1.093		0.762	
黑沙蒿	式-63	干	V_c	$M = aV_c^b$	1.296	1.026		0.809	
黑沙蒿	式-64	地上	A_c	$M = aA_c^b$	1.154	1.257		0.807	
黑沙蒿	式-65	根	A_c	$M = aA_c^b$	0.28	1.036		0.664	
黑沙蒿	式-66	总植株	A_c	$M = a + b \times A_c$	−0.354	1.988		0.796	
黑沙蒿	式-67	叶	D^2H	$M = a(D^2H)^b$	0.0159	0.5364			0.7480
黑沙蒿	式-68	干	D^2H	$M = a(D^2H)^b$	0.0529	0.6502			0.8087
黑沙蒿	式-69	地上	D^2H	$M = a(D^2H)^b$	0.0696	0.6341			0.8111
黑沙蒿	式-70	根	M_a	$M = aM_a^b$	0.2699	0.8774			0.9242
黑沙蒿	式-71	总植株	D^2H	$M = a(D^2H)^b$	0.0920	0.6470			0.8940

续表

灌木种	方程编号	灌木组织部分	预测变量	方程形式	系数 a	系数 b	系数 c	$R^2[R]$（建模拟合度）	$R^2[R]$（预测拟合度）
岗松	式-72	总植株	D^2H	$M = a + b \times D^2H$	26.778	0.139		0.639	
岗松	式-73	叶	D^2H	$M = a(D^2H)^b$	0.0068	0.3933			0.7294
岗松	式-74	干	D^2H	$M = a(D^2H)^b$	0.0222	0.5405			0.7135
岗松	式-75	地上	D^2H	$M = a(D^2H)^b$	0.0300	0.5109			0.7415
岗松	式-76	根	D^2H	$M = a + b \times D^2H$	0.0271	0.0168		0.6969	0.7645
岗松	式-77	总植株	D^2H	$M = a(D^2H)^b$	0.0770	0.4690			0.8240
山桂花	式-78	叶	D^2H	$M = a + b \times D^2H$	0.0103	0.0045		0.7793	0.8280
山桂花	式-79	干	D^2H	$M = a + b \times D^2H$	−0.0558	0.0290		0.8877	0.8408
山桂花	式-80	地上	D^2H	$M = a + b \times D^2H$	−0.0376	0.0333		0.9112	0.8698
山桂花	式-81	根	D^2H	$M = a + b \times D^2H$	0.0109	0.0091		0.9042	0.8968
山桂花	式-82	总植株	D^2H	$M = a + b \times D^2H$		0.0410		0.9650	0.9020
豪猪刺	式-83	叶	D^2H	$M = a + b \times D^2H$	1.402	0.127		0.965	
豪猪刺	式-84	枝	D^2H	$M = a + b \times D^2H$	1.9	0.127		0.975	
豪猪刺	式-85	干	D^2H	$M = a(D^2H)^b$	0.135	1.041		0.974	
豪猪刺	式-86	干和皮	D^2H	$M = a + b \times D^2H$	1.202	0.018		0.962	
豪猪刺	式-87	地上	D^2H	$M = a(D^2H)^b$	0.544	0.978		0.954	
黄金梢	式-88	总植株	D	$M = aD^b$	0.32	2.421		0.973	
紫珠	式-89	总植株	D^2H	$M = a + b \times D^2H$	4.6484	0.0028		0.942	
沙拐枣	式-90	总植株	C, H	$M = a + b \times CH$	374.58	0.093		0.934	
沙拐枣	式-91	地上	A_c	$M = a + b \times A_c$	0.3278	0.8567		[0.8973]	
油茶	式-92	叶	D^2H	$M = a(D^2H)^b$	0.0146	0.8223			0.9012
油茶	式-93	近年枝	D^2H	$M = a(D^2H)^b$	0.0061	0.5479			0.8359
油茶	式-94	干	D^2H	$M = a(D^2H)^b$	0.0396	0.9613			0.9091
油茶	式-95	地上	D^2H	$M = a(D^2H)^b$	0.0563	0.9291			0.9193
油茶	式-96	根	D^2H	$M = a(D^2H)^b$	0.0207	0.9530			0.8320
油茶	式-97	总植株	D^2H	$M = a(D^2H)^b$	0.0780	0.9340			0.9310
矮脚锦鸡儿	式-98	叶	V_c	$M = aV_c^b$	0.0306	0.6026			0.9174
矮脚锦鸡儿	式-99	干	V_c	$M = aV_c^b$	0.3164	0.7296			0.8892
矮脚锦鸡儿	式-100	地上	V_c	$M = aV_c^b$	0.3493	0.7136			0.9100
矮脚锦鸡儿	式-101	根	M_a	$M = aM_a^b$	0.1953	0.7579			0.8750

续表

灌木种	方程编号	灌木组织部分	预测变量	方程形式	系数 a	系数 b	系数 c	$R^2[R]$（建模拟合度）	$R^2[R]$（预测拟合度）
矮脚锦鸡儿	式-102	总植株	V_c	$M=aV_c^b$	0.4610	0.6730			0.9190
矮脚锦鸡儿	式-103	地上	C	$M=aC^b$	276.01	2.32		0.847	
矮脚锦鸡儿	式-104	根	V_c	$M=aV_c^b$	138.11	0.63		0.698	
柠条	式-105	叶	V_c	$M=a\times e^{b\times V_c}$	0.096	0.496		0.744	
柠条	式-106	干	H	$M=a\times e^{b\times H}$	0.036	3.179		0.782	
柠条	式-107	地上	H	$M=a\times e^{b\times H}$	0.052	3.054		0.779	
柠条	式-108	根	H	$M=aH^b$	1.302	2.368		0.739	
柠条	式-109	总植株	H	$M=a\times e^{b\times H}$	0.159	2.685		0.794	
柠条	式-110	地上	A_c、H、N	$M=a+b\times A_c+c\times H+D\times N$	−280.032	650.4923	13.517	[0.9586]	
鬼箭锦鸡儿	式-111	地上	P^2H	$M=a+b\times P^2H$	61.983	272.12		0.897	0.9275
柠条锦鸡儿	式-112	地上	D	$M=aD^b$	55.59	2.623		[0.994]	
柠条锦鸡儿	式-113	总植株	H、A_c	$M=a+b\times H+c\times A_c$	0.0788	0.2398	0.3459	[0.8202]	
柠条锦鸡儿	式-114	地上	A_c、N	$M=aA_c^bN^c$	0.6087	0.9233	0.2145	0.695	
柠条锦鸡儿	式-115	根	A_c、N	$M=aA_c^bN^c$	1.0481	0.6278	0.2145	0.4824	
柠条锦鸡儿	式-116	地上	V_a	$M=aV_a^b$	363.51	0.53		0.582	
柠条锦鸡儿	式-117	根	C	$M=aC^b$	461.14	2.06		0.444	
柠条锦鸡儿	式-118	总植株	C、H	$M=a(CH)^b$	1.245	0.826		0.932	
柠条锦鸡儿	式-119	总植株	D^2H	$M=a(D^2H)^b$	0.86971	0.91737		0.889	
柠条锦鸡儿	式-120	叶	V_c	$M=aV_c^b$	0.011	0.62		0.769	
柠条锦鸡儿	式-121	近年枝	C、H	$M=a(CH)^b$	0.003	0.884		0.502	
柠条锦鸡儿	式-122	老枝	V_c	$M=aV_c^b$	0.02	0.645		0.862	
柠条锦鸡儿	式-123	地上	V_c	$M=aV_c^b$	0.032	0.643		0.928	
柠条锦鸡儿	式-124	地上	H	$M=a+b\times H$	10.727	1.618		0.936	
柠条锦鸡儿	式-125	根	M_a	$M=aM_a^b$	0.6212	1.3199		0.8262	
柠条锦鸡儿	式-126	地上	A_c	$M=aA_c^b$	368.82	1.01		0.903	
柠条锦鸡儿	式-127	根	A_c	$M=aA_c^b$	474.52	1.16		0.811	
卷叶锦鸡儿	式-128	地上	C	$M=aC^b$	1192.13	2.02		0.529	
卷叶锦鸡儿	式-129	根	C	$M=aC^b$	1032.52	2.32		0.508	

续表

灌木种	方程编号	灌木组织部分	预测变量	方程形式	系数a	系数b	系数c	$R^2[R]$（建模拟合度）	$R^2[R]$（预测拟合度）
西藏锦鸡儿	式-130	叶	A_c	$M = aA_c^b$	0.1408	0.9880			0.8874
西藏锦鸡儿	式-131	干	A_c	$M = aA_c^b$	1.7671	1.2434			0.8859
西藏锦鸡儿	式-132	地上	A_c	$M = aA_c^b$	1.8443	1.2011			0.8943
西藏锦鸡儿	式-133	根	V_c	$M = a + b \times V_c$	0.0277	4.7290		0.7637	0.8927
西藏锦鸡儿	式-134	总植株	A_c	$M = aA_c^b$	2.0500	0.9830			0.9270
西藏锦鸡儿	式-135	叶	A_c	$M = a + b \times A_c$	−0.0001	0.0333		0.6502	0.7935
西藏锦鸡儿	式-136	干	V_c	$M = a + b \times V_c$	−0.0038	1.3900		0.7501	0.7756
西藏锦鸡儿	式-137	地上	V_c	$M = a + b \times V_c$	−0.0036	1.5067		0.7484	0.7876
西藏锦鸡儿	式-138	根	M_a	$M = aM_a^b$	0.3831	0.7064			0.8186
西藏锦鸡儿	式-139	总植株	A_c	$M = aA_c^b$	0.2860	0.8930			0.7850
西藏锦鸡儿	式-140	地上	A_c	$M = aA_c^b$	2518.32	1.95		0.559	
西藏锦鸡儿	式-141	根	A_c	$M = aA_c^b$	180.65	0.77		0.133	
西藏锦鸡儿	式-142	地上	A_c、N	$M = a + b \times A_c + c \times N$	21.9372	579.6873	1.1463	[0.9813]	
康青锦鸡儿	式-143	叶	V_c	$M = aV_c^b$	0.1221	0.3938			0.9435
康青锦鸡儿	式-144	地上	A_c	$M = aA_c^b$	0.6567	0.6397			0.8659
康青锦鸡儿	式-145	根	A_c	$M = aA_c^b$	0.3628	1.4857			0.8382
康青锦鸡儿	式-146	总植株	A_c	$M = aA_c^b$	1.0320	0.8210			0.9020
康青锦鸡儿	式-147	地上	A_c	$M = a + b \times A_c$	−14.2216	806.7474		[0.9022]	
杂色锦鸡儿	式-148	叶	A_c	$M = aA_c^b$	0.1528	1.1486			0.9244
杂色锦鸡儿	式-149	地上	A_c	$M = a + b \times A_c$	0.0021	0.7818		0.9636	0.9170
杂色锦鸡儿	式-150	总植株	A_c	$M = aA_c^b$	2.3000	1.2200			0.9090
茅栗	式-151	叶	D^2H	$M = a(D^2H)^b$	0.0096	0.6317			0.6926
茅栗	式-152	近年枝	D^2H	$M = a(D^2H)^b$	0.0046	0.7154			0.7861
茅栗	式-153	干	D^2H	$M = a + b \times D^2H$	0.0406	0.0243		0.8009	0.8988
茅栗	式-154	地上	D^2H	$M = a(D^2H)^b$	0.0287	1.0051			0.8928
茅栗	式-155	根	M_a	$M = aM_a^b$	0.5071	0.5879			0.7577
茅栗	式-156	总植株	D^2H	$M = a(D^2H)^b$	0.0900	0.8100			0.8870

续表

灌木种	方程编号	灌木组织部分	预测变量	方程形式	系数 a	系数 b	系数 c	$R^2[R]$（建模拟合度）	$R^2[R]$（预测拟合度）
甜槠	式-157	总植株	D^2H	$M = a + b \times D^2H + c \times (D^2H)^2$	−85.43	5.027	−0.008	0.995	
苦槠	式-158	叶	D^2H	$M = a + b \times D^2H$	0.0139	0.0049		0.8567	0.8598
苦槠	式-159	干	D^2H	$M = a(D^2H)^b$	0.0439	0.7844			0.9473
苦槠	式-160	地上	D^2H	$M = a(D^2H)^b$	0.0670	0.7039			0.9616
苦槠	式-161	根	M_a	$M = aM_a^b$	0.3446	0.7871			0.7882
苦槠	式-162	总植株	D^2H	$M = a(D^2H)^b$	0.1240	0.6010			0.9380
南蛇藤	式-163	叶	D^2H	$M = a + b \times D^2H$	0.0032	0.0071		0.5549	0.7383
南蛇藤	式-164	干	D^2H	$M = a(D^2H)^b$	0.0467	0.9662			0.9603
南蛇藤	式-165	地上	D^2H	$M = a(D^2H)^b$	0.0581	0.9384			0.9549
南蛇藤	式-166	根	D^2H	$M = a(D^2H)^b$	0.0292	0.7569			0.7917
南蛇藤	式-167	总植株	D^2H	$M = a(D^2H)^b$	0.0940	0.8700			0.9610
驼绒藜	式-168	叶	A_c	$M = aA_c^b$	0.0586	0.7496			0.9257
驼绒藜	式-169	近年枝	V_c	$M = aV_c^b$	0.0477	0.6156			0.8582
驼绒藜	式-170	干	V_c	$M = aV_c^b$	1.7969	1.0386			0.8688
驼绒藜	式-171	地上	V_c	$M = aV_c^b$	1.2331	0.8691			0.8880
驼绒藜	式-172	根	M_a	$M = a + b \times M_a$	0.0232	0.4373		0.2878	0.7980
驼绒藜	式-173	总植株	A_c	$M = aA_c^b$	0.4910	0.6990			0.8910
驼绒藜	式-174	叶	V_c	$M = aV_c^b$	0.003	0.675		0.775	
驼绒藜	式-175	老枝	V_c	$M = aV_c^b$	0.0002	1		0.834	
驼绒藜	式-176	地上	V_c	$M = aV_c^b$	0.002	0.863		0.832	
驼绒藜	式-177	根	V_c	$M = aV_c^b$	0.005	0.739		0.74	
驼绒藜	式-178	总植株	V_c	$M = aV_c^b$	0.006	0.814		0.811	
灰毛浆果楝	式-179	叶	D^2H	$M = a(D^2H)^b$	0.0111	0.7363			0.7408
灰毛浆果楝	式-180	干	D^2H	$M = a + b \times D^2H$	0.1280	0.0145		0.5306	0.8504
灰毛浆果楝	式-181	地上	D^2H	$M = a + b \times D^2H$	0.1809	0.0176		0.5050	0.8508
灰毛浆果楝	式-182	总植株	D^2H	$M = a(D^2H)^b$	0.0780	0.7400			0.8500
灰毛浆果楝	式-183	叶	D^2H	$M = a(D^2H)^b$	10.928	0.591		0.537	
灰毛浆果楝	式-184	干	D^2H	$M = a(D^2H)^b$	15.236	1.153		0.93	

续表

灌木种	方程编号	灌木组织部分	预测变量	方程形式	系数 a	系数 b	系数 c	$R^2[R]$（建模拟合度）	$R^2[R]$（预测拟合度）
灰毛浆果楝	式-185	地上	D^2H	$M=a(D^2H)^b$	26.457	1.02		0.937	
灰毛浆果楝	式-186	根	D^2H	$M=a(D^2H)^b$	10.252	1.02		0.646	
灰毛浆果楝	式-187	总植株	D^2H	$M=a(D^2H)^b$	37.644	1.024		0.908	
红淡比	式-188	叶	D^2H	$M=a(D^2H)^b$	0.0171	0.5804			0.8320
红淡比	式-189	干	D^2H	$M=a(D^2H)^b$	0.0446	0.7556			0.9454
红淡比	式-190	地上	D^2H	$M=a(D^2H)^b$	0.0613	0.7102			0.9297
红淡比	式-191	根	M_a	$M=aM_a^b$	0.4014	0.7451			0.8723
红淡比	式-192	总植株	D^2H	$M=a(D^2H)^b$	0.1070	0.6220			0.9160
刺旋花	式-193	叶	V_c	$M=aV_c^b$	0.0571	0.6121			0.8113
刺旋花	式-194	干	A_c	$M=aA_c^b$	0.1635	0.7503			0.8355
刺旋花	式-195	地上	A_c	$M=aA_c^b$	0.1942	0.7566			0.8729
刺旋花	式-196	根	M_a	$M=aM_a^b$	0.4453	0.9368			0.7290
刺旋花	式-197	总植株	V_c	$M=aV_c^b$	0.4060	0.5230			0.8360
马桑	式-198	叶	D^2H	$M=a(D^2H)^b$	0.0128	0.7472			0.5578
马桑	式-199	近年枝	D^2H	$M=a+b\times D^2H$	−0.0133	0.0083		0.6363	0.7514
马桑	式-200	干	D^2H	$M=a+b\times D^2H$	0.2605	0.0190		0.8816	0.8599
马桑	式-201	地上	D^2H	$M=a+b\times D^2H$	0.3724	0.0210		0.8412	0.8423
马桑	式-202	根	M_a	$M=aM_a^b$	0.4971	0.8462			0.8321
马桑	式-203	总植株	D^2H	$M=a(D^2H)^b$	0.0810	0.9030			0.8810
马桑	式-204	近年枝和叶	C	$M=a\times C$	0.8916			0.9369	
马桑	式-205	地上	C	$M=a\times C$	1.2803			0.9044	
马桑	式-206	叶	D	$M=aD^b$	22.264	1.94		0.867	
马桑	式-207	枝	D	$M=aD^b$	11.24	2.692		0.82	
马桑	式-208	干	D^2H	$M=a(D^2H)^b$	0.272	0.911		0.937	
马桑	式-209	干和皮	D	$M=aD^b$	4.676	1.905		0.92	
马桑	式-210	地上	D	$M=aD^b$	60.329	2.252		0.948	
榛	式-211	近年枝	D^2H	$M=a+b\times D^2H$	0.0018	0.0017		0.4387	0.8176
榛	式-212	干	D^2H	$M=a(D^2H)^b$	0.0317	0.8184			0.9225
榛	式-213	地上	D^2H	$M=a(D^2H)^b$	0.0474	0.8038			0.9193

续表

灌木种	方程编号	灌木组织部分	预测变量	方程形式	系数 a	系数 b	系数 c	$R^2[R]$（建模拟合度）	$R^2[R]$（预测拟合度）
榛	式-214	根	M_a	$M=aM_a^b$	0.4305	0.7827			0.6573
榛	式-215	总植株	D^2H	$M=a(D^2H)^b$	0.0910	0.7300			0.8520
榛	式-216	叶	D^2H	$M=a(D^2H)^b$	0.0185	0.6651		0.754	
榛	式-217	干和枝	D^2H	$M=a(D^2H)^b$	0.0296	0.8465		0.849	
榛	式-218	总植株	D^2H	$M=a(D^2H)^b$	0.0486	0.7953		0.925	
榛	式-219	地上	D_{10}^2H	$M=a(D_{10}^2H)^b$	2.037	0.404		0.767	
黄栌	式-220	干	D^2H	$M=a(D^2H)^b$	0.0335	0.9198			0.9478
黄栌	式-221	地上	D^2H	$M=a(D^2H)^b$	0.0465	0.8791			0.8599
黄栌	式-222	根	D^2H	$M=a(D^2H)^b$	0.0499	0.7862			0.8312
黄栌	式-223	总植株	D^2H	$M=a(D^2H)^b$	0.1030	0.8260			0.8970
柳杉	式-224	近年枝和叶	C	$M=a\times C$	2.2001			0.8973	
柳杉	式-225	地上	C	$M=a\times C$	2.4159			0.8986	
杉木	式-226	近年枝和叶	C	$M=a\times C$	1.1736			0.9656	
杉木	式-227	地上	C	$M=a\times C$	1.7417			0.9682	
青刚栎	式-228	叶	D^2H	$M=a(D^2H)^b$	0.0112	0.7079			0.8409
青刚栎	式-229	干	D^2H	$M=a+b\times D^2H$	0.0280	0.0231		0.9697	0.9722
青刚栎	式-230	地上	D^2H	$M=a+b\times D^2H$	0.0603	0.0274		0.9485	0.9575
青刚栎	式-231	根	M_a	$M=aM_a^b$	0.3866	0.7530			0.9405
青刚栎	式-232	总植株	D^2H	$M=a(D^2H)^b$	0.0970	0.7470			0.9660
黄檀	式-233	叶	D^2H	$M=a+b\times D^2H$	0.0070	0.0018		0.5794	0.8169
黄檀	式-234	干	D^2H	$M=a(D^2H)^b$	0.0247	0.8930			0.8797
黄檀	式-235	地上	D^2H	$M=a(D^2H)^b$	0.0311	0.8520			0.8740
黄檀	式-236	根	M_a	$M=a+b\times M_a$	−0.1086	2.1529		0.4079	0.5608
黄檀	式-237	总植株	D^2H	$M=a+b\times D^2H$		0.0680		0.6080	0.6600
黄檀	式-238	近年枝和叶	C	$M=a\times C$	0.4232			0.8868	
黄檀	式-239	地上	C	$M=a\times C$	1.1464			0.9195	
翅果油树	式-240	叶	$C、H$	$M=a+b\times CH$	−15.4801	16.301		0.928	
翅果油树	式-241	干	$C、H$	$M=a+b\times CH$	−82.1221	86.427		0.9283	
翅果油树	式-242	根	$C、H$	$M=a+b\times CH$	−90.4265	95.1447		0.9283	

续表

灌木种	方程编号	灌木组织部分	预测变量	方程形式	系数 a	系数 b	系数 c	$R^2[R]$（建模拟合度）	$R^2[R]$（预测拟合度）
胡颓子	式-243	叶	D^2H	$M = a(D^2H)^b$	0.011	0.689		0.871	
胡颓子	式-244	干和枝	D^2H	$M = a(D^2H)^b$	0.0533	0.7255		0.967	
胡颓子	式-245	总植株	D^2H	$M = a(D^2H)^b$	0.0644	0.7201		0.96	
中麻黄	式-246	近年枝	A_c	$M = aA_c^b$	0.3920	1.0701			0.9717
中麻黄	式-247	干	A_c	$M = a + b \times A_c$	−0.0969	1.8174		0.9810	0.8620
中麻黄	式-248	地上	A_c	$M = a + b \times A_c$	−0.0967	1.8127		0.9802	0.8582
中麻黄	式-249	根	A_c	$M = a + b \times A_c$	−0.0161	0.6183		0.9438	0.9139
中麻黄	式-250	总植株	A_c	$M = aA_c^b$	1.9320	1.2350			0.9830
膜果麻黄	式-251	地上	C	$M = aC^b$	615.86	2.02		0.839	
膜果麻黄	式-252	根	C	$M = aC^b$	1072.79	3.21		0.894	
草麻黄	式-253	总植株	D^2H	$M = a(D^2H)^b$	5.6834	0.8718		0.882	
卫矛	式-254	地上	D_{10}^2H	$M = a(D_{10}^2H)^b$	0.489	0.655		0.776	
柃木	式-255	叶	D^2H	$M = a(D^2H)^b$	0.0077	0.7226			0.7918
柃木	式-256	干	D^2H	$M = a + b \times D^2H$	0.0215	0.0163		0.8789	0.8695
柃木	式-257	地上	D^2H	$M = a(D^2H)^b$	0.0374	0.7366			0.8665
柃木	式-258	根	M_a	$M = aM_a^b$	0.2742	0.6866			0.7967
柃木	式-259	总植株	D^2H	$M = a + b \times D^2H$	0.0640	0.0270		0.8500	0.8610
格药柃	式-260	总植株	D^2H	$M = a + b \times D^2H$	−0.614	0.007		0.943	
格药柃	式-261	总植株	V_c	$M = aV_c^b$	166.05	0.773			
箭竹	式-262	叶	D^2H	$M = a(D^2H)^b$	0.0129	0.8331			0.6616
箭竹	式-263	干	D^2H	$M = a(D^2H)^b$	0.0395	0.8312			0.9268
箭竹	式-264	地上	D^2H	$M = a(D^2H)^b$	0.0548	0.8563			0.8816
箭竹	式-265	根	D^2H	$M = a(D^2H)^b$	0.0134	0.8668			0.8308
箭竹	式-266	总植株	D^2H	$M = a + b \times D^2H$		0.0710		0.9540	0.9620
黄栀子	式-267	叶	D^2H	$M = a + b \times D^2H$	0.0014	0.0039		0.7147	0.7966
黄栀子	式-268	干	D^2H	$M = a + b \times D^2H$	0.0007	0.0183		0.7880	0.8109
黄栀子	式-269	地上	D^2H	$M = a + b \times D^2H$	0.0019	0.0223		0.7967	0.8114
黄栀子	式-270	根	M_a	$M = aM_a^b$	0.3777	1.0012			0.8980
黄栀子	式-271	总植株	D^2H	$M = a + b \times D^2H$		0.0350		0.8990	0.8550

灌木种	方程编号	灌木组织部分	预测变量	方程形式	系数 a	系数 b	系数 c	$R^2[R]$（建模拟合度）	$R^2[R]$（预测拟合度）
黄栀子	式-272	叶	D^2H	$M=a+b\times D^2H+c\times(D^2H)^2$	0.5294	0.0515	0.0004	0.9609	
黄栀子	式-273	干	D^2H	$M=a+b\times D^2H+c\times(D^2H)^2$	0.2556	0.1299	0.0004	0.972	
黄栀子	式-274	根	D^2H	$M=a+b\times D^2H+c\times(D^2H)^2$	0.4657	0.0591	5.3×10^{-5}	0.8582	
黄栀子	式-275	总植株	D^2H	$M=a+b\times D^2H+c\times(D^2H)^2$	1.2359	0.2417	0.0008	0.9711	
黄栀子	式-276	总植株	A_c	$M=a+b\times A_c+c\times A_c^2$	1.888	73.454	144.254		
算盘子	式-277	干	D^2H	$M=a(D^2H)^b$	0.0310	0.7861			0.8106
算盘子	式-278	地上	D^2H	$M=a(D^2H)^b$	0.0426	0.7916			0.8319
算盘子	式-279	根	M_a	$M=aM_a^b$	0.2776	0.8413			0.8393
算盘子	式-280	总植株	D^2H	$M=a(D^2H)^b$	0.0630	0.7150			0.8290
盐节木	式-281	总植株	D^2H	$M=a(D^2H)^b$	4.3852	1.1755		0.948	
盐穗木	式-282	总植株	D^2H	$M=a(D^2H)^b$	0.4282	1.1404		0.9974	
梭梭	式-283	小枝（直径<3 cm）	D^2H	$M=a(D^2H)^b$	0.0748	0.7439		0.973	
梭梭	式-284	小枝（直径<3 cm）	D^2H	$M=a(D^2H)^b$	0.0567	0.771		0.971	
梭梭	式-285	小枝（直径<3 cm）	D^2H	$M=a(D^2H)^b$	0.2674	0.4408		0.888	
梭梭	式-286	粗枝（直径≥3 cm）	D^2H	$M=a(D^2H)^b$	0.0097	1.0624		0.93	
梭梭	式-287	粗枝（直径≥3 cm）	D^2H	$M=a(D^2H)^b$	0.0085	1.028		0.909	
梭梭	式-288	粗枝（直径≥3 cm）	D^2H	$M=a(D^2H)^b$	0.0073	0.999		0.981	
梭梭	式-289	地上	D^2H	$M=a(D^2H)^b$	0.0654	0.8748		0.979	
梭梭	式-290	地上	D^2H	$M=a(D^2H)^b$	0.0578	0.8499		0.978	
梭梭	式-291	地上	D^2H	$M=a(D^2H)^b$	0.0844	0.7416		0.984	
梭梭	式-292	根	M_a	$M=a+b\times M_a$	0.9084	0.8119			
梭梭	式-293	总植株	D、H、A_c	$M=aD^bH^cA_c^d$	0.0032	1.517	0.836	[0.937]	
梭梭	式-294	总植株	C、H	$M=a(CH)^b$	5.27	0.794		0.923	

灌木种	方程编号	灌木组织部分	预测变量	方程形式	系数 a	系数 b	系数 c	$R^2[R]$（建模拟合度）	$R^2[R]$（预测拟合度）
梭梭	式-295	总植株	D^2H	$M=a(D^2H)^b$	1.3025	0.9423		0.9992	
梭梭	式-296	近年枝和叶	D^2H	$M=a(D^2H)^b$	0.3743	0.4542		0.9876	[0.9902]
梭梭	式-297	总植株	D^2H	$M=a(D^2H)^b$	0.6841	0.5425		0.9903	
梭梭	式-298	地上	V_c	$M=aV_c^b$	0.3628	0.9605		0.959	
梭梭	式-299	根	M_a	$M=aM_a^b$	0.8737	0.9394		0.9011	
木岩黄耆	式-300	总植株	C、H	$M=a+b\times CH$	2829.91	0.2551		0.881	
蒙古岩黄耆	式-301	D、H、A_c	总植株	$M=e^aD^bH^cA_c^d$	−5.3381	1.5112	0.8604	[0.942]	
蒙古岩黄耆	式-302	总植株	D、H、A_c	$M=aD^bH^cA_c^d$	1.071	1.442	0.507	[0.95]	
细枝岩黄芪	式-303	总植株	D、H、A_c	$M=e^aD^bH^cA_c^d$	−5.5587	2.121	0.5111	[0.964]	
细枝岩黄芪	式-304	总植株	H、A_c	$M=a+b\times H+c\times A_c$	−0.2527	0.2408	0.337	[0.9713]	
细枝岩黄芪	式-305	总植株	C、H	$M=a+b\times CH$	694.43	0.047		0.863	
沙棘	式-306	叶	D^2H	$M=a(D^2H)^b$	0.1988	2.1332		0.8263	
沙棘	式-307	干和枝	D^2H	$M=a(D^2H)^b$	0.2993	2.1344		0.8568	
沙棘	式-308	根	D^2H	$M=a(D^2H)^b$	2.0269	1.6113		0.8956	
满树星	式-309	总植株	A_c	$M=a+b\times A_c+c\times A_c^2$	10.658	15.652	170.23		
满树星	式-310	总植株	V_c	$M=a+b\times V_c$	2.188	1629.931		0.974	
戈壁藜	式-311	总植株	D^2H	$M=a(D^2H)^b$	0.1237	1.5893		0.8274	
本氏木兰	式-312	地上	C	$M=aC^b$	1146.52	4.1		0.953	
本氏木兰	式-313	根	C	$M=aC^b$	334.41	2.69		0.787	
宜昌木蓝	式-314	近年枝和叶	C	$M=a\times C$	0.2175			0.9682	
宜昌木蓝	式-315	地上	C	$M=a\times C$	0.7018			0.9732	
箬竹	式-316	总植株	D	$M=aD^b$	0.319	2.522		0.95	
盐爪爪	式-317	叶	V_c	$M=aV_c^b$	0.003	0.89		0.819	
盐爪爪	式-318	近年枝	V_c	$M=aV_c^b$	0.001	0.863		0.84	
盐爪爪	式-319	老枝	V_c	$M=aV_c^b$	0.002	0.98		0.916	

续表

灌木种	方程编号	灌木组织部分	预测变量	方程形式	系数 a	系数 b	系数 c	$R^2[R]$（建模拟合度）	$R^2[R]$（预测拟合度）
盐爪爪	式-320	地上	V_c	$M = aV_c^b$	0.003	0.971		0.917	
盐爪爪	式-321	根	V_c	$M = aV_c^b$	0.006	0.725		0.792	
盐爪爪	式-322	总植株	V_c	$M = aV_c^b$	0.006	0.935		0.912	
盐爪爪	式-323	总植株	D^2H	$M = a(D^2H)^b$	70.682	0.5284		0.911	
胡枝子	式-324	叶	D^2H	$M = a + b \times D^2H$	0.0009	0.0081		0.7531	0.7605
胡枝子	式-325	干	D^2H	$M = a + b \times D^2H$	−0.0151	0.0348		0.9126	0.9172
胡枝子	式-326	地上	D^2H	$M = a + b \times D^2H$	−0.0142	0.0431		0.9150	0.9113
胡枝子	式-327	根	M_a	$M = aM_a^b$	0.3438	0.9302			0.7145
胡枝子	式-328	总植株	D^2H	$M = a(D^2H)^b$	0.0670	0.7280			0.8720
胡枝子	式-329	叶	V_c	$M = a + b \times V_c$	−0.0001	0.1791		0.8639	0.8954
胡枝子	式-330	近年枝	V_c	$M = aV_c^b$	0.0631	0.7898			0.9364
胡枝子	式-331	干	V_c	$M = a + b \times V_c$	−0.0021	0.8790		0.9297	0.9094
胡枝子	式-332	地上	V_c	$M = a + b \times V_c$	−0.0024	1.0686		0.9281	0.9132
胡枝子	式-333	根	M_a	$M = a + b \times M_a$	0.0072	0.5644		0.8444	0.8922
胡枝子	式-334	总植株	V_c	$M = aV_c^b$	0.6670	0.7340			0.9010
胡枝子	式-335	叶	D^2H	$M = a(D^2H)^b$	0.0077	0.7274		0.914	
胡枝子	式-336	干和枝	D^2H	$M = a(D^2H)^b$	0.0409	0.8021		0.941	
胡枝子	式-337	总植株	D^2H	$M = a(D^2H)^b$	0.0487	0.7895		0.942	
达乌里胡枝子	式-338	总植株	D^2H	$M = a(D^2H)^b$	0.0460	0.7420			0.9310
柔毛胡枝子	式-339	近年枝和叶	C	$M = a \times C$	0.4925			0.8998	
柔毛胡枝子	式-340	地上	C	$M = a \times C$	0.8227			0.9566	
柔毛胡枝子	式-341	叶	D^2H	$M = a + b \times D^2H + c \times (D^2H)^2$	0.0293	0.0397	−0.0004	0.9372	
柔毛胡枝子	式-342	干	D^2H	$M = a + b \times D^2H + c \times (D^2H)^2$	0.1588	0.3866	−0.0034	0.9587	
柔毛胡枝子	式-343	根	V_c	$M = a + b \times V_c + c \times V_c^2$	1.606	−35.311	1216.928	0.6511	
柔毛胡枝子	式-344	总植株	D^2H	$M = a + b \times D^2H + c \times (D^2H)^2$	0.6796	0.5962	−0.0042	0.9613	

续表

灌木种	方程编号	灌木组织部分	预测变量	方程形式	系数 a	系数 b	系数 c	$R^2[R]$（建模拟合度）	$R^2[R]$（预测拟合度）
柔毛胡枝子	式-345	总植株	A_c	$M = a + b \times A_c + c \times A_c^2$	2.17	9.462	266.309		
乌药	式-346	叶	D^2H	$M = a + b \times D^2H$	0.0014	0.0156		0.8113	0.8803
乌药	式-347	近年枝	D^2H	$M = a(D^2H)^b$	0.0102	0.2435			0.8837
乌药	式-348	干	D^2H	$M = a(D^2H)^b$	0.0337	0.9570			0.9633
乌药	式-349	地上	D^2H	$M = a(D^2H)^b$	0.0522	0.9569			0.9559
乌药	式-350	根	D^2H	$M = a(D^2H)^b$	0.0264	1.2456 m			0.8584
乌药	式-351	总植株	D^2H	$M = a(D^2H)^b$	0.0880	1.0660			0.9360
山胡椒	式-352	叶	D^2H	$M = a(D^2H)^b$	0.0060	0.8058			0.6168
山胡椒	式-353	干	D^2H	$M = a(D^2H)^b$	0.0315	0.9366			0.9133
山胡椒	式-354	地上	D^2H	$M = a(D^2H)^b$	0.0384	0.9262			0.8969
山胡椒	式-355	根	M_a	$M = aM_a^b$	0.4221	0.9019			0.8391
山胡椒	式-356	总植株	D^2H	$M = a(D^2H)^b$	0.0610	0.9150			0.9060
枫香	式-357	叶	D^2H	$M = a + b \times D^2H$	−0.0050	0.0108		0.7467	0.7646
枫香	式-358	近年枝	D^2H	$M = a + b \times D^2H$	−0.0052	0.0049		0.9208	0.8511
枫香	式-359	干	D^2H	$M = a + b \times D^2H$	−0.0547	0.0384		0.9215	0.9236
枫香	式-360	地上	D^2H	$M = a + b \times D^2H$	−0.0598	0.0492		0.8946	0.9224
枫香	式-361	根	M_a	$M = a + b \times M_a$	0.1018	0.9962		0.8733	0.8613
枫香	式-362	总植株	D^2H	$M = a + b \times D^2H$	0.0290	0.0940		0.7920	0.8740
山苍子	式-363	叶	D^2H	$M = a(D^2H)^b$	0.0059	0.7866			0.8582
山苍子	式-364	近年枝	D^2H	$M = a + b \times D^2H$	0.0618	0.0012		0.4467	0.6904
山苍子	式-365	干	D^2H	$M = a + b \times D^2H$	0.0014	0.0152		0.8971	0.8778
山苍子	式-366	地上	D^2H	$M = a + b \times D^2H$	0.0360	0.0167		0.9084	0.8879
山苍子	式-367	根	M_a	$M = aM_a^b$	0.2781	0.8291			0.7890
山苍子	式-368	总植株	D^2H	$M = a + b \times D^2H$	0.0900	0.0210		0.9280	0.9120
山苍子	式-369	总植株	D	$M = a + b \times D + c \times D^2$	1.927	−0.874	0.414	0.982	
红花檵木	式-370	叶	D^2H	$M = a(D^2H)^b$	0.0100	0.5934			0.6188
红花檵木	式-371	近年枝	D^2H	$M = a + b \times D^2H$	0.0200	0.0011		0.4368	0.6727
红花檵木	式-372	干	D^2H	$M = a + b \times D^2H$	−0.0105	0.0316		0.8602	0.8798
红花檵木	式-373	地上	D^2H	$M = a + b \times D^2H$	0.0101	0.0341		0.8639	0.8828

灌木种	方程编号	灌木组织部分	预测变量	方程形式	系数 a	系数 b	系数 c	$R^2[R]$（建模拟合度）	$R^2[R]$（预测拟合度）
红花檵木	式-374	根	M_a	$M = aM_a^b$	0.3764	0.8246			0.8061
红花檵木	式-375	总植株	D^2H	$M = a + b \times D^2H$	0.0310	0.0480		0.8600	0.8840
红花檵木	式-376	总植株	D^2H、V_c	$M = a + b \times D^2H + c \times V_c$	63.81	0.358	91.071	0.994	
红花檵木	式-377	叶	C、H	$M = a(CH)^b$	0.0114	0.7581		0.5713	
红花檵木	式-378	干	C、H	$M = a(CH)^b$	0.0008	1.1878		0.8515	
红花檵木	式-379	地上	C、H	$M = a(CH)^b$	0.0024	1.0973		0.8436	
红花檵木	式-380	总植株	V_c	$M = aV_c^b$	141.66	0.689			
珍珠花	式-381	叶	V_c	$M = a + b \times V_c$	−0.0002	0.9348		0.7101	0.8043
珍珠花	式-382	干	V_c	$M = aV_c^b$	1.4730	0.9143			0.8326
珍珠花	式-383	地上	V_c	$M = aV_c^b$	1.7472	0.8880			0.8609
珍珠花	式-384	总植株	V_c	$M = aV_c^b$	1.8380	0.7350			0.7800
中平树	式-385	叶	D^2H	$M = a + b \times D^2H$	0.2890	0.0387		0.8041	0.8665
中平树	式-386	干	D^2H	$M = a + b \times D^2H$	0.8138	0.1855		0.8901	0.9128
中平树	式-387	地上	D^2H	$M = a + b \times D^2H$	1.1383	0.2237		0.8781	0.9053
中平树	式-388	根	M_a	$M = aM_a^b$	0.1935	0.8193			0.9909
中平树	式-389	总植株	D^2H	$M = a + b \times D^2H$	1.3590	0.2490		0.8720	0.8920
杜茎山	式-390	总植株	D	$M = aD^b$	0.165	2.646		0.904	
白背叶	式-391	干	D^2H	$M = a(D^2H)^b$	0.0226	0.9891			0.9615
白背叶	式-392	地上	D^2H	$M = a(D^2H)^b$	0.0335	0.9188			0.9559
白背叶	式-393	总植株	D^2H	$M = a(D^2H)^b$	0.0710	0.7300			0.9420
宽苞水柏枝	式-394	总植株	C、H	$M = a + b \times CH + c \times (CH)^2$	7543.29	0.078		0.875	
铁仔	式-395	总植株	D^2H	$M = a + b \times D^2H$	2.521	0.007		0.982	
铁仔	式-396	叶	D^2H	$M = a + b \times D^2H$	−0.0023	0.0293		0.7138	0.7731
铁仔	式-397	干	D^2H	$M = a + b \times D^2H$	−0.0058	0.0713		0.8051	0.8466
铁仔	式-398	地上	D^2H	$M = a + b \times D^2H$	−0.0084	0.1021		0.7976	0.8391
铁仔	式-399	根	M_a	$M = a + b \times M_a$	0.0067	0.2021		0.8174	0.8728
铁仔	式-400	总植株	D^2H	$M = a(D^2H)^b$	0.0960	0.9210			0.8620
泡泡刺	式-401	叶	A_c	$M = aA_c^b$	0.0328	0.7370			0.8363
泡泡刺	式-402	近年枝	V_c	$M = a + b \times V_c$	−0.0005	0.1264		0.6056	0.6982

灌木种	方程编号	灌木组织部分	预测变量	方程形式	系数 a	系数 b	系数 c	$R^2[R]$（建模拟合度）	$R^2[R]$（预测拟合度）
泡泡刺	式-403	干	V_c	$M = a + b \times V_c$	0.0121	0.6425		0.4918	0.8151
泡泡刺	式-404	地上	A_c	$M = aA_c^b$	0.1645	0.7146			0.8625
泡泡刺	式-405	根	M_a	$M = aM_a^b$	0.1559	0.6298			0.7091
泡泡刺	式-406	总植株	A_c	$M = aA_c^b$	0.1870	0.5610			0.8190
泡泡刺	式-407	地上	V_c	$M = aA_c^b$	235	0.47		0.581	
泡泡刺	式-408	总植株	D^2H	$M = a(D^2H)^b$	5.6004	0.9029		0.9982	
白刺	式-409	叶	V_c	$M = aA_c^b$	0.0379	0.3879			0.7092
白刺	式-410	近年枝	V_c	$M = a + b \times V_c$	0.0000	0.1049		0.7859	0.8159
白刺	式-411	干	V_c	$M = aA_c^b$	0.2964	0.6145			0.8098
白刺	式-412	地上	V_c	$M = aV_c^b$	0.3365	0.5687			0.8230
白刺	式-413	根	V_c	$M = a + b \times V_c$	0.0485	0.3115		0.6110	0.7053
白刺	式-414	总植株	V_c	$M = aA_c^b$	0.6180	0.5470			0.8990
白刺	式-415	地上	V_c	$M = aA_c^b$	304.95	0.43		0.569	
白刺	式-416	根	A_c	$M = aA_c^b$	205.9	1		0.645	
虎榛子	式-417	叶	D^2H	$M = a(D^2H)^b$	0.0212	0.3315			0.8929
虎榛子	式-418	干	D^2H	$M = a + b \times D^2H$	0.0263	0.0238		0.8930	0.9148
虎榛子	式-419	地上	D^2H	$M = a(D^2H)^b$	0.0746	0.6299			0.9351
虎榛子	式-420	根	D^2H	$M = a + b \times D^2H$	−0.0034	0.0495		0.9827	0.8771
虎榛子	式-421	总植株	D^2H	$M = a(D^2H)^b$	0.1280	0.6930			0.9060
虎榛子	式-422	叶	D^2H	$M = a(D^2H)^b$	0.2638	0.5144		0.8872	
虎榛子	式-423	干和枝	D^2H	$M = a(D^2H)^b$	2.1206	0.5976		0.8926	
虎榛子	式-424	根	D^2H	$M = a(D^2H)^b$	1.7739	0.546		0.9164	
虎榛子	式-425	叶	D^2H	$M = a(D^2H)^b$	0.0122	0.6904		0.772	
虎榛子	式-426	干和枝	D^2H	$M = a(D^2H)^b$	0.033	1.1519		0.993	
虎榛子	式-427	总植株	D^2H	$M = a(D^2H)^b$	0.0452	1.0585		0.987	
余甘子	式-428	叶	D^2H	$M = a + b \times D^2H$	0.0324	0.0051		0.2184	0.4697
余甘子	式-429	近年枝	D^2H	$M = a(D^2H)^b$	0.0024	0.4882			0.8174
余甘子	式-430	干	D^2H	$M = a(D^2H)^b$	0.0388	0.7708			0.7328
余甘子	式-431	地上	D^2H	$M = a(D^2H)^b$	0.0525	0.7576			0.7322

续表

灌木种	方程编号	灌木组织部分	预测变量	方程形式	系数 a	系数 b	系数 c	$R^2[R]$（建模拟合度）	$R^2[R]$（预测拟合度）
余甘子	式-432	根	M_a	$M = aM_a^b$	0.4644	0.7349			0.6051
余甘子	式-433	总植株	D^2H	$M = a(D^2H)^b$	0.0980	0.7270			0.7890
地盘松	式-434	叶	V_c	$M = a + b \times V_c$	0.099	0.322		0.781	
地盘松	式-435	干	V_c	$M = a + b \times V_c$	0.096	1.328		0.86	
地盘松	式-436	根	V_c	$M = a + b \times V_c$	0.126	0.421		0.922	
化香树	式-437	叶	D^2H	$M = a + b \times D^2H$	0.0222	0.0007		0.3615	0.5348
化香树	式-438	干	D^2H	$M = a + b \times D^2H$	0.1841	0.0171		0.8535	0.9251
化香树	式-439	地上	D^2H	$M = a(D^2H)^b$	0.0290	0.9332			0.9289
化香树	式-440	根	M_a	$M = aM_a^b$	0.7414	0.8331			0.8557
化香树	式-441	总植株	D^2H	$M = a + b \times D^2H$	0.6440	0.0250		0.8010	0.8910
绵刺	式-442	叶	V_c	$M = a + b \times V_c$	0.0006	0.2218		0.9335	0.9478
绵刺	式-443	干	V_c	$M = a + b \times V_c$	0.0035	1.0960		0.8153	0.8778
绵刺	式-444	地上	V_c	$M = a + b \times V_c$	0.0041	1.3175		0.8501	0.9055
绵刺	式-445	根	M_a	$M = aM_a^b$	0.1607	0.6036			0.7658
绵刺	式-446	总植株	V_c	$M = aV_c^b$	0.3600	0.5140			0.8630
绵刺	式-447	地上	V_c	$M = aV_c^b$	877.81	0.85		0.833	
绵刺	式-448	根	V_c	$M = aV_c^b$	56.46	0.28		0.214	
金露梅	式-449	地上	H	$M = a + b \times H$	−5.312	6.297		0.941	
金露梅	式-450	地上	P^2H	$M = a + b \times P^2H$	29.77	113.02		0.916	0.9275
火棘	式-451	叶	D^2H	$M = a(D^2H)^b$	0.0124	0.7986			0.7623
火棘	式-452	近年枝	D^2H	$M = a(D^2H)^b$	0.0076	0.6414			0.7104
火棘	式-453	干	D^2H	$M = a(D^2H)^b$	0.0646	0.8713			0.8546
火棘	式-454	地上	D^2H	$M = a(D^2H)^b$	0.0790	0.8734			0.8684
火棘	式-455	根	D^2H	$M = a(D^2H)^b$	0.0252	0.8381			0.6059
火棘	式-456	总植株	D^2H	$M = a(D^2H)^b$	0.1000	0.9100			0.8730
麻栎	式-457	根	M_a	$M = aM_a^b$	0.4674	1.0352			0.8679
麻栎	式-458	近年枝和叶	C	$M = a \times C$	0.3954			0.9006	
麻栎	式-459	地上	C	$M = a \times C$	1.0232			0.9243	
槲栎	式-460	叶	D^2H	$M = a(D^2H)^b$	0.0143	0.6109			0.8027

续表

灌木种	方程编号	灌木组织部分	预测变量	方程形式	系数 a	系数 b	系数 c	$R^2[R]$（建模拟合度）	$R^2[R]$（预测拟合度）
槲栎	式-461	干	D^2H	$M=a(D^2H)^b$	0.0381	0.8314			0.9352
槲栎	式-462	地上	D^2H	$M=a(D^2H)^b$	0.0536	0.7884			0.9382
槲栎	式-463	根	D^2H	$M=a(D^2H)^b$	0.0714	0.6218			0.8157
槲栎	式-464	总植株	D^2H	$M=a(D^2H)^b$	0.1320	0.7140			0.9360
川滇高山栎	式-465	叶	D_{10}^2H	$M=a+b\times D_{10}^2H$	0.006	0.003		[0.992]	
川滇高山栎	式-466	枝	D_{10}^2H	$M=a(D_{10}^2H)^b$	0.007	0.843		[0.996]	
川滇高山栎	式-467	干	D_{10}^2H	$M=a+b\times D_{10}^2H$	−0.014	0.017		[0.994]	
川滇高山栎	式-468	干和皮	D_{10}^2H	$M=a(D_{10}^2H)^b$	0.028	0.876		[0.968]	
川滇高山栎	式-469	总植株	D_{10}^2H	$M=a(D_{10}^2H)^b$	0.01	1.071		[0.987]	
白栎	式-470	叶	D^2H	$M=a(D^2H)^b$	0.0128	0.6598			0.6597
白栎	式-471	近年枝	D^2H	$M=a(D^2H)^b$	0.0047	0.6166			0.6900
白栎	式-472	干	D^2H	$M=a(D^2H)^b$	0.0351	0.8489			0.8689
白栎	式-473	地上	D^2H	$M=a+b\times D^2H$	0.1427	0.0173		0.7935	0.8484
白栎	式-474	根	M_a	$M=aM_a^b$	0.6437	0.7656			0.6760
白栎	式-475	总植株	D^2H	$M=a+b\times D^2H$	0.3400	0.0250		0.7260	0.8160
白栎	式-476	近年枝和叶	C	$M=a\times C$	0.6165			0.937	
白栎	式-477	地上	C	$M=a\times C$	1.1214			0.9003	
白栎	式-478	总植株	V_c	$M=aV_c^b$	590.603	0.797			
矮高山栎	式-479	叶	V_c	$M=a+b\times V_c$	0.014	1.083		0.9	
矮高山栎	式-480	干	V_c	$M=a+b\times V_c$	0.054	1.757		0.962	
矮高山栎	式-481	根	V_c	$M=a+b\times V_c$	0.032	4.544		0.963	
高山栎	式-482	叶	D^2H	$M=a+b\times D^2H$	−0.141	0.025		0.937	
高山栎	式-483	干	D^2H	$M=a+b\times D^2H$	−0.64	0.103		0.843	
高山栎	式-484	根	D^2H	$M=a+b\times D^2H$	0.07	0.04		0.755	
短柄枹栎	式-485	叶	D^2H	$M=a(D^2H)^b$	0.0108	0.4853			0.5684
短柄枹栎	式-486	近年枝	D^2H	$M=a+b\times D^2H$	0.0122	0.0011		0.5302	0.7467
短柄枹栎	式-487	干	D^2H	$M=a+b\times D^2H$	−0.0203	0.0237		0.8403	0.8815
短柄枹栎	式-488	地上	D^2H	$M=a+b\times D^2H$	0.0097	0.0251		0.8289	0.8789

续表

灌木种	方程编号	灌木组织部分	预测变量	方程形式	系数 a	系数 b	系数 c	$R^2[R]$（建模拟合度）	$R^2[R]$（预测拟合度）
短柄枹栎	式-489	根	M_a	$M = aM_a^b$	0.5130	0.6694			0.6135
短柄枹栎	式-490	总植株	D^2H	$M = a + b \times D^2H$	0.1920	0.0310		0.7930	0.8620
栓皮栎	式-491	叶	D^2H	$M = a + b \times D^2H$	0.0717	0.0027		0.9028	0.8548
栓皮栎	式-492	近年枝	D^2H	$M = a(D^2H)^b$	0.0073	0.6643			0.7211
栓皮栎	式-493	干	D^2H	$M = a + b \times D^2H$	0.6460	0.0227		0.7997	0.7708
栓皮栎	式-494	地上	D^2H	$M = a + b \times D^2H$	0.7252	0.0252		0.8232	0.7888
栓皮栎	式-495	根	M_a	$M = aM_a^b$	1.0949	0.6055			0.8473
栓皮栎	式-496	总植株	D^2H	$M = a(D^2H)^b$	0.2430	0.7060			0.8650
红砂	式-497	地上	V_c	$M = aV_c^b$	833.26	0.73		0.725	
红砂	式-498	根	A_c	$M = aA_c^b$	520.85	0.94		0.38	
红砂	式-499	叶	V_c	$M = a + b \times V_c$	−0.0020	0.5018		0.8360	0.8193
红砂	式-500	干	V_c	$M = a + b \times V_c$	−0.0352	2.5876		0.8351	0.8024
红砂	式-501	地上	V_c	$M = a + b \times V_c$	−0.0413	3.2707		0.8552	0.8210
红砂	式-502	根	M_a	$M = a + b \times M_a$	−0.0307	1.5618		0.9451	0.8286
红砂	式-503	总植株	A_c	$M = aA_c^b$	1.3460	1.1510			0.9000
红砂	式-504	叶	V_c	$M = aV_c^b$	0.01	0.652		0.781	
红砂	式-505	老枝	V_c	$M = aV_c^b$	0.005	0.805		0.819	
红砂	式-506	地上	V_c	$M = aV_c^b$	0.013	0.757		0.86	
红砂	式-507	根	V_c	$M = aV_c^b$	0.016	0.727		0.808	
红砂	式-508	总植株	V_c	$M = aV_c^b$	0.028	0.748		0.859	
红砂	式-509	总植株	D^2H	$M = a(D^2H)^b$	10.806	0.7041		0.9022	
红砂	式-510	总植株	C_1、C_2	$M = a + b \times \ln(C_1 \times C_2)$	−103.61	21.426		0.9863	
红砂	式-511	总植株	C_1、C_2	$M = a + b \times C_1 \times C_2$	−15.866	0.028		0.9309	
石斑木	式-512	干	D^2H	$M = a(D^2H)^b$	0.0429	0.6638			0.8710
石斑木	式-513	地上	D^2H	$M = a(D^2H)^b$	0.0602	0.5989			0.8269
石斑木	式-514	根	M_a	$M = aM_a^b$	0.1879	0.7329			0.8340
石斑木	式-515	总植株	D^2H	$M = a(D^2H)^b$	0.0870	0.5740			0.8540

续表

灌木种	方程编号	灌木组织部分	预测变量	方程形式	系数 a	系数 b	系数 c	$R^2[R]$（建模拟合度）	$R^2[R]$（预测拟合度）
石斑木	式-516	总植株	V_c	$M = a + b \times V_c$	31.482	682.972		0.987	
烈香杜鹃	式-517	地上	C_1、C_2	$M = a + b \times (C_1 + C_2)/2$	1.759	4.708		0.921	
兴安杜鹃	式-518	叶	D^2H	$M = a(D^2H)^b$	0.0121	0.5376			0.8298
兴安杜鹃	式-519	地上	D^2H	$M = a(D^2H)^b$	0.0274	0.6120			0.7977
兴安杜鹃	式-520	根	D^2H	$M = a(D^2H)^b$	0.0213	0.6477			0.8398
兴安杜鹃	式-521	总植株	D^2H	$M = a(D^2H)^b$	0.0590	0.7080			0.8320
兴安杜鹃	式-522	叶	D^2H	$M = a + b \times D^2H$	0.1713	0.0013		0.5750	0.7843
兴安杜鹃	式-523	干	D^2H	$M = a + b \times D^2H$	0.2235	0.0084		0.7065	0.8156
兴安杜鹃	式-524	地上	D^2H	$M = a + b \times D^2H$	0.3809	0.0097		0.7759	0.8655
兴安杜鹃	式-525	根	M_a	$M = a + b \times M_a$	−0.0101	0.4318		0.7724	0.8489
兴安杜鹃	式-526	总植株	D^2H	$M = a(D^2H)^b$	0.3210	0.3950			0.8090
鹿角杜鹃	式-527	总植株	D^2H	$M = a + b \times D^2H$	27.602	0.004		0.966	
满山红杜鹃	式-528	叶	D^2H	$M = a + b \times D^2H$	0.0056	0.0011		0.6983	0.7970
满山红杜鹃	式-529	干	D^2H	$M = a + b \times D^2H$	−0.0082	0.0222		0.9113	0.7338
满山红杜鹃	式-530	地上	D^2H	$M = a + b \times D^2H$	−0.0064	0.0233		0.8945	0.7675
满山红杜鹃	式-531	根	M_a	$M = a M_a^b$	0.4460	0.7689			0.8192
满山红杜鹃	式-532	总植株	D^2H	$M = a + b \times D^2H$	0.0040	0.0380		0.9030	0.7420
雪层杜鹃	式-533	叶	A_c	$M = a A_c^b$	0.2217	1.1795			0.8533
雪层杜鹃	式-534	近年枝	A_c	$M = a + b \times A_c$	0.0077	0.1326		0.6289	0.8284
雪层杜鹃	式-535	干	A_c	$M = a + b \times A_c$	0.0166	1.2833		0.8432	0.8977
雪层杜鹃	式-536	地上	A_c	$M = a + b \times A_c$	0.0000	1.5603		0.8564	0.8971
雪层杜鹃	式-537	根	M_a	$M = a M_a^b$	0.4864	0.8930			0.8605
雪层杜鹃	式-538	总植株	V_c	$M = a V_c^b$	3.5430	0.8430			0.8190
腋花杜鹃	式-539	叶	V_c	$M = a + b \times V_c$	−0.008	0.679		0.681	
腋花杜鹃	式-540	干	V_c	$M = a + b \times V_c$	−0.026	2.832		0.986	
腋花杜鹃	式-541	根	V_c	$M = a + b \times V_c$	0.142	9.153		0.66	
中原氏杜鹃	式-542	叶	D^2H	$M = a(D^2H)^b$	0.0066	0.4944			0.6772
中原氏杜鹃	式-543	近年枝	D^2H	$M = a(D^2H)^b$	0.0047	0.7325			0.8667
中原氏杜鹃	式-544	干	D^2H	$M = a(D^2H)^b$	0.0246	0.9320			0.8852

续表

灌木种	方程编号	灌木组织部分	预测变量	方程形式	系数 a	系数 b	系数 c	$R^2[R]$（建模拟合度）	$R^2[R]$（预测拟合度）
中原氏杜鹃	式-545	地上	D^2H	$M=a(D^2H)^b$	0.0298	0.8484			0.8745
中原氏杜鹃	式-546	根	M_a	$M=aM_a^b$	0.4785	0.8120			0.6347
中原氏杜鹃	式-547	总植株	D^2H	$M=a+b\times D^2H$	0.0570	0.0320		0.6970	0.8360
中原氏杜鹃	式-548	总植株	H	$M=a+b\times H$	−177.304	501.916		0.934	
中原氏杜鹃	式-549	总植株	V_c	$M=aV_c^b$	195.326	0.714			
桃金娘	式-550	总植株	V_c	$M=a+b\times V_c$	40.074	1257.33		0.668	
桃金娘	式-551	根	M_a	$M=a+b\times M_a$	0.0232	0.5365		0.6799	0.7700
盐麸木	式-552	叶	D^2H	$M=a+b\times D^2H$	0.0267	0.0039		0.4502	0.6661
盐麸木	式-553	干	D^2H	$M=a(D^2H)^b$	0.0322	0.8217			0.8720
盐麸木	式-554	地上	D^2H	$M=a+b\times D^2H$	0.0492	0.0216		0.8062	0.8920
盐麸木	式-555	根	M_a	$M=a+b\times M_a$	0.0026	0.2924		0.8040	0.8858
盐麸木	式-556	总植株	D^2H	$M=a+b\times D^2H$	0.0800	0.0280		0.7910	0.8870
盐麸木	式-557	近年枝和叶	C	$M=a\times C$	0.4979			0.97	
盐麸木	式-558	地上	C	$M=a\times C$	0.8291			0.9562	
盐麸木	式-559	总植株	A_c	$M=a+b\times A_c+c\times A_c^2$	3.493	74.514	41.635		
小果蔷薇	式-560	近年枝和叶	C	$M=a\times C$	0.8284			0.9507	
小果蔷薇	式-561	地上	C	$M=a\times C$	1.0944			0.9469	
山刺玫	式-562	叶	D^2H	$M=a+b\times D^2H$	0.0013	0.0133		0.6703	0.8482
山刺玫	式-563	干	D^2H	$M=a+b\times D^2H$	−0.0027	0.0393		0.8234	0.9210
山刺玫	式-564	地上	D^2H	$M=a+b\times D^2H$	−0.0011	0.0524		0.8091	0.9162
山刺玫	式-565	根	D^2H	$M=a(D^2H)^b$	0.0342	0.6695			0.8122
山刺玫	式-566	总植株	D^2H	$M=a(D^2H)^b$	0.0850	0.7820			0.9280
金樱子	式-567	总植株	D	$M=a+b\times D+c\times D^2$	37.128	−10.321	1.427	0.977	
峨眉蔷薇	式-568	叶	D、H	$M=a\times D+b\times H+c$	8.507	0.028	−5.298	0.809	
峨眉蔷薇	式-569	枝	D^2H	$M=a+b\times D^2H$	−0.22	0.178		0.909	
峨眉蔷薇	式-570	干	D^2H	$M=a(D^2H)^b$	0.178	1.054		0.946	
峨眉蔷薇	式-571	干和皮	D^2H	$M=a(D^2H)^b$	0.235	0.69		0.88	

灌木种	方程编号	灌木组织部分	预测变量	方程形式	系数 a	系数 b	系数 c	$R^2[R]$（建模拟合度）	$R^2[R]$（预测拟合度）
峨眉蔷薇	式-572	地上	DH	$M=a(DH)^b$	0.816	0.904		0.957	
黄刺枚	式-573	叶	D^2H	$M=a(D^2H)^b$	0.1521	1.9236		0.9758	
黄刺枚	式-574	干和枝	D^2H	$M=a(D^2H)^b$	2.5289	1.8988		0.9186	
黄刺枚	式-575	根	D^2H	$M=a(D^2H)^b$	1.9884	1.9304		0.9084	
黄刺枚	式-576	叶	V_c	$M=a+b\times V_c$	0.0033	0.1038		0.8682	0.9219
黄刺枚	式-577	近年枝	V_c	$M=aV_c^b$	0.0260	0.5637			0.7711
黄刺枚	式-578	干	V_c	$M=a+b\times V_c$	−0.0245	0.5505		0.8132	0.8460
黄刺枚	式-579	地上	V_c	$M=a+b\times V_c$	−0.0227	0.6598		0.8523	0.8804
黄刺枚	式-580	根	M_a	$M=aM_a^b$	1.0252	1.0300			0.8432
黄刺枚	式-581	总植株	V_c	$M=aV_c^b$	1.0950	0.8950			0.9010
黄刺枚	式-582	地上	A_c	$M=aA_c^b$	685.42	1.07		0.693	
黄刺枚	式-583	根	A_c	$M=aA_c^b$	747.12	1.17		0.496	
黄刺枚	式-584	叶	C、H	$M=a(CH)^b$	0.008	0.959		0.849	
黄刺枚	式-585	近年枝	C、H	$M=a(CH)^b$	0.003	1.029		0.795	
黄刺枚	式-586	老枝	C、H	$M=a(CH)^b$	0.001	1.212		0.817	
黄刺枚	式-587	地上	C、H	$M=a(CH)^b$	0.008	1.101		0.895	
黄刺枚	式-588	叶	D^2H	$M=a(D^2H)^b$	0.0198	0.6391		0.969	
黄刺枚	式-589	干和枝	D^2H	$M=a(D^2H)^b$	0.0853	0.6468		0.982	
黄刺枚	式-590	总植株	D^2H	$M=a(D^2H)^b$	0.1051	0.6456		0.982	
黄刺枚	式-591	叶	C、H	$M=a+b\times CH$	−0.1121	0.0394		0.9052	
黄刺枚	式-592	干	C、H	$M=a+b\times CH$	−1.6745	0.5033		0.934	
黄刺枚	式-593	根	C、H	$M=a+b\times CH$	−1.7454	0.4797		0.9251	
山莓	式-594	总植株	A_c	$M=a+b\times A_c+c\times A_c^2$	4.133	33.846	0.908		
山莓	式-595	总植株	D^2H	$M=a(D^2H)^b$	0.1685	0.6156		0.843	
吉拉柳	式-596	地上	P^2H	$M=a+b\times P^2H$	33.515	71.691		0.906	0.9434
筐柳	式-597	总植株	C、H	$M=a+b\times CH$	3286.15	0.021		0.905	
北沙柳	式-598	叶	V_c	$M=aV_c^b$	0.0362	0.4766			0.8639
北沙柳	式-599	近年枝	V_c	$M=aV_c^b$	0.0243	0.6150			0.8205
北沙柳	式-600	干	V_c	$M=a+b\times V_c$	0.0677	0.1098		0.5860	0.8311

灌木种	方程编号	灌木组织部分	预测变量	方程形式	系数 a	系数 b	系数 c	$R^2[R]$（建模拟合度）	$R^2[R]$（预测拟合度）
北沙柳	式-601	地上	V_c	$M=aV_c^b$	0.2062	0.5419			0.8440
北沙柳	式-602	根	V_c	$M=aV_c^b$	0.0940	0.5548			0.8984
北沙柳	式-603	总植株	V_c	$M=aV_c^b$	0.3090	0.5400			0.8830
北沙柳	式-604	地上	V_c	$M=aV_c^b$	319.12	0.7		0.388	
北沙柳	式-605	根	V_c	$M=aV_c^b$	5134.29	0.67		0.338	
北沙柳	式-606	叶	A_c	$M=aA_c^b$	0.26	1.011		0.642	
北沙柳	式-607	干	A_c	$M=aA_c^b$	1.049	1.169		0.795	
北沙柳	式-608	地上	A_c	$M=aA_c^b$	1.313	1.147		0.795	
北沙柳	式-609	根	V_c	$M=aV_c^b$	0.577	0.857		0.594	
北沙柳	式-610	总植株	A_c	$M=aA_c^b$	2.472	1.044		0.717	
北沙柳	式-611	地上	H	$M=a\times e^{b\times H}$	0.0356	1.5839		[0.778]	
卷边柳	式-612	叶	D^2H	$M=a+b\times D^2H$	0.0050	0.0032		0.6658	0.8440
卷边柳	式-613	干	D^2H	$M=a(D^2H)^b$	0.0241	0.7600			0.9066
卷边柳	式-614	地上	D^2H	$M=a(D^2H)^b$	0.0305	0.7699			0.9021
卷边柳	式-615	根	D^2H	$M=a(D^2H)^b$	0.0085	0.8812			0.7506
卷边柳	式-616	总植株	D^2H	$M=a(D^2H)^b$	0.0390	0.7990			0.9060
珍珠猪毛菜	式-617	叶	V_c	$M=aV_c^b$	0.006	0.814		0.866	
珍珠猪毛菜	式-618	老枝	V_c	$M=aV_c^b$	0.004	0.923		0.881	
珍珠猪毛菜	式-619	地上	V_c	$M=aV_c^b$	0.009	0.884		0.893	
珍珠猪毛菜	式-620	根	V_c	$M=aV_c^b$	0.024	0.729		0.788	
珍珠猪毛菜	式-621	总植株	V_c	$M=aV_c^b$	0.033	0.806		0.876	
霸王	式-622	叶	V_c	$M=aV_c^b$	0.0720	0.6097			0.8458
霸王	式-623	干	A_c	$M=a+b\times A_c$	0.0249	0.6083		0.5734	0.8535
霸王	式-624	地上	A_c	$M=a+b\times A_c$	0.0326	0.6656		0.6113	0.8650
霸王	式-625	根	V_c	$M=aV_c^b$	0.4558	0.9568			0.7073
霸王	式-626	总植株	A_c	$M=a+b\times A_c$	0.0130	1.0900		0.6970	0.8880
霸王	式-627	地上	V_c	$M=aV_c^b$	847.79	0.62		0.692	

续表

灌木种	方程编号	灌木组织部分	预测变量	方程形式	系数 a	系数 b	系数 c	$R^2[R]$（建模拟合度）	$R^2[R]$（预测拟合度）
霸王	式-628	根	V_c	$M = aV_c^b$	487.02	0.82		0.535	
霸王	式-629	总植株	D^2H	$M = a(D^2H)^b$	6.4962	0.8575		0.983	
木荷	式-630	叶	D^2H	$M = a + b \times D^2H$	0.0320	0.0035		0.6854	0.8325
木荷	式-631	干	D^2H	$M = a + b \times D^2H$	0.0563	0.0223		0.8636	0.8987
木荷	式-632	地上	D^2H	$M = a + b \times D^2H$	0.0809	0.0262		0.8706	0.8954
木荷	式-633	根	M_a	$M = a + b \times M_a$	0.1012	0.2109		0.2730	0.6765
木荷	式-634	总植株	D^2H	$M = a + b \times D^2H$	0.1710	0.0320		0.8320	0.8830
白马骨	式-635	叶	D^2H	$M = a + b \times D^2H + c \times (D^2H)^2$	0.2433	0.101	−0.0002	0.9591	
白马骨	式-636	干	D^2H	$M = a + b \times D^2H + c \times (D^2H)^2$	0.7906	0.2258	0.0002	0.9713	
白马骨	式-637	根	D、C、H	$M = a + b \times D + c \times C + D \times H$	−1.313	0.789	0.015	0.798	
白马骨	式-638	总植株	D^2H	$M = a + b \times D^2H + c \times (D^2H)^2$	1.9432	0.4187	−0.0005	0.9311	
菝葜	式-639	近年枝和叶	C	$M = a \times C$	0.5625			0.9699	
菝葜	式-640	地上	C	$M = a \times C$	0.7915			0.9659	
菝葜	式-641	总植株	A_c	$M = a + b \times A_c + c \times A_c^2$	3.209	58.633	127.311		
菝葜	式-642	总植株	D^2H	$M = a + b \times D^2H$	0.4752	0.0379		0.902	
砂生槐	式-643	叶	D^2H	$M = a + b \times D^2H$	0.0238	0.0093		0.6213	0.8520
砂生槐	式-644	干	D^2H	$M = a(D^2H)^b$	0.0651	0.7443			0.8433
砂生槐	式-645	地上	D^2H	$M = a + b \times D^2H$	0.0627	0.0476		0.7670	0.8861
砂生槐	式-646	根	M_a	$M = aM_a^b$	0.4741	0.9906			0.8580
砂生槐	式-647	总植株	D^2H	$M = a(D^2H)^b$	0.1420	0.6940			0.8370
砂生槐	式-648	叶	V_c	$M = aV_c^b$	0.3719	0.7742			0.8064
砂生槐	式-649	干	A_c	$M = a + b \times A_c$	0.0086	0.8158		0.8145	0.8552
砂生槐	式-650	地上	A_c	$M = a + b \times A_c$	0.0018	1.1343		0.8287	0.8696
砂生槐	式-651	根	M_a	$M = aM_a^b$	0.8685	0.8507			0.9636
砂生槐	式-652	总植株	A_c	$M = a + b \times A_c$	0.0490	2.1030		0.8300	0.8620
珍珠梅	式-653	叶	D^2H	$M = a(D^2H)^b$	0.0110	0.7585			0.8300

灌木种	方程编号	灌木组织部分	预测变量	方程形式	系数 a	系数 b	系数 c	$R^2[R]$（建模拟合度）	$R^2[R]$（预测拟合度）
珍珠梅	式-654	干	D^2H	$M=a(D^2H)^b$	0.0174	1.0128			0.8688
珍珠梅	式-655	地上	D^2H	$M=a(D^2H)^b$	0.0288	0.9435			0.9012
珍珠梅	式-656	根	D^2H	$M=a+b\times D^2H$	−0.0113	0.0199		0.6947	0.7850
珍珠梅	式-657	总植株	D^2H	$M=a(D^2H)^b$	0.0460	0.8930			0.9340
高山绣线菊	式-658	地上	P^2H	$M=a+b\times P^2H$	9.994	62.336		0.901	0.9434
楼斗叶绣线菊	式-659	叶	V_c	$M=aV_c^b$	0.0638	0.7823			0.7597
楼斗叶绣线菊	式-660	干	V_c	$M=aV_c^b$	0.4299	0.8539			0.7796
楼斗叶绣线菊	式-661	地上	V_c	$M=aV_c^b$	0.5006	0.8443			0.7897
楼斗叶绣线菊	式-662	根	V_c	$M=aV_c^b$	0.5802	0.7361			0.9084
楼斗叶绣线菊	式-663	总植株	V_c	$M=aV_c^b$	1.0960	0.8130			0.9090
楼斗叶绣线菊	式-664	地上	V_c	$M=aV_c^b$	383.95	0.51		0.693	
楼斗叶绣线菊	式-665	根	V_c	$M=aV_c^b$	431.84	0.48		0.887	
石蚕叶绣线菊	式-666	地上	D_{10}	$M=aD_{10}^b$	39.793	2.818		0.677	
疏毛绣线菊	式-667	叶	D^2H	$M=a(D^2H)^b$	0.0037	0.4925			0.8967
疏毛绣线菊	式-668	干	D^2H	$M=a(D^2H)^b$	0.0315	0.7612			0.8957
疏毛绣线菊	式-669	地上	D^2H	$M=a(D^2H)^b$	0.0362	0.7555			0.9118
疏毛绣线菊	式-670	根	M_a	$M=aM_a^b$	0.1096	0.6720			0.8638
疏毛绣线菊	式-671	总植株	D^2H	$M=a(D^2H)^b$	0.0490	0.7400			0.9440
蒙古绣线菊	式-672	叶	V_c	$M=aV_c^b$	0.1679	1.0735			0.8689
蒙古绣线菊	式-673	近年枝	V_c	$M=aV_c^b$	0.0346	0.8161			0.8611
蒙古绣线菊	式-674	干	V_c	$M=aV_c^b$	1.4469	1.3884			0.8845
蒙古绣线菊	式-675	地上	V_c	$M=aV_c^b$	1.5193	1.3094			0.8937
蒙古绣线菊	式-676	根	M_a	$M=a+b\times M_a$	−0.0002	0.7869		0.5162	0.7731
蒙古绣线菊	式-677	总植株	V_c	$M=aV_c^b$	2.3310	1.2790			0.8030
蒙古绣线菊	式-678	地上	V_c	$M=aV_c^b$	1485.52	1.26		0.794	

续表

灌木种	方程编号	灌木组织部分	预测变量	方程形式	系数 a	系数 b	系数 c	$R^2[R]$（建模拟合度）	$R^2[R]$（预测拟合度）
蒙古绣线菊	式-679	根	A_c	$M = aA_c^b$	22 348.06	4.27		0.619	
土庄绣线菊	式-680	叶	V_c	$M = aV_c^b$	0.0984	0.5541			0.8426
土庄绣线菊	式-681	近年枝	V_c	$M = aV_c^b$	0.0332	0.6987			0.7003
土庄绣线菊	式-682	干	V_c	$M = aV_c^b$	1.0434	0.9868			0.8752
土庄绣线菊	式-683	地上	V_c	$M = aV_c^b$	1.1322	0.9033			0.9123
土庄绣线菊	式-684	根	M_a	$M = a + b \times M_a$	−0.0057	0.8109		0.8906	0.9391
土庄绣线菊	式-685	总植株	V_c	$M = aV_c^b$	2.0550	0.9140			0.9050
土庄绣线菊	式-686	地上	V_c	$M = aV_c^b$	1069.48	0.85		0.719	
土庄绣线菊	式-687	根	V_c	$M = aV_c^b$	984.62	0.95		0.689	
土庄绣线菊	式-688	叶	D^2H	$M = a(D^2H)^b$	0.024 33	1.0957		0.95	
土庄绣线菊	式-689	干和枝	D^2H	$M = a(D^2H)^b$	0.3942	0.9584		0.7503	
土庄绣线菊	式-690	根	D^2H	$M = a(D^2H)^b$	1.1857	0.0548		0.8162	
柳叶绣线菊	式-691	叶	D^2H	$M = a + b \times D^2H$	−0.0001	0.0119		0.7889	0.8555
柳叶绣线菊	式-692	干	D^2H	$M = a + b \times D^2H$	0.0181	0.0145		0.2975	0.6443
柳叶绣线菊	式-693	地上	D^2H	$M = a(D^2H)^b$	0.0462	0.7750			0.8355
柳叶绣线菊	式-694	根	M_a	$M = aM_a^b$	0.3508	0.9012			0.7578
柳叶绣线菊	式-695	总植株	D^2H	$M = a + b \times D^2H$	0.0330	0.0350		0.4750	0.7590
柳叶绣线菊	式-696	叶	D^2H	$M = a(D^2H)^b$	0.0074	0.883		0.948	
柳叶绣线菊	式-697	干和枝	D^2H	$M = a(D^2H)^b$	0.0338	0.943		0.852	
柳叶绣线菊	式-698	总植株	D^2H	$M = a(D^2H)^b$	0.0418	0.9393		0.9	
三裂绣线菊	式-699	地上	V_c	$M = aV_c^b$	1076.92	1.23		0.857	
三裂绣线菊	式-700	根	V_c	$M = aV_c^b$	985.1	1.06		0.907	
三裂绣线菊	式-701	叶	D^2H	$M = a(D^2H)^b$	0.0243	1.0987		[0.9596]	
三裂绣线菊	式-702	干	D^2H	$M = a(D^2H)^b$	0.3943	0.9533		[0.7504]	
三裂绣线菊	式-703	根	D^2H	$M = a(D^2H)^b$	1.1857	0.8847		[0.8163]	
合头藜	式-704	干	V_c	$M = a + b \times V_c$	0.0121	2.5654		0.8807	0.9134
合头藜	式-705	地上	V_c	$M = a + b \times V_c$	0.0210	2.7146		0.8921	0.9300
合头藜	式-706	根	M_a	$M = aM_a^b$	0.5902	0.9563			0.9087

灌木种	方程编号	灌木组织部分	预测变量	方程形式	系数 a	系数 b	系数 c	$R^2[R]$（建模拟合度）	$R^2[R]$（预测拟合度）
合头藜	式-707	总植株	A_c	$M=aA_c^b$	1.4400	0.9170			0.9240
合头藜	式-708	总植株	D^2H	$M=a(D^2H)^b$	2.069	1.0428		0.8925	
白檀	式-709	总植株	A_c	$M=a+b\times A_c+c\times A_c^2$	2.736	56.085	119.76		
白檀	式-710	总植株	V_c	$M=aV_c^b$	96.086	0.745			
紫丁香	式-711	叶	D^2H	$M=a(D^2H)^b$	0.0125	0.7853		0.884	
紫丁香	式-712	干和枝	D^2H	$M=a(D^2H)^b$	0.0802	0.7927		0.928	
紫丁香	式-713	总植株	D^2H	$M=a(D^2H)^b$	0.0927	0.7919		0.925	
暴马丁香	式-714	地上	D_{10}	$M=aD_{10}^b$	17.771	2.105		0.532	
赤楠	式-715	叶	D^2H	$M=a(D^2H)^b$	0.0094	0.5526			0.7250
赤楠	式-716	干	D^2H	$M=a(D^2H)^b$	0.0357	0.8595			0.8983
赤楠	式-717	地上	D^2H	$M=a+b\times D^2H$	−0.0145	0.0425		0.7739	0.8930
赤楠	式-718	根	M_a	$M=aM_a^b$	0.4391	0.7222			0.8858
赤楠	式-719	总植株	D^2H	$M=a(D^2H)^b$	0.0980	0.7130			0.8660
赤楠	式-720	总植株	D^2H	$M=a+b\times D^2H$	4.299	0.004		0.968	
轮叶蒲桃	式-721	叶	$D、C、H$	$M=a+b\times D+c\times C+D\times H$	−14.0613	0.8652	0.0719	0.8054	
轮叶蒲桃	式-722	干	$D、C、H$	$M=a+b\times D+c\times C+D\times H$	−36.3942	2.0493	0.2271	0.9213	
轮叶蒲桃	式-723	根	D^2H	$M=a+b\times D^2H+c\times(D^2H)^2$	−1.2189	0.2026	−0.0003	0.8062	
轮叶蒲桃	式-724	总植株	D^2H	$M=a(D^2H)^b$	1.1314	0.8646		0.9202	
轮叶蒲桃	式-725	总植株	V_c	$M=aV_c^b$	218.475	0.9			
紫杆柽柳	式-726	叶	D^2H	$M=a(D^2H)^b$	0.8054	0.3665		0.9968	
紫杆柽柳	式-727	干和枝	D^2H	$M=a(D^2H)^b$	3.0956	0.3678		0.9966	
紫杆柽柳	式-728	地上	D^2H	$M=a(D^2H)^b$	0.5839	0.9998		0.9999	
甘蒙柽柳	式-729	叶	D^2H	$M=a(D^2H)^b$	0.2276	0.3928		0.9968	
甘蒙柽柳	式-730	干和枝	D^2H	$M=a(D^2H)^b$	1.9054	0.3928		0.9969	
甘蒙柽柳	式-731	地上	D^2H	$M=a(D^2H)^b$	0.3643	1.0001		0.9999	
柽柳	式-732	总植株	$C、H$	$M=a+b\times CH+c\times(CH)^2$	−785.98	0.236		0.925	

续表

灌木种	方程编号	灌木组织部分	预测变量	方程形式	系数 a	系数 b	系数 c	$R^2[R]$（建模拟合度）	$R^2[R]$（预测拟合度）
柽柳	式-733	叶	N、H、D	$M = a(NHD)^b$	0.002	1.552		0.687	
柽柳	式-734	枝	N、H、D	$M = a(NHD)^b$	0.015	1.283		0.758	
柽柳	式-735	干	N、H、D	$M = a(NHD)^b$	0.015	1.346		0.751	
柽柳	式-736	地上	N、H、D	$M = a(NHD)^b$	0.033	1.305		0.793	
柽柳	式-737	根	N、H、D	$M = a(NHD)^b$	0.046	1.071		0.814	
柽柳	式-738	总植株	N、H、D	$M = a(NHD)^b$	0.077	1.198		0.836	
柽柳	式-739	干	D^2H	$M = a(D^2H)^b$	2.007	0.837		0.908	
柽柳	式-740	总植株	D^2H	$M = a(D^2H)^b$	0.0687	0.9597		0.9932	
柽柳	式-741	根	M_a	$M = aM_a^b$	5.5177	0.8346		0.8208	
长穗柽柳	式-742	叶	D^2H	$M = a(D^2H)^b$	0.3276	0.4423		0.9987	
长穗柽柳	式-743	干和枝	D^2H	$M = a(D^2H)^b$	3.238	0.4411		0.9974	
长穗柽柳	式-744	地上	D^2H	$M = a(D^2H)^b$	0.5035	0.9987		0.9998	
刚毛柽柳	式-745	叶	D^2H	$M = a(D^2H)^b$	0.4144	0.434		0.9982	
刚毛柽柳	式-746	干和枝	D^2H	$M = a(D^2H)^b$	0.1661	0.4339		0.9981	
刚毛柽柳	式-747	地上	D^2H	$M = a(D^2H)^b$	0.3156	1.0001		0.9999	
多枝柽柳	式-748	近年枝和叶	D^2H	$M = a(D^2H)^b$	1.1927	0.6882		0.9808	[0.9857]
多枝柽柳	式-749	总植株	D^2H	$M = a(D^2H)^b$	2.7845	0.5068		0.9814	
四合木	式-750	叶	V_c	$M = aV_c^b$	0.1397	0.6013			0.8800
四合木	式-751	干	A_c	$M = a + b \times A_c$	−0.0092	0.4256		0.9184	0.9232
四合木	式-752	地上	A_c	$M = a + b \times A_c$	−0.0023	0.5260		0.8949	0.9350
四合木	式-753	根	M_a	$M = a + b \times M_a$	−0.0015	0.2920		0.8277	0.8289
四合木	式-754	总植株	A_c	$M = aA_c^b$	0.5240	0.9130			0.9250
四合木	式-755	地上	A_c	$M = aA_c^b$	870.62	0.637		0.637	
四合木	式-756	根	A_c	$M = aA_c^b$	428.77	1.08		0.408	
野漆	式-757	总植株	D^2H	$M = a + b \times D^2H$	1.253	0.004		0.916	
南烛	式-758	叶	D^2H	$M = a(D^2H)^b$	0.0109	0.6738			0.8130

续表

灌木种	方程编号	灌木组织部分	预测变量	方程形式	系数 a	系数 b	系数 c	$R^2[R]$（建模拟合度）	$R^2[R]$（预测拟合度）
南烛	式-759	近年枝	D^2H	$M=a(D^2H)^b$	0.0033	0.7464			0.8336
南烛	式-760	干	D^2H	$M=a(D^2H)^b$	0.0397	0.7423			0.8381
南烛	式-761	地上	D^2H	$M=a(D^2H)^b$	0.0494	0.7627			0.8695
南烛	式-762	根	M_a	$M=aM_a^b$	0.5483	0.8124			0.7852
南烛	式-763	总植株	D^2H	$M=a(D^2H)^b$	0.1050	0.7240			0.8880
南烛	式-764	总植株	V_c	$M=aV_c^b$	264.773	0.748			
宜昌荚蒾	式-765	近年枝和叶	C	$M=a\times C$	0.6451			0.9652	
宜昌荚蒾	式-766	地上	C	$M=a\times C$	1.1938			0.9746	
鸡树条荚蒾	式-767	地上	D_{10}^2H	$M=a(D_{10}^2H)^b$	0.625	0.727		0.861	
拟黄荆	式-773	叶	D^2H	$M=a(D^2H)^b$	0.0067	0.6135			0.5732
拟黄荆	式-774	近年枝	D^2H	$M=a+b\times D^2H$	0.0052	0.5466			0.7911
拟黄荆	式-775	干	D^2H	$M=a+b\times D^2H$	0.0379	0.9146			0.9025
拟黄荆	式-776	地上	M_a	$M=aM_a^b$	0.0457	0.8896			0.9011
拟黄荆	式-777	根	D^2H	$M=a(D^2H)^b$	0.5387	0.9042			0.7869
拟黄荆	式-778	总植株	D^2H	$M=a(D^2H)^b$	0.0800	0.8760			0.9250
拟黄荆	式-779	叶	D^2H	$M=a(D^2H)^b$	3.36	0.874		0.737	
拟黄荆	式-780	干	D^2H	$M=a(D^2H)^b$	29.719	0.941		0.943	
拟黄荆	式-781	Fruit	D^2H	$M=a(D^2H)^b$	0.687	1.007		0.453	
拟黄荆	式-782	地上	M_a	$M=aM_a^b$	34.156	0.935		0.945	
拟黄荆	式-783	根	D^2H	$M=a(D^2H)^b$	17.092	0.835		0.846	
拟黄荆	式-784	总植株	D^2H	$M=a(D^2H)^b$	51.663	0.907		0.942	
牡荆	式-785	总植株	D^2H	$M=a(D^2H)^b$	3.481	156.458	14.630		
牡荆	式-786	总植株	D^2H	$M=a(D^2H)^b$	2.8854	0.0071		0.812	
荆条	式-787	叶	D^2H	$M=a(D^2H)^b$	0.0203	0.0026		0.1834	0.5186
荆条	式-788	干	D^2H	$M=a(D^2H)^b$	0.0008	0.0246		0.8229	0.8315
荆条	式-789	地上	D^2H	$M=a(D^2H)^b$	0.0127	0.0292		0.7635	0.7955
荆条	式-790	根	A_c	$M=a+b\times A_c+c\times A_c^2$	0.0428	0.3818		0.3251	0.5920
荆条	式-791	总植株	D^2H	$M=a+b\times D^2H$	0.0620	0.0410		0.7090	0.7820
荆条	式-792	叶	D^2H	$M=a+b\times D^2H$	0.1225	1.0370			0.8950

续表

灌木种	方程编号	灌木组织部分	预测变量	方程形式	系数 a	系数 b	系数 c	$R^2[R]$（建模拟合度）	$R^2[R]$（预测拟合度）
荆条	式-793	近年枝	D^2H	$M = a + b \times D^2H$	0.0173	0.6975			0.7978
荆条	式-794	干	D^2H	$M = a + b \times D^2H$	0.1389	1.0343			0.9126
荆条	式-795	地上	M_a	$M = a + b \times M_a$	0.2709	1.0354			0.9293
荆条	式-796	根	D^2H	$M = a + b \times D^2H$	−0.0104	1.2420		0.6525	0.8451
荆条	式-797	总植株	A_c	$M = aA_c^b$	0.5670	1.0730			0.8720
荆条	式-798	地上	V_c	$M = aV_c^b$	294.19	1.02		0.825	
荆条	式-799	根	A_c	$M = aA_c^b$	288.534	2.62		0.624	
荆条	式-800	叶	A_c	$M = aA_c^b$	0.2646	0.6233		[0.9175]	
荆条	式-801	干	M_a	$M = a + b \times M_a$	0.9213	2.1932		[0.8912]	
荆条	式-802	根	A_c	$M = aA_c^b$	2.0216	1.6213		[0.9184]	
荆条	式-803	叶	A_c	$M = aA_c^b$	0.022	1.943		0.769	
荆条	式-804	近年枝	C	$M = aC^b$	0.002	0.704		0.702	
荆条	式-805	老枝	D^2H	$M = a(D^2H)^b$	0.002	0.825		0.767	
荆条	式-806	地上	D^2H	$M = a(D^2H)^b$	0.025	2.056		0.859	
酸枣	式-814	叶	D^2H	$M = a(D^2H)^b$	0.001	1.233		0.97	
酸枣	式-815	近年枝	C	$M = aC^b$	0.058	0.591		0.544	
酸枣	式-816	老枝	V_c	$M = aV_c^b$	0.003	0.75		0.725	
酸枣	式-817	地上	V_c	$M = aV_c^b$	0.007	1.094		0.909	
酸枣	式-818	叶	C	$M = aC^b$	0.0198	0.5406			0.8179
酸枣	式-819	干	C	$M = a \times C$	0.0400	0.7986			0.9297
酸枣	式-820	地上	C	$M = a \times C$	0.0614	0.7220			0.9264
酸枣	式-821	根	DH	$M = a + b \times DH$	0.3261	0.6255			0.8998
酸枣	式-822	总植株	D^2H	$M = a + b \times D^2H$	0.1210	0.6070			0.9350

资料来源：Wang Y，Xu W，Tang Z，et al.，2021. A Biomass Equation Dataset for Common Shrub Species in China[J]. Earth System Science Data Discussions：1-18.

第5章 流域自然资源碳汇调查监测

选择典型流域，借助遥感等手段明确流域界线及流域内自然资源的分布格局，叠加植被类型图和地质图（水文）综合考虑土壤类型，选择典型区域布设林灌、草地、农田、水文、湖泊湿地和地质碳汇调查点，调查碳在流域系统中的迁移转化和固定过程。

5.1 林灌生态系统

5.1.1 调查点的布设原则

林地调查点按照植被类型，根据调查区实际情况，选择森调固定样地。尽量包括不同类型的典型乔木林地、灌木林地等，兼顾地质背景和人类活动。

5.1.2 调查因子

（1）林地生物量因子

森林类型、林种、优势树种、胸径、树高、年龄（龄组）等（采用森调数据），现场调查地下生物量、枯落物生物量、取样化验分析含碳量等。

（2）林下植被调查

主要物种名、盖度、高度、频度、分布状况等（采用森调数据），现场调查地下生物量、取样化验分析含碳量等。

（3）土壤调查

土壤类型（土类）、土壤厚度、容重、温度、湿度、电导率，取样分析测试土壤有机碳、总碳、全氮、机械组成等理化性质。

（4）人为活动方面因子

林分经营措施调查与记载、营造林与采伐方面记载。

（5）气象因子

收集降水（年、月、日平均降水与总降水）、气温（年、月平均温度，最低与最高温度，积温）、全年光照时间、湿度（月平均、年平均）。

5.1.3　调查方法

1. 枯落物调查监测

在林地调查点样地中选择不少于 3 个能够代表调查点样地枯落物状况的典型位置进行调查，枯落物包括：细枯落物（树叶、小的树枝）和死木残体（直径比较大的死树枝和树干）。每个位置设置 1 m² 面积的调查样方，收集样方内的枯落物现场称重，结果精确至小数点后两位，数据记录至调查卡片（见附表 5-1）；每个位置分别采集 1/4 的枯落物样品，3 个枯落物样品均匀混合组成混合样，带回室内于 65℃烘干至恒重后称取枯落物干重，结果精确至小数点后两位，数据记录至调查卡片；分析测试枯落物样品总碳、全氮。同时在样地中设置 2 m×2 m 的方框（或网），每月收集其中枯落物，并测试干湿重量，送化验分析总碳、全氮，数据记录至调查卡片。

对于样地中存在的枯立木、枯死木、枯倒木，需明确树种，取典型测两端及中间处胸径，取样称干、湿重，送化验室分析碳含量。

2. 林下灌草调查

在森调样地设置的 4 m×4 m 样方中开展林下灌草生物量调查。

（1）灌木

调查灌木的主要种名称、株（丛）数、平均高、平均地径、盖度，按主要灌木种记载（采用森调数据）；现场调查生物量。

盖度≥5%的灌木单独调查记载上述因子，择最主要种建立标准株，其他种仅调查地上部的当年生生物量；盖度<5%的灌木综合调查记载上述因子，名称用"其他灌木"调查当年生生物量。

标准株法的具体做法如下。

①灌木标准株要求尽量做准：大部分灌木的根系估计都要超过 1 m，所以要尽量将大部分根系挖全。

②地上部：选择典型的主要的株丛，齐地全株砍下，区分叶片、当年枝、老枝（编号：区域名 + 森调样地编号 + 灌木名 + YP/DNZ/LZ），并分别测定其生物量（可各取 1/2 或 1/4），现场称鲜重；带回室内于 65℃烘干至恒重后测干重，数据精确至小数点后两位，分别送化验室测试总碳含量，结果记录至调查卡片（见附表 5-1）。结合冠幅高度、主干的地径或胸径建立异速生长方程。准确记录样地号等相关地理信息。

③地下部：挖出根系，清除附着的土壤，用记号笔和标签做根系样品编号（编

号：流域名＋森调样地编号＋灌木名＋GX）标记后，装样品袋内于 65℃烘干至
恒重后称干重，数据精确至小数点后两位，根系样送化验室测试总碳含量。

④对不同片区的标准株数量要求：每个（二级项目）区域至少建立 3～5 套林
下灌木标准株，每套标准株的调查株数不少于 30 株（大、中、小灌丛各 10 株左
右），可结合面上和重点区的林地调查工作共同完成灌木标准株的建立，每套标准
株在面上林地调查点完成的株数不少于 20 株。

（2）草本

调查草本的主要种名称、平均高、盖度，按主要草本种记载（采用森调数
据）。盖度≥5%的草本单独调查记载上述因子，设置 1 m² 样方齐地割剪（1/2
或 1/4）地上生物量（编号：森调样地编号＋草本名＋DS），现场称鲜重；带回
室内于 65℃烘干至恒重后测干重，数据精确至小数点后两位，并送化验室测试
总碳含量，数据结果记录至调查卡片。在相应位置取地下生物量（编号：森调
样地编号＋草本名＋DX）。盖度＜5%的草本综合调查记载上述因子，名称用
"其他草本"。

3. 土壤调查

（1）土壤采样点的确定

土壤采样以控制整个林地调查样地为宜。为了提高估算不同林型不同龄级土
壤碳的精确度，根据计算碳储量的需要，考虑到实际工作中设定的最低样地数量
难以覆盖全部林型及其龄级，因此对于面积较大的典型林型或龄级需要增加土壤
采样点。此外，由于气候因素，同类林型在不同区域间也会有相当大的差距，因
而对于面积大分布广的类型，要在不同区域间增加采样点。

（2）土壤样品的采集

在每个林地调查样地内，需要采集 1 个表土混合样（0～20 cm），4 个深层混
合样（20～40 cm、40～60 cm、60～80 cm、80～100 cm），并测定每层的土壤容
重。最表层（0～20 cm）由于含有机碳量高，土质疏松，而且变异性大，需独立
采样。直接使用深 20 cm、内径＞3 cm 的土钻在样地内随机选取 6 个点，取出小
土体混合成一个混合样（编号：森调样地编号＋TR＋20 cm）。取表层样过程中需
注意两点，一是尽量保持每个小土体的完整性，二是在野外应将样品袋打开让水
分尽早蒸发。4 个深层混合样（20～40 cm、40～60 cm、60～80 cm、80～100 cm）
的采集：在林地调查点样地中随机选择不少于 3 个位置，挖掘 1 m 深的土壤剖面，
在每个剖面面朝下坡位的一面上采集 20～40 cm、40～60 cm、60～80 cm、80～
100 cm 的土壤样，同层 3 个样均匀混合成 1 个混合样（编号：森调样地编
号＋TR＋深度），送化验室分析测试理化性质（土壤有机碳、总碳、全氮、pH、
机械组成），数据记录至调查卡片。

对于面积较大的典型林型或龄级，需在样地之外补采 1 个表层土壤样：使用深 20 cm、内径＞3 cm 的土钻随机选取 6～8 个点，取出小土体混合成一个土壤加强样（编号：森调样地编号＋TRJQY）。

（3）土壤容重测定

结合样地内的土壤剖面，沿剖面按 20 cm 间距测定土壤容重，一般采用环刀法在每个间距内采 3～4 个环刀样，同时使用便携式仪器（土壤三参仪）现场测试每层土壤温度、湿度、电导率，记录至调查卡片。在最表层 0～20 cm 由于土质疏松而且含土壤有机碳量高，需要取更多的样以准确估算土壤容重，规定将最表层 0～20 cm 再划分为 0～10 cm、10～20 cm 两个层次采集环刀样，每个层次采集 3 个环刀样。每个环刀样独立装一袋，带回室内测定土壤容重，用于计算土壤的总碳储量。

5.1.4　溶蚀试验

取流域内主要的碳酸岩，分析测试成分（酸不溶物），加工制成直径 4 cm、厚 0.3 cm 规格的试片。区分植被类型，在碳酸岩出露区的林灌调查点开展溶蚀试验。兼顾地质背景、地形地貌，设置不少于 9 组溶蚀试验。溶蚀试验具体操作见附录 B。

5.2　草地生态系统

5.2.1　调查点的布设原则

参照全国草调的样地布设方法，选取调查区典型草地样地，在草长盛期开展调查。调查可尽量选择全国草调样地，利用草调数据；对于不在草调样地的调查点则需补全相关数据。

5.2.2　调查因子

（1）植被因子

包括草本植物和灌木的调查，其中草地类型、主要草种、株丛数、丛径、高度、盖度、多样性等指标，以草调数据为准。现场调查平均地径、地上生物量和地下生物量。

（2）土壤调查

现场调查土壤类型、温度、湿度、容重；取样测试分析土壤有机碳、总碳、全氮、pH、机械组成等理化指标。

（3）人为干扰因子调查

调查放牧状况等。

（4）环境因子调查

实际空间位置（经纬度、海拔、行政区划、地名）、地形（坡度、坡位、海拔、坡向）、地貌、降水（年、月、日平均降水与总降水）、气温（年、月平均温度，最低与最高温度，积温）、全年光照时间、湿度（月平均、年平均）等。数据以草调及资料收集数据为主。

5.2.3　调查方法

1. 生物量调查

（1）地上当年生生物量

①草甸、草丛样地

在样地内依据典型性原则，选择 3 个能够代表整个样地草原植被、地形及土壤等特征的 1 m×1 m 样方，齐地割剪（1/2 或 1/4）地上生物量（编号：草调样地编号 + DS + 1/2/3）。剥离枯落物，现场称鲜重并填写调查卡片（见附表 5-2），取样返回室内于 65℃烘干至恒重后称干重，数据精确至小数点后两位。并送化验室测试总碳含量，结果记录至调查卡片。

②灌草丛样地

区分灌草丛样地和高大灌草丛样地，其中灌草丛样地调查方法同草丛样地（编号：草调样地编号 + 灌草 DS）。

高大灌草丛样地：对于主要植物为高度 80 cm 及以上的高大草本，或 50 cm 及以上灌木的高大灌草丛样地，在样地典型位置设置 10 m×10 m 样方，针对样方内主要高大灌木调查株丛数、丛径、平均地径和当年生生物量。其中，株丛数区分物种进行调查，株丛大小有明显差异时，需区分大小株丛分别调查；丛径的调查选择典型株丛测量冠幅直径，株丛大小有明显差异时，需区分大小株丛分别调查，丛径数据结果取两组垂直方向冠幅直径的平均值（精确至小数点后两位）；割剪相应大株丛和小株丛（1/2 或 1/4）当年生枝条（编号：草调样地编号 + 灌木名 DNS），现场称鲜重后，带回室内于 65℃烘干至恒重后测干重，数据精确至小数点后两位；干样送化验室测试总碳含量，所有数据结果记录至调查卡片。

在 100 m² 高大草灌样方内，当存在草本（包括高度大于等于和小于 80 cm 的草本）及矮灌木植被特征时，需在高大草灌样方内设置 3 个 1 m×1 m 的草灌样方进行调查，方法同草丛样地。

注：草丛及灌草丛样方可根据草地类型实际情况调整样方大小，并做好记录。草甸草原草本样方大小为 0.5 m×0.5 m，典型草原草本样方大小为 1 m×1 m，半荒漠、荒漠草本样方大小可以增加为 2 m×2 m，所有数据最终需折算为 1 m×1 m 样方数据填报调查卡片（见附表 5-2）。

（2）地下生物量

①草本和矮灌丛：在调查地上生物量的相应位置取 1 m² 样方（1/2 或 1/4）的植物根系（编号：草调样地编号 + 草本/灌木名 + GX），将附着在根系上的土壤抖落后称鲜重，带回室内于 65℃烘干至恒重后称干重，送化验室分析测试总碳含量。

②高大灌木：方法参照林地调查点林下灌木标准株法，建立草地高大灌木标准株，建立地下生物与地上生物量的函数关系（地上部编号：草调样地编号 + 灌木名 + YP/DNZ/LZ；地下部编号：草调样地编号 + 灌木名 + GX + 深度）。每个（二级项目）区域至少建立 2 套草地灌木标准株，每套草地灌木标准株的调查株数不少于 30 株（大、中、小灌丛各 10 株左右），可结合面上和重点区的草地调查工作共同完成草地灌木标准株的建立，每套标准株在面上草地调查点完成的株数不少于 20 株。

2. 凋落物调查

收集地上生物量调查样方中的凋落物和立枯物，小心去掉凋落物上附着的黏土后称重，按样方分别装入信封内（编号：草调样地编号 + DLW + 1/2/3），于 65℃烘干至恒重后称干重，并将鲜重和干重数据填入调查卡片（见附表 5-1），数据记录时保留小数点后两位。样品送化验室测试总碳、全氮含量。

3. 土壤调查

（1）土壤采样点的确定

土壤采样以控制整个草地调查样地为宜。为了提高估算典型草地土壤碳的精确度，根据计算碳储量的需要，考虑到实际工作中设定的最低样方数量难以完全覆盖大部分草地，因此对于面积较大的典型草地需要增加土壤采样点。此外由于气候因素同类草地土壤在不同区域间也会有相当大的差距，因而对于面积大分布广的类型要在不同区域间增加土壤采样点。

（2）土壤样品的采集

在每个林地调查样地内，需要采集 1 个表土混合样（0～20 cm）、4 个深层混合样（20～40 cm、40～60 cm、60～80 cm、80～100 cm），并测定每层的土壤容重。最表层（0～20 cm）由于含有机碳量高，土质疏松，而且变异性大，需独立采样。直接使用深 20 cm、内径＞3 cm 的土钻在样地内随机选取 6 个点，取出小土体混合成一个混合样（编号：草调样地编号 + TR + 20 cm）。取表层样过程中需注意两点，一是尽量保持每个小土体的完整性，二是在野外应将样品袋打开让水分尽早蒸发。4 个深层混合样（20～40 cm、40～60 cm、60～80 cm、80～100 cm）的采集：在林地调查点样地中随机选择不少于 3 个位置挖掘 1 m 深的土壤剖面，在每个剖面面朝下坡位的一面上采集 20～40 cm、40～60 cm、60～80 cm、80～100 cm 的土壤样，同层 3 个样均匀混合成 1 个混合样（编号：草调样地编号 + TR + 深度），送化验室分析测试理化性质（土壤有机碳、总碳、全氮、pH、机械组成），数据记录至调查卡片。

对于面积较大的典型草地，需在样地之外补采 1 个表层土壤样。使用深 20 cm、内径＞3 cm 的土钻，远离调查样方随机选取 6～8 个点，取出小土体混合成一个土壤加强样（编号：草调样地编号 + TRJQY）。

（3）土壤容重测定

结合样地内的土壤剖面，沿剖面按 20 cm 间距测定土壤容重，一般采用环刀法，在每个间距内采 3～4 个环刀样，同时使用便携式仪器（土壤三参仪）现场测试每层土壤温度、湿度、电导率，记录至调查卡片。在最表层 0～20 cm 由于土质疏松而且含土壤有机碳量高，需要取更多的样，以准确估算土壤容重。规定将最表层 0～20 cm 再划分为 0～10 cm、10～20 cm 两个层次采集环刀样，每个层次采集 3 个环刀样。每个环刀样独立装一袋，带回室内测定土壤容重，用于计算土壤的总碳储量。

5.2.4　溶蚀试验

参考 5.1.4 节。

5.3　农田生态系统

5.3.1　调查点的布设原则

区分作物类型，在流域内选择典型耕地开展调查，调查点的设置应尽量控制流域的各类耕地类型。对于大面积广泛分布的类型，则需加强调查；当存在不同土壤类型时，则针对相同作物类型的不同土壤类型展开调查工作。

5.3.2　调查因子

（1）农作物调查

调查农作物产量、地上生物量、地下生物量、生物量碳密度。

（2）土壤剖面调查

现场调查土壤类型、温度、湿度、容重；测试分析土壤有机碳、总碳、全氮、pH、机械组成等理化指标。

（3）人为干扰因子调查

调查秸秆还田、耕种方式、施肥量、熟制等。

（4）环境因子调查

实际空间位置（经纬度、海拔、行政区划、地名）、地形（坡度、坡位、海拔、坡向）、地貌、降水（年、月、日平均降水与总降水）、气温（年、月平均温度，最低与最高温度，积温）、全年光照时间、湿度（月平均、年平均）等。数据以资料收集数据为主。

5.3.3　调查方法

1. 土壤调查

（1）土壤采样点的确定

土壤采样以控制整个耕地调查样地为宜。为了提高估算不同作物类型土壤碳的精确度，根据计算碳储量的需要，考虑到实际工作中设定的最低样点数量难以完全覆盖大部分耕地样地，因此对于大面积种植的作物样地需要增加土壤采样点。此外，由于气候因素同类型作物的土壤在不同区域间也会有相当大的差距，因而对于面积大分布广的类型要在不同区域间增加土壤采样点。当存在不同土壤类型时，则针对相同作物类型的不同土壤类型展开调查工作。

（2）土壤样品的采集

在每个耕地调查样地内，需要采集 1 个表土混合样（0～20 cm）、2 个深层混合样（20～40 cm、40～60 cm、60～80 cm、80～100 cm），并测定每层的土壤容重。最表层（0～20 cm）由于含有机碳量高，土质疏松，而且变异性大，人为扰动大，需独立采样。直接使用深 20 cm、内径>3 cm 的土钻在样地内随机选取 6 个点，取出小土体混合成一个混合样（编号：区域流域名 + 耕地 1/2/···/6 + TR + 20 cm）。取表层样过程中需注意两点，一是尽量保持每个小土体的完整性，二是在野外应将样品袋打开让水分尽早蒸发。4 个深层混合样（20～40 cm、40～60 cm、60～

80 cm、80~100 cm）的采集：在耕地调查点样地中随机选择不少于 3 个位置，挖掘 1 m 深的土壤剖面，舍弃 0~20 cm 的土壤，在每个剖面面朝下坡位的一面上采集 20~40 cm、40~60 cm、60~80 cm、80~100 cm 的土壤样。同层 3 个样均匀混合成 1 个混合样（编号：区域流域名 + 耕地 1/2/3 + TR + 深度），送化验室分析测试理化性质（土壤有机碳、总碳、全氮、pH、机械组成），数据记录至调查卡片（见附表 5-3）。

对干面积较大的典型作物耕地，需在样地之外补采 1 个表层土壤样。使用深 20 cm、内径＞3 cm 的土钻随机选取 6~8 个点，取出小土体混合成一个土壤加强样（编号：区域流域名 + 耕地 1/2/3 + TRJQY）。

（3）土壤容重测定

结合样地内的土壤剖面，沿剖面按 20 cm 间距测定土壤容重。一般采用环刀法，在每个间距内采 3~4 个环刀样，同时使用便携式仪器（土壤三参仪）现场测试每层土壤温度、湿度、电导率，记录至调查卡片。在最表层 0~20 cm 由于土质疏松而且含土壤有机碳量高、人为扰动大，需要取更多的样以准确估算土壤容重。规定将最表层 0~20 cm 再划分为 0~10 cm、10~20 cm 两个层次采集环刀样，每个层次采集 3 个环刀样，数据记录至调查卡片（见附表 5-4）。每个环刀样独立装一袋，带回室内测定土壤容重，用于计算土壤的总碳储量。

2. 作物留茬生物量

对于每年收割的作物（如水稻等），结合土壤剖面的挖掘现场调查留茬量。获取单位面积留茬量，并换算至亩取样（编号：区域流域名 + 耕地 1/2/3 + 作物名 + DX）分析碳含量。

5.3.4　溶蚀试验

在覆盖岩溶区选取下伏碳酸岩或者周边典型碳酸岩制作溶蚀试片，开展溶蚀试验方法参考 5.1.4 节。

5.4　水文生态系统

5.4.1　调查点的布设原则

调查点的布设应综合考虑区域水文地质条件和地形地貌、植被分布土壤类型等情况，选择能反映调查区总体状况的代表性水点，主要考虑重点区地表水系的干流及其主要支流汇入口，以及区域内的表生泉、民井、地下河出口等，尽可能选择附近建有水文观测站的地点。

5.4.2　调查因子

（1）河流基本概况

汇入汇出支干流流量、水生生物生长情况等。

（2）环境因子调查

取样点上游的地形地貌、土壤类型（记载到土类）、土地利用等。

（3）植物碳的输入调查

借助稳定 C 同位素示踪原理，查清植物碳随水循环输入河流的通量，包括 DOC、DIC、POC。

（4）土壤碳的输入调查

借助稳定 C 同位素示踪原理，查清土壤碳随水循环输入河流的通量，包括 DOC、DIC、POC。

（5）河流 CO_2 呼吸通量调查

（6）气象因子调查

降水（年、月、日平均降水与总降水）、气温（年、月平均温度，最低与最高温度，积温）、风速、全年光照时间、湿度（月平均、年平均）。

5.4.3　调查方法

1. 水体调查

选取重点区地表河流干流及主要支流汇入口及较大的泉或地下河等进行调查，调查和取样位置尽量位于或接近地表河流中泓线处，主要对地表水的理化性质、深度、流速、流量、水面形态和周边环境进行调查和描述（尽量利用当地水文站数据）（见附表 5-5）。

水样采集：在接近调查点水流的中泓线处，河流深度的 2/3 处取 600 ml×3 水样，其中一瓶过滤后加 4 滴 1∶1 的 HNO_3 溶液；水样进行简分析和 DOC、DIC、PIC、POC、$\delta^{13}C$、$\delta^{34}S$（主要针对上游含有硫酸盐的水点）、$\delta^{86}Sr$（主要针对上游同时存在碳酸岩和硅酸岩的调查点）值的测试。水样的硫同位素测试：取 10 L 水过滤后加过量 NaOH 沉淀 12 h 以上，滤出生成的 $CaSO_4$ 沉淀，将其烘干称重后送检。

土壤样品：在上游混合采取约 1 kg 土壤样。分析检测 TC、SOC、^{13}C、Ca。

2. 底泥调查

调查水体调查点处的底泥，描述底泥厚度、形状等取样分析，测试底泥 C/N 比、TC、^{13}C、Ca（见附表 5-6）。

3. 水生植物调查

选取水体调查点附近的典型水生植物，设置 1 m^2 样方进行调查，水较深时选用抓斗式底泥采样器，采样调查查清物种长势、生物量等，取样分析 C/N、^{13}C（见附表 5-7）。

4. 河流 CO_2 呼吸通量

河流水–气界面 CO_2 呼吸通量的调查参考附录 A。

5.4.4　流域碳汇通量的计算

流域碳汇通量的计算参考附录 D。

5.5　地　质　碳　汇

5.5.1　调查点的布设原则

以重点区（通常以四级或五级流域为单元）内 1∶20 万区域地质填图中的最小地层单位为调查点布设依据，选取调查区内主要地层的典型碳酸岩进行调查，控制植被类型、地形地貌、河流补给和排泄区。

5.5.2　调查因子

（1）地层调查
地层类型、代号、岩性、产状及水文地质条件等（资料收集）。
（2）岩石理化性质测定
（3）岩石溶蚀速率测定

（4）环境因子调查

地貌、土壤类型（记载到土类）、土壤厚度、地形（坡度、坡位、海拔、坡向）、枯落物厚度等。

（5）地表植被调查

植被类型、主要植物种名、盖度、高度、频度、分布状况等。

（6）气象因子

降水（年、月、日平均降水与总降水）、气温（年、月平均温度，最低与最高温度，积温）、全年光照时间、湿度（月平均、年平均）。

5.5.3　调查方法

岩石调查：尽量选择在主要地层的典型岩性区域的天然或施工形成的露头处内，使用地质锤采集样品。

溶蚀试验（见附表 5-8）具体做法如下。

①调查区至少埋放三组标准试片（泥盆纪融县组灰岩），林灌、草地、农田系统各一套，位置同当地试片溶蚀实验。

②按试坑剖面埋放试片，土层较薄时剖面挖至风化层即可。埋放地上空气中（距地面 100 cm）、地表、土下 20 cm、土下 50 cm 各一组，每组 3 片，用于分析不同土层深度岩石的溶蚀速度。埋放时应挖与试片大小相符小槽，把试片插进槽内。

③土壤 CO_2 测试方法：在溶蚀实验点附近 5～10 m 范围内，使用钢钎在土壤中凿开一系列垂直孔洞，将胶管沿孔洞插入土内，并做好密封使用便携式 CO_2 吸收泵测试相应深度（20 cm、30 cm、50 cm、70 cm 和 100 cm）的土壤 CO_2 浓度，埋设试片和取回试片时，各测一次数据记录至调查卡片（见附表 5-9）。

④溶蚀试片埋放周期为一年（或两年），一年（或两年）后回收试片，利用万分之一天平称重，计算溶蚀量。

5.5.4　样品采集与检测分析

岩石样品采集应注意采取主要地层典型岩性的未风化岩石，避免采取风化的岩石。样品采用规格：（3 cm×6 cm×9 cm）×2 块。

岩石样品测定有效孔隙度、重力给水度、渗透系数（或渗透率）等参数；化学成分测试指标有 CaO、MgO、K_2O、Na_2O、N、Cl、R_2O_3、SiO_2、S 等，酸不溶量和泥质含量；岩石的溶蚀速率。

附表 5-1　自然资源碳汇调查——灌丛调查卡片

项目名称：　　　　　　　　　　　　调查单位：

样地编号		调查分区		□面上 □重点区	调查日期		天气	
位置		省（自治区）　　市（州）　　县（市）　　乡（镇）　　村						
经纬度		E:　　　　　　　　　　　　N:						
坐标		X:　　　　Y:			海拔/m			
坡位		□坡顶　□坡肩　□坡腰　□坡脚			坡度/(°)			
					坡向/(°)			

植被情况	总盖度		群落高			生长状况		
	垂直	层高				盖度		优势种
	乔木层							
	灌木层							
	草本层							
干扰	类型及时间	采伐（　）、放牧（　）、火烧（　）、冰冻（　）、生物灾害（病、虫害）、其他＿＿＿＿＿ 干扰时间＿＿＿＿＿						
	强度	无干扰（　）、轻微（　）、中度（　）、强度干扰（　）						

标准株

种名	株（丛）数	平均高	平均地径	盖度	地上鲜重/干重	地下鲜重/干重	当年生物量
					/	/	
					/	/	
					/	/	
					/	/	
					/	/	

草本

样方面积	种名	平均高	盖度	地上鲜重/干重	地下鲜重/干重
				/	/
				/	/
				/	/

凋落物

样方编号	样方面积	凋落物现存量	枯立木/枯死木/枯倒木	
			胸径（两端、中间）	湿重
1				
2				

3				
群落剖面图				
样地照片				
备注				

调查人：　　　　　　　　互查人：　　　　　　　　审核人：

附表 5-2　自然资源碳汇调查——草地调查卡片

项目名称：　　　　　　　　　　　　　　　　调查单位：

样地编号		调查分区	□面上 □重点区	调查日期		天气	
位置		省（自治区）　　市（州）　　县（市）　　乡（镇）　　村					
经纬度		E：　　　　　　　　　N：					
坐标		X：　　　　　Y：			海拔/m		
坡位		□坡顶　□坡肩　□坡腰　□坡脚		坡度/(°)			
				坡向/(°)			
总盖度			群落高		生长状况		
干扰	类型及时间	采伐（　）、放牧（　）、火烧（　）、冰冻（　）、生物灾害（病、虫害）、其他____ 干扰时间____					
	强度	无干扰（　）、轻微（　）、中度（　）、强度干扰（　）					

续表

草甸、草丛样地

样地编号	样方面积	主要草种	株（丛）数	丛径	高度	盖度	地上鲜重/干重	地下鲜重/干重
1							/	/
2							/	/
3							/	/

灌、草丛样地

样方面积	种名	株（丛）数	丛径	当年生物量
1				
2				
3				

凋落物湿重	
群落剖面示意图	
样地照片	
备注	

调查人：　　　　　　　互查人：　　　　　　　审核人：

附表 5-3　自然资源碳汇调查——土壤剖面调查卡片 I

项目名称：　　　　　　　　　　　　　　　　　　调查单位：

样地编号		调查分区	□面上□重点区	调查日期			天气	
位置		省（自治区）　　市（州）　　县（市）　　乡（镇）　　村						
经纬度		E:　　　　　　　　　　　N:						
坐标		X:　　　　　Y:			海拔/m			
坡位	□坡顶 □坡肩□坡腰 □坡脚□坡趾 □洼地	坡度/(°)		地层代码及岩性				
		坡向/(°)						

土地利用方式	□耕地　　□撂荒地　　□林地　　□灌丛　　□草地　　□林灌混合□灌草混合　　□其他

覆被情况	说明耕地和撂荒地作物类型、种植年限等；林灌草林种、覆盖度等	林龄/物候期

深度/cm	土样编号	总重/kg	砾石量/kg	土壤质地	环刀湿重/kg	环刀干重/kg	容重/(g·cm⁻³)	电导率/(μS·cm⁻¹)	pH

注：容重单位为 $g·cm^{-3}$，电导率单位为 $\mu S·cm^{-1}$。

土壤加强样	□是　　□否	编　号		土壤类型	

剖面描述	A 层描述（腐殖质聚积表层）	厚度、颜色、成分等	B 层描述（过渡层）	厚度、颜色、结构、土壤质地、砾石根系等	C 层描述（母质层）	岩性成分、厚度、厌恶、松散程度
	土壤色度	0～20 cm	20～40 cm	40～60 cm	60～80 cm	80～100 cm

进度	□理化生土样采样　　□环刀铝盒采样　　□¹³⁷Cs 采样　　　□长铝盒采样□拍照　　　　　□调查表填写　　□清点样品是否遗漏
备注	

调查人：　　　　　　　　互查人：　　　　　　　审核人：

附表5-4 自然资源碳汇调查——土壤容重分析调查卡片Ⅱ

项目名称：

剖面编号：　　　调查单位：

土样编号	土层深度/cm	环刀号	环刀+滤纸重 m_0/g	环刀+鲜土重 m_1/g	铝盒号	铝盒重 m_2/g	铝盒+鲜土重 m_3/g	铝盒+干土重 m_4/g	含水率 K	土壤容重	干土重 m_5/g	备注

调查人：　　　　互查人：　　　　审核人：　　　　调查时间：　　年　　月

附表 5-5　自然资源碳汇调查——地表水调查卡片

项目名称：　　　　　　　　　　　　　　　　　　　　调查单位：

样地编号		调查分区		□面上 □重点区		调查日期			天气	
位置		省（自治区）　　　市（州）　　　县（市）　　　乡（镇）　　　村								
经纬度		E:　　　　　　　　　　　　N:								
坐标		X:　　　　　　Y:　　　　　　　　　　海拔/m								
调查点类型		□河流　□水库　□湖泊　□冰川　□湿地　□溪沟　□其他								
水的基本性质	气温	℃	色			HCO_3^-			mmol·L^{-1}	
	水温	℃	嗅			Ca^{2+}			mg·L^{-1}	
	pH		透明度			DO			mg·L^{-1}	
	电导率	μS·cm^{-1}								
测定指标		□全分析　□简分析　□DOC　　□DIC　　□POC　　□PIC □TN　　□TOC　　□δ^{34}S　　□^{87}Sr/^{86}Sr　□△^{14}C　　□δ^2H □δ^{18}O　□$\delta^{44/42}$Ca　□δ^{13}C　　□其他								
调查点上游情况		调查点上游的地形地貌、地层岩性、土壤植被情况								
取样点基本概况		取样点位置的地形地貌、土壤植被、地层岩性情况								
水生植物及藻类		水生植物类型（沉水、挺水、浮水）、种类生长情况、覆盖情况、藻类类型及分布情况								
备注		照片编号周围环境情况及取样点位置远景照片；取样点附近 10 m 以内照片；取样过程照片								

调查人：　　　　　　　　　　互查人：　　　　　　　　　审核人：

附表 5-6　自然资源碳汇调查——底泥沉积物调查卡片

项目名称：　　　　　　　　　　　　　　　　　　　　调查单位：

样地编号		调查分区	□面上 □重点区		调查日期		天气	
位置		省（自治区）　　　市（州）　　　县（市）　　　乡（镇）　　　村						
经纬度		E:　　　　　　　　　　N:						
坐标		X:　　　　　Y:　　　　　　海拔/m						
调查点类型		□河流　　□水库　　□湖泊　　□冰川　　□湿地　　□其他						
河流/湖泊名称			渠宽			m	水深	m
取样基本概况	采样部位		□左岸　□河心　□右岸		底质类型		□砂质　□泥质	
	颜色		溴味			采样时间		
	底泥抓斗采样		编号	鲜重		外观描述		
测定指标		□干重　　　□含水率　□粒径组成 □DIC　□DOC　□δ^{13}C　□TN　　□其他						
水生植物描述		挺水植物、浮水植物、沉水植物；植物类型、覆盖度情况等						
备注		照片编号＿＿＿＿＿＿＿						

调查人：　　　　　　　　　　互查人：　　　　　　　　　审核人：

自然资源碳汇调查——柱状底泥调查卡片（续）

柱状底泥采样调查卡片

样地编号	状剖面	厚度/cm	底质类型 1 砂质 2 泥质	颜色	溴味	样品处理情况			备注
						编号	鲜重	外观描述	

注：底泥取样需使用原样水润洗过的玻璃瓶后避光密封保存 12 h 内运送回实验室。

调查人：　　　　　　　　　互查人：　　　　　　　　审核人：

附表 5-7　自然资源碳汇调查——水生植物调查卡片

项目名称　　　　　　　　　　　　　　　　　　调查单位：

样地编号			调查分区		□面上 □重点区	天气		
位置			省（自治区）　　市（州）　　县（市）　　乡（镇）　　村					
经纬度			E:　　　　　　　　　　　N:					
坐标			X:　　　　　Y:			海拔/m		
调查点类型		□河流　□水库　□湖泊 □湿地 □其他						
水的基本性质	气温	℃	色			HCO$_3^-$	mmol·L^{-1}	
	水温	℃	嗅			Ca^{2+}	mg·L^{-1}	
	pH		透明度			DO	mg·L^{-1}	
	电导率	μS·cm^{-1}	Eh		mV	叶绿素		
水生植物描述	挺水植物、浮水植物、沉水植物种类类型；植物类型、覆盖度情况等							
水生植物测定指标	□干重　□TN　□TOC　□δ^{13}C □δ^{2}H　□δ^{18}O　□其他							
取样点基本概况	地形地貌情况、调查点位于河流或湖泊的位置情况、河流水流缓急情况、水中泥沙情况等							
备注	采集周围环境采样点位置及水生植物照片 照片编号_____							

调查人：　　　　　　　　　互查人：　　　　　　　　审核人：

附表 5-8　自然资源碳汇调查——溶蚀试片埋设野外记录表

项目名称：　　　　　　　　　　　　　　　　　　　　调查单位：

样地编号		调查分区		□面上	调查日期		天气	
				□重点区				
位置		省（自治区）　　市（州）　　县（市）　　乡（镇）　　村						
经纬度		E：　　　　　　　　　　　　N：						
坐标		X：　　　　　　　Y：　　　　　　　H：						
坡位	□坡顶　□坡肩 □坡腰　□坡脚 □坡趾　□洼地	坡度				地层代号 及岩性		
		坡向						
土地利用方式	□耕地　　□撂荒地　　□林地　　□灌丛　　□草地　　□林灌混合　　□灌草混合　　□其他							
覆被情况	说明耕地和撂荒地作物类型、种植年限等；林灌草林种、覆盖度等					林龄/ 物候期		

标准溶蚀试片埋放记录

位置/cm	试片重复 1			试片重复 2			试片重复 3		
	编号	重量 M_0/g	重量 M_t/g	编号	重量 M_0/g	重量 M_t/g	编号	重量 M_0/g	重量 M_t/g

地方溶蚀试片埋放记录

位置/cm	试片重复 1			试片重复 2			试片重复 3		
	编号	重量 M_0/g	重量 M_t/g	编号	重量 M_0/g	重量 M_t/g	编号	重量 M_0/g	重量 M_t/g

照片编号	至少三张全景位置照片（有标注有方向）、埋放试片相对位置照片（参照物标记）、试片埋放分层照片
备注	描述试片埋设方位、绘制示意图

调查人：　　　　　　互查人：　　　　　　审核人：

附表 5-9　自然资源碳汇调查——CO_2 测试野外记录卡片

项目名称：　　　　　　　　　　　　　　　　　　　　　　调查单位：

样地编号		调查分区	□面上 □重点区	调查日期			天气	
位置		省（自治区）　　市（州）　　县（市）　　乡（镇）　　村						
经纬度		E:　　　　　　　　　N:						
坐标		X:　　　　　Y:			海拔/m			
坡位	□坡顶 □坡肩 □坡腰 □坡脚 □坡趾 □洼地	坡度		土地利用 类型	□林地 □灌丛 □草地 □耕地 □其他			
		坡向		地层代号 及岩性				
土地利用 方式	□耕地　　□撂荒地　　□林地　　□灌丛　　□草地　　□林灌混合　　□灌草混合　　□其他							
覆被情况	说明耕地和撂荒地作物类型、种植年限等；林灌草 林种、覆盖度等			林龄/物候期				

土壤中 CO_2 测试记录			大气 CO_2 测试记录		
深度/cm	CO_2/%	土温/℃	离地高度/cm	CO_2/mg·L^{-1}	气温/℃
相应的土壤点 调查记录卡片 编号					
备注					

调查人：　　　　　　　　互查人：　　　　　　　　审核人：

第6章 长期观测点建设

在区域内不同生态系统布设观测点，通过长期观测分析流域系统河流碳汇通量的变化，监测生态系统生物量、土壤碳库及土壤呼吸等情况。

6.1 长观点的布设原则

1. 林灌草地农田系统

选择典型的样地开展植被生物量监测、土壤碳库、土壤呼吸监测，每类设置1个观测点，可与"自然资源要素综合观测"项目融合共建。

2. 水文生态系统

在主要控制点位布设水文观测站，结合水文站点或建设流量卡口站（在主要支流汇入点和总出口处设置观测点2~3个）动态观测水量，采集水样，分析测试理化性质。

6.2 监测指标及方法

6.2.1 林灌、草地、农田生态系统

林地中的凋落物监测：在面上或重点工作区的典型森调样地中设置2 m×2 m的网，每月收集其中枯落物称重，并送化验室分析总碳含量。

土壤CO_2监测：在溶蚀试验点附近，使用钢钎在土壤中凿开一系列垂直孔洞，深度分别为 10 cm、20 cm、30 cm…80 cm、90 cm、100 cm（土层厚度>100 cm 测至 100 cm，不足 100 cm，测至基岩面）。将套管沿孔洞插入土内并做好密封，使用便携式CO_2吸收泵和测试管将胶管沿套管插入最底部，并测试土壤CO_2含量。测试周期为每季度一次，有条件可做昼夜监测。

土壤水分监测（见附表6-1）：在土壤水调查点设置的土壤集水装置中，每季度采集一次土壤水，采集时使用注射器将不同深度土壤集水装置内的土壤水抽出装瓶送样即可。

土壤呼吸监测：采用便携式土壤呼吸测定仪进行测定。

生态系统碳水通量：通常采用涡度相关法，可采用 ChinaFlux 共享数据，有条件的可以结合"自然资源要素综合观测"项目共同构建观测站。

6.2.2　水文系统

1. 水体监测

地表水监测点应布置在河流总出口和上游典型植被覆盖区，尽可能利用水文观测站；地下水监测点优先选择边界条件清楚、流量可测的典型地下河流域或泉域排泄口。每月采集水样，测定水质简分析指标、DOC、DIC、POC、PIC、$\delta^{13}C$ 的动态变化及 pH、电导率、水温、溶解氧、Ca^{2+} 和 HCO_3^- 等水体理化性质指标；流量、降雨等可使用自动采集装置自动监测或收集邻近水文站数据（见附表 6-2）。

2. 河流 CO_2 呼吸通量

参考附录 A 逐月计算河流水-气界面 CO_2 交换通量。

附表 6-1　自然资源碳汇调查——土壤水调查野外记录表

项目名称：　　　　　　　　　　　　　　　　　　　　调查单位：

样地编号		调查分区		□面上 □重点区	调查日期		天气	
位置		省（自治区）　　市（州）　　县（市）　　乡（镇）　　村						
经纬度		E：　　　　　　　　　　N：						
坐标		X：　　　　Y：				海拔/m		
坡位	□坡顶 □坡肩 □坡腰 □坡脚 □坡趾 □洼地	坡度/(°)		地层代码及岩性				
		坡度/(°)						
土地利用方式	□耕地　　　□撂荒地　　□林地　　　□灌丛 □草地　　　□林灌混合　□灌草混合　□其他							
覆被情况	说明耕地和撂荒地作物类型、种植年限等；林灌草林种、覆盖度等					林龄/物候期		

土壤水调查野外记录表

分层样号	深度	取样时间	体积/ml

土壤基本性质描述	土壤质地、土壤厚度、土壤根系发育、砾石含量、母质层情况等
测定指标	□全分析　　□简分析　　□DOC　　□DIC　　□POC　　　□PIC　　□C/N □TN　　　　□TOC　　　□δ^{34}S　　□^{87}Sr/^{86}Sr　□Δ^{14}C　　□δ^2H □δ^{18}O　　□$\delta^{44/42}$Ca　□δ^{13}C　　□pH　　　□电导率　　□其他
备注	过去 15 天天气情况

调查人：　　　　　　　　　互查人：　　　　　　　　　审核人：

附表 6-2　自然资源碳汇调查——地下水调查记录表

项目名称：　　　　　　　　　　　　　　　　　　　　调查单位：

样地编号		调查分区		□面上 □重点区	调查日期		天气	
位置		省（自治区）　　市（州）　　县（市）　　乡（镇）　　村						
经纬度		E：　　　　　　　　　　N：						
坐标		X：　　　　Y：				海拔/m		
调查点类型	□伏流出口　□伏流入口　□岩溶泉　□裂隙泉　□大口井　□民井　□其他							

续表

水的基本性质	气温	℃	色		HCO$_3^-$	mmol·L^{-1}
	水温	℃	嗅		Ca^{2+}	mg·L^{-1}
	pH		透明度		DO	mg·L^{-1}
	电导率	μS·cm	污染现象		污染源	

测流记录	记录沟渠长、宽、左中右的深度；左中右的流速。					
	流量		l/s	测流方法		测流日期	

测定指标	□全分析　□简分析　□DOC　　　□DIC　　　□POC　　　□PIC □TN　　　□TOC　　□δ^{34}S　　□$\triangle^{14}$C　　□^{87}Sr/^{86}Sr □δ^{13}C$_{POC}$　□δ^{13}C$_{DIC}$　□δ^{18}O　　□δ^2H　　□δ^3H　　□其他

地形地貌 土壤植被	

地层岩性 地质构造	地层及 代号		地层产状	
	地层岩性描述、地质构造描述			

水文地质 条件	富水条件、成因类型、流量情况、开发利用情况。

平面示意图

图例 [　] 1 [　] 2 [　] 3 [　] 4 [　] 5 [　] 6 [　] 7 [　] 8

剖面示意图	
	图例 □ 1 □ 2 □ 3 □ 4 □ 5 □ 6 □ 7 □ 8
备注	照片编号_____ 远景照片；近景照片；工作照片

调查人：　　　　　　　　　互查人：　　　　　　　　　审核人：

第7章　样品分析与保存

7.1　样品的制备

野外调查过程中，必须擦干植物样品上的水分后方可称重装袋，并于 10 日之内邮寄回室内进行初步处理，以备各项测定之用。样品初步处理的目的包括：①剔除污染物；②粉碎和混匀，使分析时所称取的少量样品具有较高的代表性，并使样品分析时的反应能够完全和彻底，使样品可以长期保存不致腐坏。

7.2　样品的干燥

植物地上部和洗净的根系样品要尽快在恒温烘箱中烘干，烘干时要用适宜的温度，一般直接在 65℃下使样品干燥至适于研磨或粉碎为止（一般为 24~48 h）。土壤样品先剔除其中明显的根系和石子，在阴凉处风干备用。

7.3　样品的粉碎

7.3.1　植物样品

大量植物烘干样品（>1 g）必须先用杯式粉碎机进行粗粉，过 10 目筛，混匀颗粒过大而未过筛的粗样品继续进行粗粉，如此循环直到完全过筛（对于木质坚硬的灌木样品可先用木锤敲碎然后再进行粗粉）。随后建议用冷冻混合球磨仪磨碎，将（>1 g）粗粉后样品进行细粉，过 80~100 目筛，装袋标号，用于实验分析。如果实验分析所使用的样品量不大，建议只需细粉出满足实验分析的用量即可，剩余粗样品装袋、标号、保存。

7.3.2　土壤样品

土壤建议用冷冻混合球磨仪磨碎，在使用球磨仪粉碎之前，先将风干过的土样过 80 目筛，去掉粗根和砂石颗粒，较大土粒可以先用擀面杖碾碎后再过筛。表层土壤一般会含有大量毛细根，为了减少其对土壤碳含量测定的影响，过筛后的土样采用静电吸附的方法（一般用经摩擦过的塑料卡片或玻璃棒），尽量将样品中的毛细根去除。然后使用冷冻混合球磨仪磨碎，过 80～100 目筛，装袋标号，用于实验分析。如果实验分析所使用的样品量不大，建议只需磨出满足实验分析的用量，剩余样品即可装袋、标号、保存。

　　冷冻混合球磨仪 MM400 是德国莱驰（Retsch）经典系列 MM 混合球磨仪。作用原理：冷冻混合球磨仪 MM400 的研磨罐在水平方向上进行圆弧式径向振动，罐内的球体由于其惯性作用对位于光滑的研磨罐内额壁上的样品进行带有高能量的撞击，并以此粉碎样品。研磨罐的转动加上研磨球的运动，对样品产生了高强度的混合作用，使用多个小球甚至可以进一步地提高混合的效果。当使用很多个小球时（如玻璃球），生物细胞就可以被破碎了，球与球之间的摩擦撞击作用可以使细胞破碎。

7.4　样品的保存

　　及时有效地对野外采集的样品进行正确保存，是保证样品室内化验分析取得准确结果的前提条件。在保存期间，需要保证样品品质不发生任何的改变，从而使分析测试结果能够反映出样品的真实情况。样品的保存方法和保存时间随实验、观测目的不同而不同，也因样品特性不同而不同。

　　干燥样品是指经过自然干燥或烘干后的样品。干燥样品的保存一般较新鲜样品容易，在正常室温下只要保持干燥、避光和防止霉变、虫蛀等就能使样品保存较长时间，最好备有专门的存储柜或者存储间。存储间的基本要求是干燥、通风良好、无虫鼠害等发生，同时避免药品或其他可能的污染源的存在。

　　为避免植物干燥样品保存占用较大空间，应在烘干后及时将其粉碎后进行保存。对于需要短时间保存的样品，粉碎后将其装入透气的纸袋或信封内，标明样品名称、采样地点、时间等，然后放入干燥器中保存，也可置于自然干燥通风处保存。在每次精密分析工作称样前，样品须在 65℃下再烘 12～24 h，因为样品在保存和粉碎期间仍会吸收一些水分，并且称样时应充分混匀后多点采取，在称样量少而样品相对较粗时更应该注意。在样品保存期间，应对保存的样品定期进行检查，防止霉变、虫鼠危害。

7.5　植物及土壤样品总碳、全氮含量分析

7.5.1　总碳测量方法

　　植物和植物中的总碳指样品中的有机碳，常用的测量方法有干烧法和湿烧法

两种。干烧法由于其相对较高的准确性逐步推广，元素分析仪成为目前干烧法应用最为广泛的仪器之一（Robertson，1999）。

元素分析仪应用范围十分广泛，不仅可以分析碳素，同时还可以分析试样中的 H、N、S、O 等元素。元素分析仪的分析原理是在纯氧环境下，样品在相应试剂中燃烧或在惰性气体中高温裂解，转化为 CO_2、H_2O、SO_2 和 N_2，然后通过色谱柱分离后，分别进行热导，检测得到 C、H、S、N、O 的质量分数。使用元素分析仪分析试样时，需要的主要仪器包括元素分析仪、微量天平（精度 1 μg）等，元素分析仪具体使用操作可参见不同品牌、不同型号元素分析仪的使用要求。在使用元素分析仪时应注意样品粉碎后细度要足够大并且混合均匀，根据不同测试样品选择适合的称样量以及控制好注氧时间等。根据不同设备，最大允许样品量在 20 μg 左右，最大样品量取决于 C 含量，在选择分析策略前需要一些土壤的基本数据。对于样品量大小并没有一成不变的规律，因为单个样品所需要的精确性和准确性是建立在全部样品和数据分析方案基础上的。

7.5.2　测定仪器与材料

①CN 分析仪。
②锡制样品胶囊。
③微量天平。
④样品粉碎机。
⑤气压计。

7.5.3　测定步骤

目前有多个公司生产高温多重取样干烧分析仪，例如美国 LECO 和法国 Carlo-Erba。以 Carlo-Erba 的 NA1500 元素分析仪为例，其测定限度为 10 ppm，即 $10\ mg \cdot L^{-1}$，并且测定重复性达到绝对值的 ±0.1% 范围内。根据分析材料的性质，分析样品量需要在 0.5～30 μg。由于所需样品量很小，上样材料必须要做到非常均质化，样品粉碎后需要过 40～60 目筛。通常情况下 1 个典型的样品测定流程包括：1～2 个高浓度分流样品以适应柱体；2 个空白锡制样品杯作为对照；3 个已知 C、N 组成的标准物质以校准设备（通常使用 EDTA）；在样品测定流程中随机进行 3～5 次标准物质校对。通常情况下，一次 50 个样品的测定流程可以包含 39 个待测未知样品，可以通过多购买一些样品盘来保证运行更为连贯。

样品称重后，装进锡制胶囊置入自动进样器，仪器自动将锡制胶囊放入

1020℃干烧柱中燃烧。燃烧释放的 CO_2 被仪器内部的红外检测器所检测，与仪器连接的计算机直接显示出根据 CO_2 含量而计算得到的土壤有机碳的结果。

通常情况下只有<2 mm 的土壤可以用于 CN 分析仪，因此样品需要充分粉碎混匀。

碳酸盐的测定：干旱和半干旱环境下的土壤经常包含大量的碳酸盐，而不管气候怎样，以碳酸盐为母质的土壤中也常常出现这种情况。在干烧过程中碳酸盐分解释放 CO_2，这在干烧法分析过程中会被计算入土壤的碳含量。然而，碳酸盐在土壤有机碳的转化过程中不充当任何角色；于是碳酸盐（无机）和有机碳必须被分别测定。大多数碳酸盐测定方法包含用强酸处理，以将碳酸盐转化为 CO_2，剩余的残渣用来进行有机碳的评估，同时无机碳通过不同方法评估。然而酸同样可以溶解有机物，于是溶液必须被浓缩，并且土壤被完全干燥以进行有机碳测定。方法：①将粉碎好的土壤样品放在小烧杯中倒入适量浓度的盐酸（浓度一般用 $0.5\ mol·L^{-1}$），这时会发现有小气泡冒出，这是盐酸与土壤中的无机碳反应产生的 CO_2，用玻璃棒搅拌使反应更完全，可以间隔 1 h 搅拌一次，使之充分反应。反应至少 6 h，除去土壤中的无机碳沉淀，倒掉上层清液；用去离子水搅拌洗涤沉淀倾倒上层清液，重复 3～4 次充分洗净过量盐酸；放进烘箱 105℃烘干。②用磷酸将少量的土壤样品放入一个小金属容器称重，酸被直接加到小金属容器内，一旦 CO_2 释放完毕，载体和样品一起通过 CN 分析仪并且被再次干燥。

7.6　土壤机械组成

土壤物理组分按照团聚体大小分成三个组分：①2.0～0.02 mm 砂粒；②0.02～0.002 mm 粉粒；③<0.002 mm 黏粒。组分 2.0～0.02 mm 砂粒基本上都可以靠机械振动筛获取，粉粒和黏粒采用湿筛法。称取 100 g 左右风干土样，采用振荡筛分仪 AS300 得到 2.0～0.02 mm 砂粒粉粒，使用湿筛法获取黏粒土壤物理组分。湿筛法具体操作如下：土壤的湿度可能会引起土壤团聚体和团聚体吸附的土壤有机质在不同组分之间分布的改变，因此过筛之前先将土壤烘干，然后将土壤通过毛细浸润，使土壤含水量提升至田间持水量的 5%，在该条件下这些土壤团聚体的稳定性最大。毛细浸润方法是先计算出将烘干土浸润至田间持水量的 5%所需水量，然后称取振荡筛分仪处理后的土壤 50 g 左右到预先放置有直径为 11 cm 的滤纸的大表面皿中，将土壤置于滤纸中央，缓慢地将水加入滤纸边缘，每次数滴直到计算出的水量全部加入完毕，盖上表面皿的盖子将其移入冰箱中放置一晚，直到完全浸润。过筛之前在室温条件下将经过预处理的土样在最大筛孔的土筛上悬浮静置 5 min，然后在 2 min 里上下 3 cm 范围内移动筛子约 50 次，从而达到团聚体分

组的目的。将留在土筛上的土样用去离子水反洗到铝盘中，放入空气压缩炉50℃下烘一晚烘干。通过土筛的土壤置于下一个筛孔较小的土筛上，重复上述操作。最小的分组用 2500 r/min 离心 10 min，颗粒状的反洗至铝盘，如上述方法烘干。烘干的各级团聚体分组称重后，室温下保存在广口瓶中。

7.7　土壤 pH 测定

测定土壤 pH 主要用电位法。测定 pH 一般选用无 CO_2 的蒸馏水作浸提剂，强酸性土壤（pH<5）由于交换性氢离子和铝离子的存在，除测定水提 pH 外，还需要测定氯化钾溶液（1 mol/L）浸提的 pH。为减少盐类差异带来的误差，对中性和碱性土壤也可选用氯化钙溶液（0.01 mol/L）为浸提剂。浸提剂与土壤的比例通常为 2.5∶1。

①一般土壤测定水提 pH 酸性土壤加测氯化钾提 pH 液土比均为 2.5∶1。

②如使用玻璃电极和饱和甘汞电极测定时，玻璃电极应插入泥浆，饱和甘汞电极插入上层清液中。

7.8　同位素分析

7.8.1　水样同位素

1. 水样品采集方法

（1）降水样品采集

为了防止样品蒸发、污染、阳光照射，要求采样口离地面的距离必须大于 1 m。对于单次降水量大于 0.1 mm 的降雨，待降水事件结束后用待装降水样品冲洗 50 ml 聚乙烯塑料瓶 1～3 次，然后装满并密封，及时保存在冰箱中冷藏，以防止储存过程中可能出现水样的蒸发。在收集样品的过程中记录了每次降水事件的起止时间、气温和降水量等气象观测资料。对于一天内出现的多次降水事件，每次降水样品的采集都有对应的样品瓶和编号。对于收集到的降水样品，及时带回实验室进行降水样品的氢氧稳定同位素分析测试。

（2）河水样品采集

在入湖口处采集，由于靠近岸边的水容易受到污染和蒸发的双重影响，因此不采集岸边或路边的河水。采样时要考虑天气的影响因素，样品采集应选择在天气晴朗稳定的日子进行。每次采样时采样点的位置不能差别很大，频率基本上为每月一次。由于样品瓶的清洁程度影响同位素数据的准确度，所以在每次采集河水样品时，先用河水样品冲洗 50 ml 聚乙烯塑料瓶 3 次，然后再将河水装满 50 ml 聚乙烯塑料瓶中，并且瓶中不能留有气泡。最后将其密封保存在装有蓝冰的保温箱中，并及时带回实验室冷藏保存，直至测量样品的氢氧稳定同位素时为止。在采样过程中必须记录样品的采集时间、气温和天气状况。

（3）湖水样品采集

选择不同位置对垂直断面湖水样品进行采集，采集时从湖泊表层向下按每 2 m 取一水样，依次采集垂直断面的湖水样品，每一水深采集两个水样，采样频率为每月一次。采集表层湖水样品时，采样位置距离湖表面大约 10 cm。所采集的湖水样品均保存在 50 ml 白色聚乙烯塑料瓶内，装满密封后放置于装有蓝冰的保温箱内带回实验室冷冻储存，直至对其进行氢氧稳定同位素测量。在样品采集过程中利用手持 GPS 记录采样点的经度、纬度等基本地理信息，同时记录样品采集时间、编号以及天气状况。

注意事项：

①若湖水具有分层现象，在对不同深度湖水样品进行采集时，需考虑分层现象可能会引起湖水同位素组成的变化；

②每次采样时采样点的位置应尽可能地保持一致；

③水温容易受气温影响，随气温变化而变化，所以在湖水样品离开水体后应尽可能地缩短取水和装瓶之间的时间；

④同一天内不同时间的气温和水温的差别很大，所以在采样过程中应记录采样的起始时间；

⑤考虑到季节性因素的影响，采集样品时要同时测量湖面气温和相对湿度。

2. 水样品监测方法

（1）水样同位素 $\delta^{18}O$

采用 Picarro 公司生产的 L2130-i 超高精度液态水和水汽同位素分析仪对水样进行测试，对采集的样品均用 0.22 μm 水系滤膜过滤以除去水中的杂质，然后装入 2 ml 质谱瓶中等待上机测试。安装 5 μL 进样针并在盛有去离子水的 Wash 1 或 Wash 2 清洗瓶内自动洗 5～8 次，进样针依次用 NMP（1-甲基-2-吡咯烷酮）、高纯水清洗以保证光滑无堵塞。当水汽浓度低于 400 mg·L^{-1} 时，开始样品测试，进样量为 1.8 μL。测试样品的水汽浓度保持在 16 000～23 000 mg·L^{-1} 之间，否则要调整进样量。一批样品测试完毕后，用后处理软件 ChemCorrect 对数据进行校正之后导出数据文件进行数据分析处理。

（2）水样同位素 δD

利用低温真空抽提仪器（LI-2000LICAChina）提取枯落物及土壤水分，将提取好的枯落物、土壤水以及采集的降雨、穿透雨、茎流、泉水、地下水、河水样品过滤，使用 DLT-100 液态水同位素分析仪（Los Gatos Research，Inc.USA）测定氢氧同位素（Huddart et al.，1999）。

（3）水样同位素 $\delta^{13}C$

参照（Lalonde et al.，2014）V-PDB 标准，采用 MAT253 Plus 气体同位素质谱仪测定，分析误差<0.15‰（1σ）。

（4）水样同位素 $\delta^{34}S$

现场用 0.45 μm 醋酸纤维滤膜过滤 1.5 L 水样，装入事先清洗 3 遍的采样瓶。在水样品中滴加超纯盐酸调至 pH<2 后，加入过量 10% $BaCl_2$ 溶液放置过夜以陈化。静置好的试液用定量滤纸过滤，并用超纯水（Milli-Q 18.2 $M\Omega\cdot cm$）冲洗滤渣直至滤液不再含 Cl^-（用 $AgNO_3$ 滴加检测），将滤纸转移至瓷坩埚，并在 800℃马弗炉中灼烧 2 h。在电子天平（AD-4 Autobalance）上称取 0.500~0.550 mg 所制得的 $BaSO_4$ 放入锡杯中，于连续流同位素质谱仪（CF-IRMS）上用 V_2O_3-SiO_2-Cu 法高温分解测量。结果用相对于国际标准 CDT［Canyon Diablo 铁陨石中陨硫铁（Troilite）］值的千分差值δ表示，测试精度优于±0.2‰。

（5）溶解有机碳（DOC）

①采集与保存。

在采样点使用自动采样器（Teledyne ISCO-7300）以间隔时间为 1 h 进行采样，至少采集样品 24 h 以上的样品，采样器内加冰块以保证样品低温保存。夏季使用隔热泡沫包裹自动采样器防止样品温度过高，并增加更换冰袋的频率。采样结束后使用酸洗过的 HDPE 广口瓶（Nalgene）在采样点将采样瓶内的上清液转移出，储存在低温保温盒中运输到实验室，采用 0.22 μm 尼龙针头过滤器过滤。过滤后的 DOC 样品储存在 450℃灼烧过的透明玻璃瓶，保存在-20℃环境中（从采样至分析小于 2 个月）；CDOM 的样品储存在 450℃灼烧过的棕色玻璃瓶中 4℃冷藏避光保存（从采样至分析小于 1 周）。

②测定方法。

DOC 样品采用高温催化氧化法测定，使用总碳分析仪（TOC-V CPH，岛津，日本）。测定时使用邻苯二甲酸氢钾（分析纯）利用外标准曲线法将浓度梯度设置为 0、5、10、20、30 $\mu mol\cdot L^{-1}$，每次测定过程中采用标准水调试仪器运行的状态并测试系统的空白值，只有 DOC 测定值位于推荐的范围内才可以进行样品的测定。每个样品平行测定 3~5 次，平行测定结果相对偏差<2%时，采用平均值为有效测定结果。

（6）溶解无机碳（DIC）

①采集与保存。

DIC 样品使用有机玻璃采水器采集表层 20 cm 以下水体样品，需装满 250 ml 的 HDPE 广口瓶（Nalgene）中去掉空气。样品 4℃冷藏带回实验室后，马上使用

0.45 μm 尼龙针头过滤器过滤。过滤后的 DIC 样品储存在 450℃灼烧过的透明玻璃瓶中，将玻璃瓶内的气体全部排出后，样品瓶密封置于 4℃冷藏保存，尽快测定（从采样至分析小于 1 个月）。

②测定方法。

DIC 样品使用总碳分析仪（TOC-V CPH，岛津，日本）在无机碳测定模式下测定。测定时使用 NaHCO$_3$（分析纯）利用外标准曲线法将浓度梯度设置为 0、5、10、20、30 mg·L^{-1}，每次测定过程中使用海水 CO$_2$ 测定参考物质 BATCH#185（Bottled 2019/5/24），对仪器的运行状态和测试系统的空白值进行监测，只有标准溶液 DIC 测定值位于推荐的范围内，才可以进行样品的测定。每个样品平行测定 3～5 次，结果相对偏差<2%时，采用平均值为有效测定结果。

（7）颗粒有机碳（POC）

用 Whatman GF/F 玻璃纤维膜（预先 450℃高温灼烧 4 h）过滤。滤膜滴加几滴 2 mol·L^{-1}盐酸置于含浓盐酸蒸气的干燥器中熏蒸 24 h，除去样品中的无机碳，然后于 45℃低温烘干，除去过量的盐酸，于干燥器中保存。利用 SSM-5000A（固体试样燃烧装置）于 900℃燃烧后，用日本岛津公司的 TOC-V CPN 总有机碳分析仪测定。仪器量程为 0.1～30 mg C，多次测量偏差<±1%（Harris et al.，2001）。

（8）颗粒无机碳（PIC）

水样用玻璃纤维膜（Whatman GF/F）过滤后滤膜冷冻保存。用日本岛津公司的 TOC-V CPN 分析仪及 SSM-5000A（固体试样燃烧装置）200℃磷酸酸化-非分散红外吸收法测定。

7.8.2 土壤样品 $\delta^{13}C$ 检测方法

1. 样品采集

采用五点取样法分别在 10 m×10 m 样方的四个角和中心点中均匀收集 0～20 cm 土壤，将 5 个样点混合成 1 个土壤样品。将样品带回实验室预处理，每个土壤样品均过 2 mm 筛去除根和凋落物等杂质，用球磨仪将土壤样品研磨至均匀。

2. 检测方法

使用美国热电公司 Delta XP Plus 气体稳定同位素质谱仪联结 Flash 1200 Elemental Analyzer（EA）/Conflo-III，每 5 个样品内插一个工作标样以检测仪器状态，$\delta^{13}C$ 分析结果精度优于 0.1‰（1σ）。

参 考 文 献

Harris D, Horwáth W R, van Kessel C, 2001. Acid Fumigation of Soils to Remove Carbonates Prior to Total Organic Carbon or Carbon-13 Isotopic Analysis[J]. Soil Science Society of America Journal, 65 (6): 1853-1856.

Huddart P A, Longstaffe F J, Crowe A S, 1999. δD and δ^{18}O Evidence for Inputs to Groundwater at a Wetland Coastal Boundary in the Southern Great Lakes Region of Canada[J]. Journal of Hydrology, 214 (1-4): 18-31.

Lalonde K, Vähätalo A V, Gélinas Y, 2014. Revisiting the Disappearance of Terrestrial Dissolved Organic Matter in the Ocean: A δ^{13}C Study[J]. Biogeosciences, 11 (13): 3707-3719.

Robertson G P, Coleman D C, Bledsoe C S, et al., 1999. Standard Soil Methods for Long-term Ecological Research[M]. New York: Oxford University Press.

附　　录

附录 A　（资料性附录）水–气界面 CO_2 交换通量估算方法

A.1　CO_2 交换通量

根据空气和水体内气体成分的浓度梯度并运用菲克定律通过以下公式来估算交换通量：

$$\text{Flux} = K(C_{\text{water}} - C_{\text{air}}) \qquad (\text{A.1})$$

$$C_{\text{water}} = K_0 \times \text{PCO}_2 \qquad (\text{A.2})$$

$$C_{\text{air}} = \frac{\text{PCO}_{2(\text{air})} \times 101.325}{8.3144 \times (273.13 + T)} \qquad (\text{A.3})$$

$$\ln K_0 = -58.0931 + 90.5069 \times (100 / T_k) + 22.294(T_k / 100) \qquad (\text{A.4})$$

$$\text{PCO}_2 = \frac{[\text{HCO}_3^-][\text{CO}_3^{2-}]}{K_1 K_{\text{CO}_2}} \qquad (\text{A.5})$$

$$\lg K_1 = -356.31 - 0.0609T + 21834.37 / T + 126.8339 \times \lg T - 1684915 / T^2 \qquad (\text{A.6})$$

$$\lg K_{\text{CO}_2} = 108.3865 + 0.0199T - 6919.53 / T - 40.45154 \times \lg T + 669365 / T^2 \qquad (\text{A.7})$$

式中：

Flux——CO_2 交换通量，单位为 $\text{mg·m}^{-2}\text{·h}^{-1}$；

C_{water}——CO_2 在水体中的浓度，单位为 mmol·L^{-1}；

C_{air}——空气中 CO_2 浓度，单位为 mmol·L^{-1}；

K——CO_2 交换系数，单位为 cm·h^{-1}；

K_0——亨利常数，即气体溶解度，单位为 $\text{mol·L}^{-1}\text{·atm}^{-1}$；

T——水体温度，单位为 $℃$；

T_k——水体绝对温度，单位为 K；

PCO_2——水体二氧化碳分压；

K_1——H_2CO_3 的平衡常数；

K_{CO_2}——CO_2 的平衡常数。

A.2　CO_2 交换系数 K 的计算

$$K = K_{600}(Sc / 600)^{-x} \tag{A.8}$$

式中：

K_{600}——六氟化硫（SF_6）气体的交换系数，单位为 $cm \cdot h^{-1}$；

Sc——$t℃$下 CO_2 的 Schmidt 常数；

x——施密特数（Schmidt），当风速小于 $3 \ m \cdot s^{-1}$ 时 x 为 0.66；当风速大于 $3 \ m \cdot s^{-1}$ 时 x 为 0.5。

其中 Sc 可通过下式计算：

$$Sc = 1911.1 - 118.11t + 3.4527t^2 - 0.04132t^3 \tag{A.9}$$

$$K_{600} = 4.46 + 7.11 \times \overline{u}_{10} \tag{A.10}$$

$$K_{600} = 2.07 + (0.215 \times \overline{u}_{10}^{1.7}) \tag{A.11}$$

$$K_{600} = 0.45 \times \overline{u}_{10}^{1.7} \tag{A.12}$$

$$K_{600} = 1.68 + (0.228 \times \overline{u}_{10}^{2.2}) \tag{A.13}$$

$$\overline{u}_{10} = 1.22 \times \overline{u}_{1} \tag{A.14}$$

式中：

Sc——$t℃$下 CO_2 的 Schmidt 常数；

K_0——亨利常数，即气体溶解度，单位为 $mol \cdot L^{-1} \cdot atm^{-1}$；

T_k——水体绝对温度，单位为 K；

T——水体温度，单位为 ℃；

$\overline{u}_{10}$——水面上方 10 m 风速，单位为 $m \cdot s^{-1}$；

$\overline{u}_{1}$——现场监测所得的水体上方风速，单位为 $m \cdot s^{-1}$。

公式 A.10 适用于河流，A.11、A.12、A.13 适用于湖泊和水库。

附录 B　（资料性附录）溶蚀试验方法与计算

B.1　CO_2 汇计算分区

利用 GIS 以地层岩性为主要依据，考虑地形地貌、岩溶动力系统特征、水动力条件以及气象、植被、土壤等环境条件，进行 CO_2 汇计算分区，区域调查区每个计算分区代表面积应 < 500 km^2；重点区调查分区代表面积应 < 50 km^2；每个计算分区应有 3 组以上溶蚀试片测试点，如缺少溶蚀试验点，可参考地质与环境条件相近的计算区的溶蚀量进行计算。

B.2　溶蚀试片准备

B.2.1　溶蚀试片选材：选用纯度较高的（＞97%）石灰岩制成相同大小的试片作为标准溶蚀试片。

B.2.2　为了进行对比，可选择多组有代表性的调查区岩石制作试片。

B.2.3　岩石磨成直径 4 cm、厚 0.3 cm 标准溶蚀试片，洗净，70℃烘至恒重，利用天平（精度：万分之一）称重后干燥器中冷却，编号。

B.3　埋放方法和埋放时间

B.3.1　溶蚀试片埋放点数，按（5～10）处/100 km^2。按试坑剖面埋放试片，土层较薄时，剖面挖至风化层即可。地上空气中（距地面 100 cm）、地表、土下 20 cm、土下 50 cm 各埋放一组，每组 3 片。埋放时，应挖与试片大小相符小槽，把试片插进槽内。

B.3.2　在放置溶蚀试片时，同时检测试片相应放置地（距地面 100 cm、地表、土下 20 cm 和 50 cm）CO_2 浓度，用环刀取 20 cm 和 50 cm 深处原土柱，带回室内检测土壤含水量和容重，以便分析不同土地利用方式和植被条件下土壤的环境因子及其对碳酸岩溶蚀的影响作用。

B.3.3　溶蚀试片埋放周期为一年，一年后回收试片，利用天平称重。计算公式及方法如下：

$$F = E \times S \times R \times M_{CO_2} / M_{CaCO_3}　　　　　　（B.1）$$

式中：

F——CO_2 的回收量，单位为 g·a^{-1}；

E——试片溶蚀量，单位为 g·m^{-2}·a^{-1}）；

S——岩溶区面积，单位为 m^2；

R——岩石的纯度，单位为%；标准溶蚀试片以 97% 进行计算；

M_{CO_2}——CO_2 的分子量；

M_{CaCO_3}——$CaCO_3$ 的分子量。

附录 C　（资料性附录）沉积物碳沉积速率及来源计算

C.1　采样

C.1.1　采样容器的材质应不与沉积物发生反应。材料在化学和生物方面应具有惰性，使样品组分与容器之间的反应减到最低程度。

C.1.2　柱状样采样一般运用重力采样器采取，条件允许时也可通过水下挖样方式采取。较深层的柱状沉积物可通过打钻获取。所采集的柱状沉积物年代宜达到 1950 年以前的时间长度。

C.2　样品处理

C.2.1　柱状沉积物宜在野外分割，如条件不允许，在运输过程中也要防止受到扰动导致样品混合。样品处理时，可用虹吸法去除沉积柱上层残水，然后对每根沉积柱用 1~2 cm 分样分割（具体结合实际的沉积速率），装入密封袋，做好编号等记录，低温保存，并尽快运回实验室进一步处理。

C.2.2　从野外取回并登记编号的样品都需要经历干燥的过程。采集到样品后，首先挑出动植物残骸、石头颗粒、砖块等，以除去非底质样的组成部分，适当敲碎，充分混合，并进行风干，如有条件也可冷干处理。然后根据所要测试的项目进一步磨细、混匀和分样。

C.3　测试指标及方法

表 C-1　测试指标及方法

分析项目	分析方法	规范性引用
有机碳	CHN 元素仪分析法（热导法）	ISO-10694
	重铬酸钾氧化-分光光度法	HJ 615—2011
有机质稳定碳同位素	同位素质谱法	GB/T 18340.2—2010
全氮	CHN 元素仪分析法（热导法）	ISO 13878—1998
	凯氏法	《湖泊富营养化调查规范（第二版）》
^{210}Pb，^{137}Cs	伽马谱仪	GB/T 16145—2022

C.4　定年

C.4.1　恒定放射性通量（CRS）模式

CRS 模式是基于 ^{210}Pb 输入（沉积）通量不变的情况下，沉积速率可能发生改变的情况。CRS 模式计算公式为

$$T_m = T - \lambda^{-1} \ln(A_0 A_m^{-1}) \tag{C.1}$$

$$A_0 = \sum_{x=1}^{n} C_x \rho_x \qquad (C.2)$$

$$A_m = \sum_{x=m}^{n} C_x \rho_x \qquad (C.3)$$

式中：

T_m——m 质量深度对应的年份，单位为 a；

λ——^{210}Pb 的衰减常数（0.031 14）；

A_0——整个沉积岩心 $^{210}Pb_{ex}$ 累积量，单位为 $Bq \cdot cm^{-2}$；

A_m——m 质量深度以下 $^{210}Pb_{ex}$ 累积量，单位为 $Bq \cdot cm^{-2}$；

C_x——x 质量深度的 $^{210}Pb_{ex}$ 比活度，单位为 $Bq \cdot kg^{-1}$；

ρ_x——x 质量深度的样品容重，单位为 $g \cdot cm^{-2}$。

C.4.2　配合 ^{137}Cs 时标的 $^{210}Pb_{ex}$ 活度定年

岩心表层到 ^{137}Cs 时标（1963 年）之间所对应的各层位的年代计算公式为

$$T_m = T_0 + \lambda^{-1}\ln\left[1 + (A_0 - A_m)P^{-1}\lambda\right] \qquad (C.4)$$

$$P = \left[-\lambda(A_0 - A_m)\right] / \left[1 - e^{-\lambda(T_0 - 1963)}\right] \qquad (C.5)$$

$$A_m = \sum_{x=w}^{n} C_x \rho_x \qquad (C.6)$$

式中：

T_0——采样年份，单位为 a；

1963 年以下各层位样品所对应的年份的计算公式为

$$T_m = 1963 - \lambda^{-1}\ln(A_w A_m^{-1}) \qquad (C.7)$$

$$r = h / (T_0 - T_m) \qquad (C.8)$$

式中：

A_w——1963 年所对应的 w 层位以下 $^{210}Pb_{ex}$ 累积量，单位为 $Bq \cdot cm^{-2}$；

r——到 h 深度的沉积柱的沉积速率，单位为 $cm \cdot a^{-1}$。

附录 D　（资料性附录）流域岩溶碳汇通量计算

D.1　水–岩–气无机碳汇通量–水化学径流法

传统的基于水–岩–气相互作用的岩石风化碳汇评价仅考虑无机组分。碳酸岩溶解的方程式为

$$(Ca_{1-x}Mg_x)CO_3 + CO_2 + H_2O \longrightarrow (1-x)Ca^{2+} + xMg^{2+} + 2HCO_3^- \qquad (D.1)$$

岩溶作用消耗的大气/土壤 CO_2 计算可简单表示如下：

$$Ch = [CO_2] = \frac{[HCO_3^-] \times 44}{2 \times 61} \qquad (D.2)$$

$$C_m = 0.031536 \times Q / F \times Ch \qquad (D.3)$$

$$或 C_m = 0.031536 \times M \times Ch \qquad (D.4)$$

式中：

M——地下水径流模数，单位为 $L \cdot S^{-1} \cdot km^{-2}$；

Q——岩溶地下水径流量，单位为 $L \cdot S^{-1}$；

F——流域面积，单位为 km^2；

Ch——岩溶水 CO_2 含量，单位为 $mg \cdot L^{-1}$；

C_m——碳循环强度，单位为 $t CO_2 \cdot km^{-2} \cdot a^{-1}$；

0.031536——单位转换系数。

D.2　水–岩–气–生岩溶碳汇通量–水化学径流法

由于存在水生生物光合作用对 DIC 的利用，水体中的 DIC 有相当大的比例转换为有机质，形成所谓的内源有机碳 TOC。因此，为正确反映岩石风化碳汇能力，有必要将这部分内源有机碳也考虑在内，现代基于水–岩–气–生相互作用的风化碳汇模型可把岩溶碳汇通量公式改写为

$$C_m = F_{DIC} + F_{TOC} + F_{SOC} = 1/2 \times Q \times [DIC]_{H_2CO_3} \times 12 / A - [CO_2]_{gas}$$
$$+ 1/2 \times Q \times [TOC] \times 12 / A + F_{SOC} \qquad (D.5)$$

式中：

F_{DIC}——流域无机碳汇通量，单位为 $t CO_2 \cdot km^{-2} \cdot a^{-1}$；

F_{TOC}——流域内源有机碳汇通量，单位为 $t CO_2 \cdot km^{-2} \cdot a^{-1}$；

F_{SOC}——流域内源有机质沉积通量，单位为 $t CO_2 \cdot km^{-2} \cdot a^{-1}$；

$[TOC]$——流域内源有机碳摩尔浓度，单位为 $mmol \cdot L^{-1}$；

A——流域面积，单位为 km^2；

Q——流域径流排泄量，单位为 $L \cdot S^{-1}$；

$[DIC]_{H_2CO_3}$——碳酸溶蚀碳酸岩产生的溶解无机碳的摩尔浓度，单位为 $mmol \cdot L^{-1}$；

12——碳的原子量；

$[CO_2]_{gas}$——界面 CO_2 交换通量，单位为 $t CO_2 \cdot km^{-2} \cdot a^{-1}$。

D.2.1　碳酸溶蚀碳酸岩产生的 DIC 的摩尔浓度

自然界除了碳酸外,硫化物氧化形成的硫酸和农业活动施肥形成的硝酸对碳酸盐的溶解也能增加水中的 DIC 浓度,其作用类似于深部 CO_2 的影响,因此也必须在碳汇计算中加以扣除。流域内硫酸和硝酸参与碳酸岩的溶蚀公式分别为

$$2(Ca_{1-x}Mg_x) + H_2SO_4 \longrightarrow 2(1-x)Ca^{2+} + 2xMg^{2+} + SO_4^{2-} + 2HCO_3^- \quad (D.6)$$

$$(Ca_{1-x}Mg_x) + HNO_3 \longrightarrow (1-x)Ca^{2+} + Mg^{2+} + NO_3^- + HCO_3^- \quad (D.7)$$

假设有 k_1 mmol/L 由碳酸、硫酸和硝酸溶蚀碳酸岩产生的 $(Ca^{2+}+Mg^{2+})$,则由碳酸溶蚀碳酸岩产生的 $(Ca^{2+}+Mg^{2+})$ 和 HCO_3^- 的浓度可以通过下式计算:

$$k_1 = [Ca^{2+} + Mg^{2+}]_{H_2CO_3} = [HCO_3^-]_{groundwater} - [Ca^{2+} + Mg^{2+}]_{groundwater}$$

$$[HCO_3^-]_{H_2CO_3} = 2k_1 \quad (D.8)$$

式中:

$[HCO_3^-]_{groundwater}$——地下水中总的无机碳摩尔浓度,单位为 $mmol \cdot L^{-1}$;

$[Ca^{2+} + Mg^{2+}]_{groundwater}$——地下水中总的钙镁摩尔浓度,单位为 $mmol \cdot L^{-1}$;

$[HCO_3^-]_{H_2CO_3}$——碳酸溶蚀碳酸岩产生的 DIC 的摩尔浓度,单位为 $mmol \cdot L^{-1}$。

D.2.2　流域内源有机碳

假设水体有机质仅为流域土壤侵蚀和水生藻类两种物源的混合,则颗粒有机质中来自土壤侵蚀的成分的计算可表述为

$$A_{sample} = B_{soil} \times A_{soil} + (1 - B_{soil}) \times A_{alga} \quad (D.9)$$

式中:

A_{sample}——水体 TOC/TN 比;

B_{soil}——土壤侵蚀物源的贡献率;

A_{soil}——流域内土壤 TOC/TN 比的平均值;

A_{alga}——流域内藻类样品 TOC/TN 的平均值。

$$[TOC]_{内源} = [TOC]_{实测} \times (1 - B_{soil}) \quad (D.10)$$